秋韵教你
编织女士毛衣

秋韵雨思 编著　张 翠 策划

Teach you

辽宁科学技术出版社
·沈阳·

主　　编：秋韵雨思

摄　　影：魏玉明 陈健强

模　　特：郭晓晨陈　　洁舒　彤南　　南

编组成员：刘晓瑞 田伶俐 张燕华 吴晓丽 郭加全 郝严婷 小辣椒 蓝扣子 丹弗儿 绒球儿 水相逢 香槟酒 向日葵 月迁雨 主儿布
　　　　　贾雯晶 黄利芬 刘晓卫 徐君君 郭建华 李东方 刘金萍 谭延莉 风之花 蓝云海 泇果是 欢乐梅 一片云 花狍子 张京运
　　　　　陈梓敏 指花开 林宝贝 清爽指 大眼睛 江城子 忘忧草 色女人 水中花 陈小春 黄燕莉 卢学英 赵悦霞 周艳凯 莺飞草
　　　　　毛毛陈 诺贝 贝依 晨多 多雪 莲稻 田方 虹飞 儿旭 宝笑 笑柚 子译 水译 涵原 野
　　　　　菲比枫 吟禾 日寒 梅慧 子晓 白百 合嘟 嘟芬 琳橄 榄哈 贝红 袖箫 雅紫 尔自 乐
　　　　　邹邹飞 翔梅 子玫 瑰霖 霖飞 域妗 金玲 玲宝 儿云 儿转 角年 代信 念幸 福陈 瑶
　　　　　晨晨布 丁蓓 蕾安 邦风 兰雪 花金 牛菲 雪丽 丽玲 玲随 缘婉 玉木 瓜砂 砂小 凡

图书在版编目（CIP）数据

秋韵教你编织女士毛衣/秋韵雨思编著；张翠策划.—沈阳：
辽宁科学技术出版社，2013.3
　　ISBN 978 - 7 - 5381 - 7858 - 6

　　Ⅰ.①秋… Ⅱ.①秋 …②张…Ⅲ.①女服— 毛衣 — 手工编织 —
图集 Ⅳ.①TS941.763.2—64

中国版本图书馆CIP数据核字（2013）第013693号

出版发行：辽宁科学技术出版社
　　　　　（地址：沈阳市和平区十一纬路29号 邮编：110003）
印 刷 者：中华商务联合印刷（广东）有限公司
经 销 者：各地新华书店
幅面尺寸：210mm×285mm
印　　张：12
字　　数：200千字
印　　数：1~10000
出版时间：2013年3月第1版
印刷时间：2013年3月第1次印刷
责任编辑：赵敏超
封面设计：幸琦琪
版式设计：幸琦琪
责任校对：刘　庶

书　　号：ISBN 978 - 7 - 5381 - 7858 - 6
定　　价：39.80元

联系电话：024 - 23284367
邮购热线：024 - 23284502
E-mail：473074036@qq.com
http://www.lnkj.com.cn

目录 CONTENTS

PART 1　迷人针织连衣裙

淑女喇叭袖长裙……………06
段染翻领长裙………………07
咖啡色短袖裙………………08
蓝色钩花背心裙……………09
古典美旗袍裙………………10
圆翻领长裙…………………11
几何图案长裙………………12

简约灰色长袖裙……………13
扭"8"短袖裙………………14
钩织结合连衣裙……………15
花瓣翻领无袖裙……………16
段染螺旋花长裙……………18
橘色简约长裙………………19
纯白镶花公主裙……………20

鲜艳短袖长裙………………21
淑女连帽短袖裙……………22
米色圆领长袖裙……………23
粉色性感长裙………………24
经典蓝色长袖裙……………25

PART 2　气质针织披肩／斗篷

休闲连帽斗篷………………28
简单亮片披肩………………29
气质简约披肩………………30
飘逸流苏披肩………………31
菱形亮片披肩………………32
彩色毛茸披肩………………33
段染大披肩…………………34

米白拼花披肩………………35
菱形流苏披肩………………36
网格花披肩…………………37
简约同心圆披肩……………38
黑色镂空披肩………………39
配色流苏披肩………………40
结粒流苏披肩………………41

优雅纽扣披肩………………42
清新钩花披肩………………43
古典钩花披肩………………44
钩花长方形披肩……………45
高贵钩花披肩………………46
紫色钩花大披肩……………47

PART 3　独特针织毛衣

纯白V领长袖衫……………50
甜美糖果小外套……………51
玫红短袖开衫………………52
气质钩边长开衫……………53
古典高领长袖衫……………54
紫色一字领蝙蝠衫…………55
粗棒针翻领外套……………56
休闲口袋长外套……………57
绿色短袖衫…………………58
橘色短袖装…………………59
酷雅长袖衫…………………60
个性荷叶边短袖装…………61
大翻领外套…………………62

小清新中袖衫………………63
蓝色树叶花短袖衫…………64
紫色潮流小外套……………65
华丽大翻领外套……………66
靓丽针织打底衫……………67
优雅钩花开衫………………68
玫红拼花开衫………………69
粉色可人小外套……………70
浅色荷叶边小外套…………71
韩版条纹V领衫……………72
亮丽冰丝线开衫……………73
波浪花背心开衫……………74
浅咖啡色大翻领外套………75

橘色高领长袖衫……………76
简约高领打底衫……………77
米色钩花小外套……………78
湖水蓝糖果外套……………79
蓝色树叶花短袖……………80
蓝色翻领桌布衣……………81
浅色钩边小外套……………82
绿色荷叶边开衫……………83
米色柔美长袖衫……………84
大气休闲开衫………………85
简约绿色小外套……………86
配色休闲连帽外套…………87
温暖兔绒打底衫……………88

制作图解……………………89

PART 1
迷人针织连衣裙

淑女喇叭袖长裙

　　玫红的色彩始终是那么地迷人，而且更能凸显女性温柔美的一面。此款
长裙穿在身上显得十分修身，加上收腰的设计更是能展现出完美的身材。

制作方法 P 89

裙子长度：84cm
工具型号：9号棒针，1.5mm钩针
使用线材：玫红色丝光毛线1000g

段染翻领长裙

　　此款大衣主要是以深蓝色为主，夹杂着些许白色，使得整件衣服看上去非常的高档且富有气质。这样的一款大衣非常适合身材高挑的美眉们哦。

制作方法 P 90～91

裙子长度：86cm
工具型号：10号棒针
使用线材：深蓝色花线1200g

咖啡色短袖裙

　　大大的菱形花花样构成了简单的下摆裙，显得十分的俏皮可爱，衣服的上半身和袖窿都是采用不同的编织花样，这样的一件长裙看似简单，其实也花费了不少心思。

制作方法 P 92~ 93

裙子长度：71cm
工具型号：13号棒针，1.75mm可乐钩针
使用线材：织美绘牛奶丝400g

蓝色钩花背心裙

　　浅浅的蓝色，给人一种沁人心脾的视觉感受。裙下摆的简单钩花形成了类似波浪纹的衣边。胸前搭配一朵精致的钩花可谓是锦上添花。

制作方法 P 94～95

裙子长度：59cm
工具型号：12号棒针，3mm钩针
使用线材：丝光毛线700g

古典美旗袍裙

　　旗袍一直是中国服装的象征，手工毛线编织的旗袍打破了以往只能用布料做旗袍的神话，这样的一件手工编织旗袍穿起来也别具一番古典风味。

制作方法 P 96

裙子长度：84cm
工具型号：3mm棒针，2.5mm钩针
使用线材：冰丝线600g

制作方法 P 97~ 98

裙子长度：102.5cm
工具型号：6号棒针，9号钩针
使用线材：编格尔金丝马海毛750g

圆翻领长裙

这样的一件长裙款式简单、大方，适合大众的审美观。大翻领的设计很是独特，不仅没有令颈部有臃肿的感觉，反而更显端庄的气质。

几何图案长裙

制作方法 P 99~ 100

火红的色彩在人群里很是耀眼，衣身的编织花样其实也异常的简单，但是巧妙之处在于创作者把衣身分成了若干个几何图形，自然地形成了完美的裙摆。

裙子长度：100cm
工具型号：10号棒针，4号可乐钩针
使用线材：羊毛棉500g

简约灰色长袖裙

灰色优雅大方，将高贵优雅的气质
展露无余。

制作方法 P 101~ 102

裙子长度：87cm
工具型号：11号棒针，3mm钩针
使用线材：羊毛线1000g

扭"8"短袖裙

　　简单的扭"8"花样编织，大方的圆领，短小的款式设计，这样的一件小短裙，不仅适合夏天，更适合春秋时节。

制作方法 P 103~ 104

裙子长度：68cm
工具型号：11号棒针
使用线材：灰色棉线800g

钩织结合连衣裙

　　此款连衣裙采用的是钩织结合的方法，裙摆和袖窿边都是采用简单的钩针花样，镂空的花样显得很清凉。腰间也可以随意搭配一根腰带，起到很好的收腰效果。

制作方法 P 105

裙子长度：58cm
工具型号：12号棒针，1.25mm钩针
使用线材：玫红色丝光毛线800g

花瓣翻领无袖裙

七彩的颜色，交汇成衣服彩色的画面，这样的一件七彩无袖裙，更是为年轻的人们增添了些许的活力。

制作方法 P 106~ 107

裙子长度：74cm
工具型号：3号棒针，8mm钩针
使用线材：段染色粗棉线400g

段染螺旋花长裙

　　绿白相交的段染丝线，□□□了这样一件
修身的长裙，不仅能展□□□□□的身姿，更
能透露出一股优雅的气质。

制作方法 P 108~ 109

裙子长度 □□ □m
工具型号：3.75mm棒针，3mm钩针
使用线材：双股段染冰丝线 400g

橘色简约长裙

　　鲜亮的颜色，让你成为了万花丛中最集焦，简单、大气的款式，穿着起来毫无拘束之感，这样的一件长裙，适合在初秋的时候穿着，可谓最佳。

制作方法 P 110

裙子长度：80cm
工具型号：12号棒针，2mm钩针
使用线材：丝光棉线1000g

纯白镶花公主裙

纯白的色彩带我们进入了梦幻般的世界，简单的菱形花样和领口处小花朵的点缀，让纯白的色彩不再那么的单调。

制作方法 P 111~ 112

裙子长度：75cm
工具型号：9号棒针，1.5mm钩针
使用线材：丝光棉线1000g

鲜艳短袖长裙

　　鲜艳的玫红色，似乎更能引起人们的瞩目。简单的花样编织和巧妙的钩织结合，使得整件长裙更加地完美。

制作方法 P 113~114

裙子长度：68cm
工具型号：12号棒针，1.5mm钩针
使用线材：红色丝光棉线400g

淑女连帽短袖裙

　　粉红的色彩，休闲的连帽设计，精致的纽扣搭配，此款可谓是集淑女与休闲风为一体。

制作方法 P 115

裙子长度：67cm
工具型号：8号棒针，3mm钩针
使用线材：粉红丝光毛线1000g

米色圆领长袖裙

当下时节，米色是一种非常流行的
时尚元素。搭配简单的菱形花样编织，
拉伸了衣身的效果，搭配一条腰带也是
不错的选择。

制作方法 P 116~117

裙子长度：62cm
工具型号：13号棒针，3mm钩针
使用线材：丝光毛线1000g

粉色性感长裙

整件裙子首先在长度上就算是一件大制作了，
适合身材高挑的美眉们。其次性感的款式设计更是
受到了很多女性朋友的青睐。

制作方法 P 118~ 119

裙子长度：113cm
工具型号：11号棒针，0.4mm钩针
使用线材：黛尔妃缎丝双股800g

经典蓝色长袖裙

深蓝的色彩更能吸引观众的眼球，长裙胸前钉珠的设计给衣服增添了不少的色彩。这样的一件长裙适合春秋时节。

制作方法 P 120

裙子长度：93cm
工具型号：13号、14号棒针
使用线材：羊绒线800g

PART 2

气质针织披肩／斗篷

休闲连帽斗篷

　　黑白镶嵌的色彩，构成了整件斗篷衣清爽的颜色。连帽的设计更是凸显了休闲时尚之风，搭配一件短裤也是不错的选择。

制作方法 P121

衣身长度：60cm
工具型号：8号棒针
使用线材：兔毛线700g

简单亮片披肩

　　这样的一件小披肩确实很简单，大家也可以根据实际情况把毛线线材变成丝线或者自己喜欢的线材。

制作方法 P 122~ 123

披肩长度：50cm
工具型号：1.75mm钩针
使用线材：黑色毛线500g

气质简约披肩

简单的款式，穿着起来也十分地大方、无拘无束。这样的一款小披肩可以搭配修身的长裙，或者搭配短款的吊带和短裤也是很不错的。

制作方法 P124

披肩长度：52cm
工具型号：4mm棒针
使用线材：时装花线200g

飘逸流苏披肩

火红的色彩看着让人心潮澎湃，披肩下摆处长长的流苏设计，飘逸感十足。这样的披肩搭配小礼服不仅高贵而且时尚。

制作方法 P 125

披肩长度：180cm
工具型号：2.5mm钩针
使用线材：洋红色貂绒线600g

菱形亮片披肩

简单的菱形款式，穿着起来休闲自在，亮片的点缀更是锦上添花。自然的钩花形成了披肩流畅的衣边，可谓是匠心独运。

制作方法 P 126

披肩长度：48cm
工具型号：1.75mm钩针
使用线材：米色毛线500g

彩色毛茸披肩

这样的一款披肩看着就让人倍感温暖舒适。毛茸茸的线材，显得十分的亲切，搭配一件小礼服也是很不错的选择。

制作方法 P 127

披肩长度：140cm

工具型号：5号棒针

使用线材：羽毛线200g

段染大披肩

　　大大的披肩似乎显得十分的高贵大气，此款披肩款式十分简单，平铺开来就是一个中规中矩的长方形，可以根据自己的喜好，变换着花样来穿着。

制作方法 P 128

披肩长度：186cm
工具型号：3.0mm钩针
使用线材：棕色棉线400g

米白拼花披肩

米白的色彩似牛奶洗过的颜色，十分的舒心。此款披肩的所有花样都是由一组一组的钩花花样拼接而成，小荷叶领的设计，更是十分的小清新。

制作方法 P 129

披肩长度：65cm
工具型号：2.5mm钩针
使用线材：羊毛线600g

菱形流苏披肩

整件披肩是一个简单的菱形花样，而红色和黑色的编织又是一个个小的菱形花样，衣身中央的钩花点缀可谓是画龙点睛，长长的流苏设计让衣身随之飘逸起来。

制作方法 P 130

披肩长度：72cm
工具型号：8号棒针
使用线材：红色和黑色羊毛线各500g

网格花披肩

一个一个简单的网格花样编织成
了这样一款大气的披肩，披肩衣边的
珍珠花设计更是自然地形成了流苏似
的衣摆。

制作方法 P131

披肩长度：60cm
工具型号：8号棒针，3mm钩针
使用线材：红色羊毛线800g

简约同心圆披肩

此款披肩短小精悍，款式也十分的
简单，平铺开来就是一个圆形，领子也
是一个简单的圆领。这样的披肩搭配吊
带也是不错的。

制作方法 P132

披肩长度：62cm
工具型号：1.5mm钩针
使用线材：黛尔妃缎丝150g

黑色镂空披肩

　　简单的花样，搭配冰丝线的编织，使得披肩看上去质感十足。这样的一件披肩搭配一件红色礼裙，显得十分高贵。

制作方法 P 133

披肩长度：180cm
工具型号：1.7mm钩针
使用线材：黑色丝光棉线250g

配色流苏披肩

简单的V字领，流行的扭八花样编织，此款披肩也是再大方不过了。线材的选择使得披肩看上去比较的厚实，但是长长的流苏设计，也让衣身有了些许的飘逸。

制作方法 P 136

披肩长度：80cm
工具型号：4.5mm棒针
使用线材：长段染线600g

结粒流苏披肩

此款披肩的款式也十分的简单大方，贵在线材的选择上面，选择了带有结粒的毛线，编织出来的效果也是非同凡响。

制作方法 P 135

披肩长度：69cm

工具型号：11号棒针

使用线材：黑色段染线600g

优雅纽扣披肩

此款披肩就是长方形的样式，
可以变换着不同的穿着方法，纽扣
的设计起到了完美的点缀效果。

制作方法 P 136

披肩长度：140cm
工具型号：6号、4号棒针
使用线材：花式线350g

清新钩花披肩

此款披肩采用的是冰丝线材，
夏日里穿着起来十分的清凉，领口
处收缩系带起到了完美的收缩效
果，让披肩的风采展露无遗。

制作方法 P 137

披肩长度：40cm
工具型号：1.75mm钩针
使用线材：白色毛线500g

古典钩花披肩

　　淡淡的湖水色，给人一种清新淡雅的视觉感受，衣身也搭配了几朵大大的钩花，点缀的完美无缺，搭配这样一件浅色的旗袍，显得无比的端庄高贵。

制作方法 P 138

披肩长度：77cm

工具型号：8号棒针，3mm钩针

使用线材：编格尔浅蓝马海毛银丝毛线300g
　　　　　蒂伊丝彩貂绒100g

钩花长方形披肩

五颜六色的色彩让披肩熠熠生辉，长方
形的款式，可以随意地变换穿着方式，简单
的大小钩花的连接，更是无可挑剔。

制作方法 P139

披肩长度：200cm
工具型号：2.5mm钩针
使用线材：冰山雪绒花式绒线中相全毛线2500g

高贵钩花披肩

黑色和大红相配，可谓是完美。宽松的
款式设计更显舒适，这样的披肩穿起来也显
得十分高贵。

制作方法 P 140

披肩长度：71cm
工具型号：2.0mm钩针
使用线材：黑色毛线500g，红色毛线少许

紫色钩花大披肩

杂色的色彩，让紫色更突出，深深
的紫色，穿着起来显得十分高贵，披肩
的衣边都是小小的钩花设计，显得新颖
别致。

制作方法 P 141

披肩长度：240cm
工具型号：6号可乐钩针
使用线材：织美绘彩貂绒500g

PART 3

独 特 针 织 毛 衣

纯白V领长袖衫

雪白的色彩，分外具有小清新的韵味，
简单大方的 V 领设计与衣下摆的 V 字形花样相
呼应，搭配一条糖果色的紧身裤，也是很不错
的选择。

制作方法 P142~ 143

衣身长度：58cm
工具型号：12号棒针，2mm钩针
使用线材：白色竹棉600g合双股织

甜美糖果小外套

　　浅浅的粉色，似乎永远都是淑女的代名词，这样的一件糖果小披肩，搭配一件浅色的吊带衫也是很不错的选择哦！

制作方法 P 144

衣身长度：86cm
工具型号：12号棒针，1.25mm钩针
使用线材：黛尔妃缎线双股线200g

制作方法 P145

衣身长度：48cm

工具型号：2.5mm钩针

玫红丝光棉线350g

玫红短袖开衫

简单的编织花样，不论是搭配小吊带还是把它当作小外套来穿都是不错的，搭配一顶同色系的帽子，可谓相得益彰。

气质钩边长开衫

修身的款式设计，简单自然的钩边，使得整
件长衫看起来格外地修长。这样的一件长衫搭配
一件紧身的裙子也是不错的。

制作方法 P 146~ 147

衣身长度：85cm
工具型号：10号棒针，1.25mm钩针
使用线材：羊绒线700g

古典高领长袖衫

　　线材的选择，注定了此款长袖的古典风格，高领的设计更是透露着一股
休闲之风，这样的一款长袖衫，大家都可以动手试试。

制作方法 P 148~ 149

衣身长度：64cm
工具型号：9号、11号、12号棒针，2.5mm钩针
使用线材：段染线450g

紫色一字领蝙蝠衫

　　浅浅的紫色，给人一种梦幻般的感觉，一字领的设计更是显露了女性性
感的锁骨，宽松的蝙蝠衫款式更是恰到好处。

制作方法 P 150

衣身长度：50cm
工具型号：9号棒针
使用线材：淡紫色棉线400g

粗棒针翻领外套

这样的一款粗棒针外套适合穿着在寒冬的时节，既不会显得身姿很臃肿，还可以透出一股时尚的风味。

制作方法 P 151~153

衣身长度：75.5cm

工具型号：8号、5号棒针

使用线材：进口马海毛600g，
全毛细毛线300g合股

休闲口袋长外套

浅浅的紫色，精致的包扣设计，简单的口袋编织，形成了这样一件大气的长外套，适合在秋冬时节作为最好的保暖衣。

制作方法 P 154

衣身长度：88cm
工具型号：4mm棒针
使用线材：紫色羊毛线1200g

绿色短袖衫

　　简单的圆领，插肩袖的设计，
加上袖窿与衣边的同款花样编织，
虽然衣服款式简洁，但也充满着休
闲之风。

制作方法 P 155

衣身长度：50cm
工具型号：2.75mm棒针
使用线材：绿色丝光线300g

橘色短袖装

这件短袖衫十分的简洁，特色之处在于领口、袖口和衣下摆处的红白螺纹编织，使得衣服不再那么单调。

制作方法 P156

衣身长度：56cm
工具型号：13号、15号棒针
使用线材：橘色羊绒200g，烟灰色少许

酷雅长袖衫

蓝蓝的色彩，搭配同色系的休闲
牛仔裤，更是显得无比的休闲，这样
的一身穿起来既时尚也大方、自在。

制作方法 P 157

衣身长度：58cm
工具型号：2.75mm棒针
使用线材：天蓝色细毛线600g

个性荷叶边短袖装

　　衣身的设计很是独特，泡泡袖、古典领口，加上荷叶边的衣下摆，使得整件衣服充满着各色的元素，不失为匠心独运之作。

制作方法 P 158~ 159

衣身长度：64cm
工具型号：3mm棒针
使用线材：白色羊毛线580g

大翻领外套

　　此款外套所有的花样皆是由不同的几何图案组合而成的，显得错落有致。搭配一件潮气十足的小礼裙也是不错的选择。

制作方法 P 160～ 161

外套宽度：114cm
工具型号：12号棒针
使用线材：白色棉线600g

小清新中袖衫

淡紫色的小衫，简单、时尚，同时开衫设计增添了衣服的搭配技巧。红、白、蓝三种颜色，勾勒出了一幅寒梅傲雪的景象，格外惹眼。

制作方法 P 162~163

衣身长度：44cm
工具型号：10号、11号棒针
使用线材：淡紫色竹棉双股350g，白色50g，淡蓝色50g

蓝色树叶花短袖衫

明亮的蓝色，格外引人注目，衣身的片片树叶栩栩如生，穿起来更显青春活力。

制作方法 P 164

衣身长度：49cm
工具型号：10号棒针
使用线材：浅蓝色棉线400g

紫色潮流小外套

此款毛衣既可以当作小外套又可以当作披肩。衣下摆的设计，可以随意地系成蝴蝶结的样式，给衣服增色不少。

制作方法 P165

衣身长度：38cm
工具型号：9号棒针
使用线材：紫色棉线300g

华丽大翻领外套

也许整件衣服从线材上的选择就注定了它充满了高贵的气息，波浪式的花样编织，更添行云流水气势。

制作方法　P 166~ 167

衣身长度：80cm
工具型号：8号棒针，9号可乐钩针
使用线材：黛尔妃段染毛线1200g

靓丽针织打底衫

山长款红色毛衣，上宽下窄，有很好的修身效果。圆领配"吊坠"图案，为衣服增色不少。衣领、袖口、衣下摆采用不同于衣身的针法，整体效果不错。

制作方法 P168

衣身长度：75cm
工具型号：12号棒针
使用线材：羊毛线700g

优雅钩花开衫

浅浅的蓝色，映衬着蔚蓝的天
空，搭配一件休闲的单色连衣裙，
显得小清新韵味十足。

制作方法 P 169

衣身长度：80cm
工具型号：9号钩针
使用线材：编格尔时装线800g

玫红拼花开衫

此款开衫做工精细。都是由一个个的单元花拼接而成的，拼接处完美无瑕，自然地形成了流畅的衣边。

制作方法 P 170

衣身长度：86cm

工具型号：3号可乐钩针

使用线材：马海毛加2股羊毛钩织细羊毛250g，
蒂伊丝亮丝马海毛600g

粉色可人小外套

粉红色的小外套，设计符合小女生"卡哇伊"的风格。花样看似复杂，"实虚交织"为编织省时不少。

制作方法 P 171

衣身长度：36cm
工具型号：2.0mm钩针
使用线材：毛编格尔棉线200g

浅色荷叶边小外套

荷叶边的小外套，春夏秋皆宜。衣身设计开阔的圆领搭配荷叶边，可爱大方。细线编织的竖条纹，简单得体。

制作方法 P 172~ 173

衣身长度：41cm
工具型号：11号棒针，1.25mm钩针
使用线材：白色棉线400g

韩版条纹V领衫

灰白相间的条纹毛衣，配V字形衣领，休闲又不失大方。衣服中长宽松，整体采用粗线编织，纹理清晰、简洁。

制作方法 P 174

衣身长度：56cm
工具型号：10号棒针
使用线材：织美绘牛奶丝绒：
　　　　　白色380g，
　　　　　灰色370g

亮丽冰丝线开衫

火红的色彩，精致的编织，使
得整件开衫特别的有型。冰丝线的
选择，让衣服更加地富有垂感。

制作方法 P 175~ 176

衣身长度：59cm
工具型号：12号棒针，1.25mm钩针
使用线材：红色冰丝线450g

波浪花背心开衫

　　黑色、深蓝色、浅蓝色、黄色，多种配色
编织而成的这件背心，穿着起来显得十分的酷
雅，不论搭配长裤还是长裙都是不错的选择。

制作方法 P 177

衣身长度：46cm
工具型号：10号棒针
使用线材：黑色、深蓝色、浅蓝色、黄
色棉线各100g

浅咖啡色大翻领外套

咖啡的颜色，似乎是时尚界的宠儿，粗棒针的编织使得整件衣服更加地厚实，大翻领的设计给衣服增添了些许活力。

制作方法 P 178

衣身长度：54cm
工具型号：8号棒针
使用线材：浅咖啡丝绒线500g

橘色高领长袖衫

简单的花样编织，自然的高领设计，这样
的一件长袖衫，很适合作为冬日里的打底衫，
也可以根据自己的需要来选择合适的线材。

制作方法 P 179~180

衣身长度：58cm
工具型号：13号棒针
使用线材：橙色250g

简约高领打底衫

深紫的色彩，似乎显得毫无新意，但是胸前的小花的搭配起到了很好的装饰效果，大家也可以根据要求，对此款进行改装，织成男款的打底衫也是不错的。

制作方法 P 181

衣身长度：59cm
工具型号：10号棒针
使用线材：段染羊毛线600g

米色钩花小外套

简单的菠萝花样编织，构成了背后衣服完整的图画，这样的一件清凉外套也是夏日里的必备品。

制作方法 P 182

衣身长度：90cm
工具型号：3.0mm钩针
使用线材：竹棉500g双股

湖水蓝糖果外套

　　此款外套平铺开来就是一个可爱的糖果样式，外套衣边的钩针花样给衣服增色不少。

制作方法 P 183

衣身长度：64cm
工具型号：12号棒针，1.2mm钩针
使用线材：蓝色棉线400g

蓝色树叶花短袖

简单的款式，搭配横织的树叶
花样式，在简单中寻求些许独特的
地方，这样的一款短袖衫，搭配短
裤也是很不错哦！

制作方法 P184

衣身长度：50cm
工具型号：8号棒针
使用线材：蓝色棉线500g

蓝色翻领桌布衣

　　简单的花样编织，喜欢凉爽的姐妹们可以选择冰丝线编织，这样披肩看上去会更有垂感。

制作方法 P 185

衣身长度：44cm
工具型号：3.0mm钩针
使用线材：蓝色棉线400g

浅色钩边小外套

淡淡的颜色，搭配简单的T恤或者吊带，使其更具有小清新之感，这样的一件小披肩搭配长裙也是不错哦！

制作方法 P 186

衣身长度：34cm
工具型号：12号棒针，2.5mm钩针
使用线材：编格尔棉线加丝毛线200g

绿色荷叶边开衫

　　绿色似乎不是时尚的颜色，但是这样的一件绿色开衫，搭配自然的波浪式荷叶边，似乎也是很不错的。

制作方法 P 187

衣身长度：60cm
工具型号：12号棒针，1.75mm钩针
使用线材：竹棉线绿色500g，白色30g

米色柔美长袖衫

春秋款米白色的蝙蝠衫，间断的条
纹给人一种"流水"的视觉效果。轻盈
飘逸，彰显活力。

制作方法 P 188

衣身长度：60cm
工具型号：2.75mm棒针
使用线材：米色毛线600g

大气休闲开衫

简单的扭 "8" 编织花样，连帽的休闲之风设计，搭配一件紧身的T恤和短裤，这件外套会显得更加的洋气。

制作方法 P 189

衣身长度：69cm
工具型号：10号棒针
使用线材：灰色棉线700g

简约绿色小外套

绿绿的色彩很是吸引人的眼球，这样的一款简单的小外套，搭配浅色的
吊带也是很不错哦！

制作方法 P 190

衣身长度：40cm
工具型号：4mm棒针
使用线材：孔雀蓝竹棉线300g

配色休闲连帽外套

　　黑色、白色、咖啡色、褐色等多种色彩配色编
织而成的这款连帽长外套，十分的休闲。冬日里穿
着起来也是遮风挡雨的法宝。

制作方法 P 191

衣身长度：90cm
工具型号：10号、8号棒针
使用线材：黛尔妃段染澳毛1100g

温暖兔绒打底衫

兔绒线编织的短款绿色毛衣极衬肤色，而
且柔软舒适。衣身编织技巧简单、明了。

制作方法 P 192

衣身长度：55cm
工具型号：2.75mm棒针
使用线材：绿色马海毛线520g

淑女喇叭袖长裙

【成品规格】裙长84cm，胸围74cm，袖长52cm

【工　　具】9号棒针，1.5mm钩针

【编织密度】29针×29行=10cm²

【材　　料】玫红色丝光毛线1000g

编织要点：

1. 这件衣服从下向上编织，由后片和前片及两个袖片组成。
2. 前片起207针编织花样A，将花样A上针部分织12针，然后在上针部分减针，在上针的两侧1针上进行减针，每织20行减1次针，共减5次，织成100行，不加减针再织44行起，将上针部分减少1针，余下108针继续编织花样A，不加减针，编织52行后至袖隆，下一行袖隆减针，两边收针4针，2-1-4，4-1-1，织成袖隆算起28行的高度时，进行前衣领减针，下一行中间收针20针，两边减针，2-3-2，2-2-2，2-1-5，不加减针，再织4行后，至肩部，余下20针，收针断线。
3. 后片袖隆以下的编织与前片完全相同，然后织成袖隆算起48行的高度时，下一行进行后衣领减针，中间收针42针，两边相反方向减针，2-2-2，至肩部余下20针，收针断线。
4. 将前后片肩部相对进行缝合，侧缝处相对进行缝合。
5. 袖子起138针编织花样A，将花样A上针部分织12针，然后在上针部分两侧1针上减针，方法为8-1-5，织成40行，不加减针再织8行，下一行起，将2针上针并为1针，编织花样B，不加减针，编织58行，下一行袖山减针，方法为平收4针，2-1-20，余24针收针。相同的方法去编织另一只袖片。将袖子侧缝处缝合，与衣身缝合。
6. 在领圈挑针钩边，钩织花样C，做玫瑰花两朵缝合在领下左侧，图解见花样D，合双股线用钩针钩辫子180cm长穿入腰间花样的洞眼中作为腰带。最后分别沿着裙摆边、袖口边，挑针钩织花样C，完成后，收针断线，衣服完成。

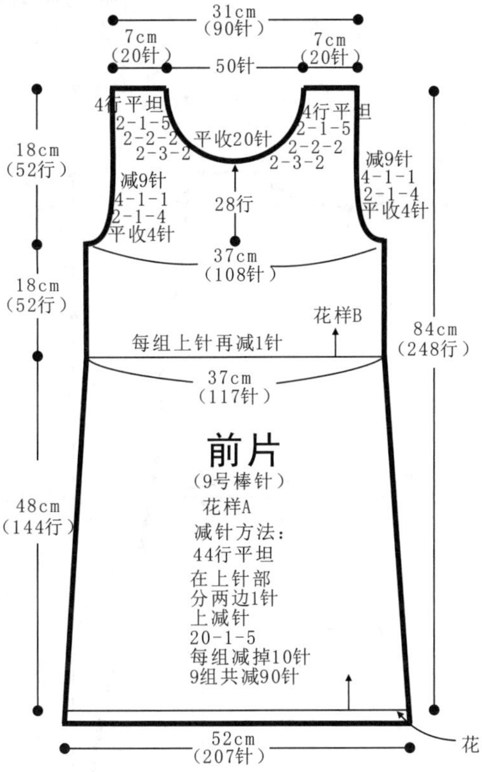

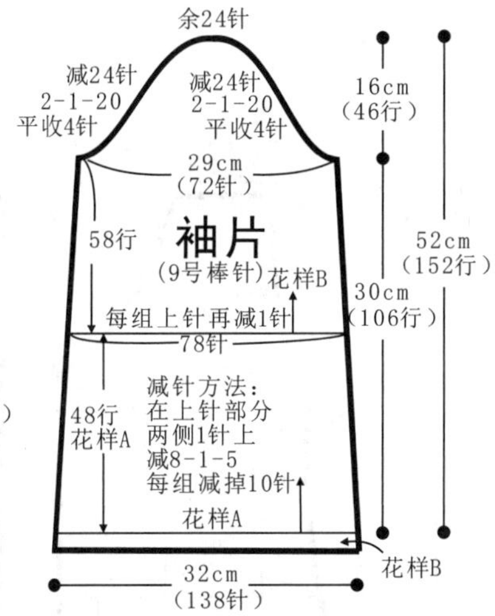

前片
(9号棒针)
花样A
减针方法：
44行平坦
在上针部分两边1针上减针
20-1-5
每组减掉10针
9组共减90针

31cm（90针）　7cm（20针）　50针　7cm（20针）

4行平坦　2-1-5　2-2-2　2-3-2　平收20针
减9针　4-1-1　2-1-4　平收4针
28行
37cm（108针）
每组上针再减1针　花样B 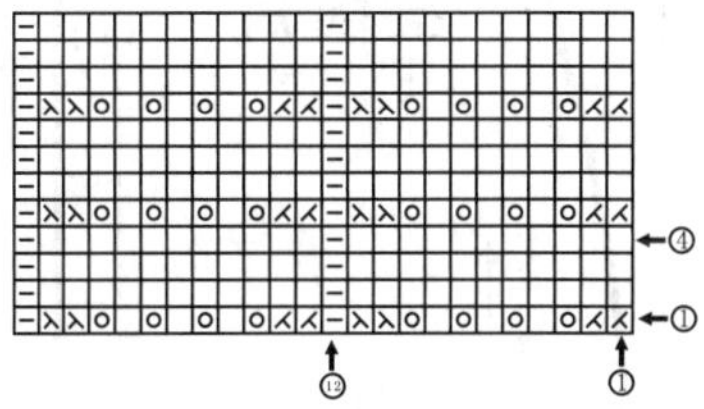
37cm（117针）
18cm（52行）　18cm（52行）　48cm（144行）　84cm（248行）
52cm（207针）
花样C

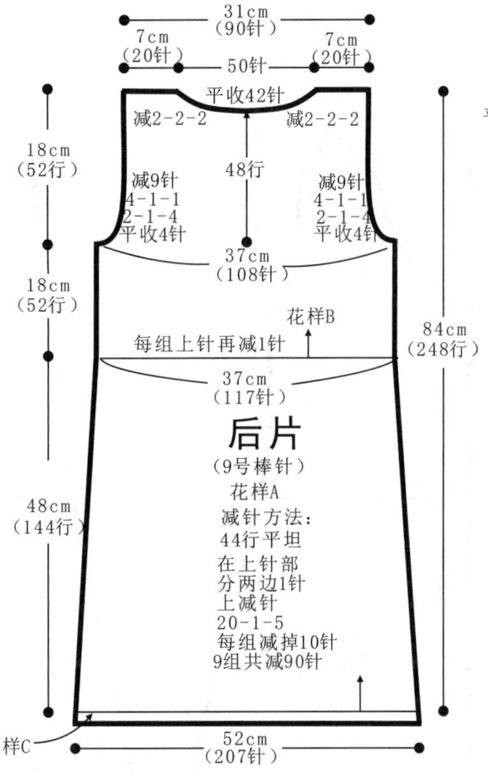

后片
(9号棒针)
花样A
减针方法：
44行平坦
在上针部分两边1针上减针
20-1-5
每组减掉10针
9组共减90针

31cm（90针）　7cm（20针）　50针　7cm（20针）

平收42针
减2-2-2
减9针　4-1-1　2-1-4　平收4针
48行
37cm（108针）
每组上针再减1针　花样B
37cm（117针）
18cm（52行）　18cm（52行）　48cm（144行）　84cm（248行）
52cm（207针）

袖片
(9号棒针)花样B
减针方法：
在上针部分两侧1针上减8-1-5
每组减掉10针
花样A

余24针
减24针 2-1-20 平收4针　减24针 2-1-20 平收4针
16cm（46行）
29cm（72针）
58行
每组上针再减1针
78针
48行 花样A
32cm（138针）
52cm（152行）　30cm（106行）
花样B

花样B

花样A

减针位置　减针位置

领子
(1.5mm钩针)
挑针编织花样C
花样D 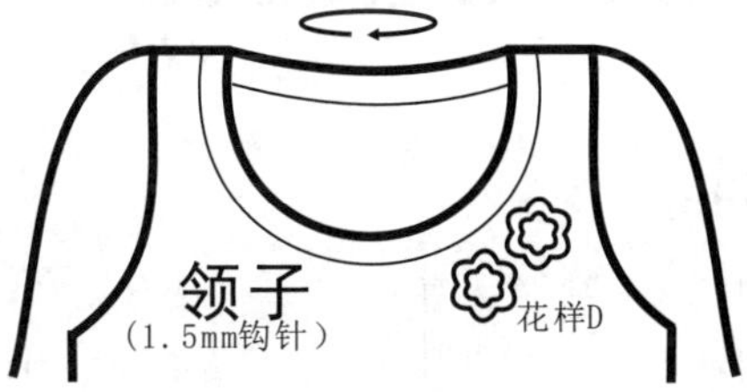

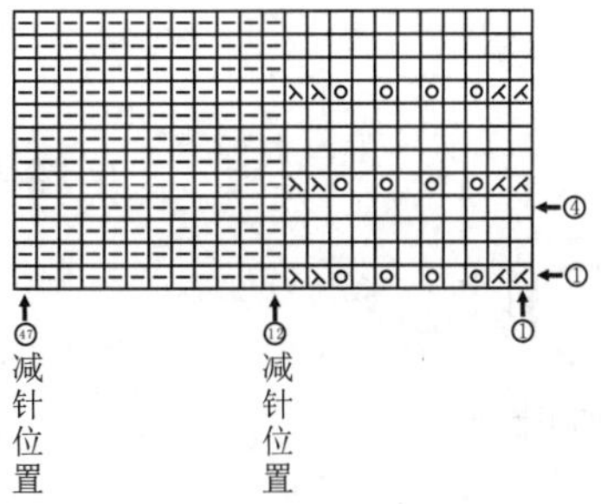

花样C

(衣边图解)

花样D

前胸小花图解

符号说明：

☒	左并针
□　上针	☒ 右并针
□=□　下针	◎ 镂空针
2-1-3　行-针-次	＋ 短针
↑　编织方向	长针
	锁针

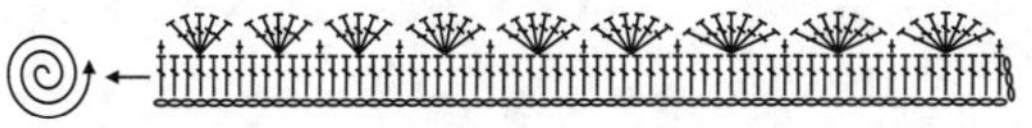

段染翻领长裙

【成品规格】 长裙86cm，半胸围45cm，袖长58cm

【工　具】 10号棒针

【编织密度】 13针×22行=10cm²

【材　料】 深蓝色花线1200g

编织要点：

1.棒针编织法，由前片2片，后片1片，袖片2片组成。从下往上织起。

2.前片的编织。由右前片和左前片组成，以左前片为例。

(1)起针，下针起针法，起54针，分配成3组花样A，并根据花样A图解的减针方法进行减针编织，依图织成80行，减针后余下60针，照此减针完成的花样针数进行编织，不再加减针，再织60行的高度，至袖窿。

(2)袖窿以上的编织。左侧减针，1-2-1、2-1-2，右侧同时减衣领，2-1-14，不加减针，再织20行后，至肩部，余下12针，收针断线。

(3)相同的方法，相反的方向去编织右前片。

3.后片的编织。下针起针法，起108针，分配成6组花样A进行编织，并依照花样A图解进行减针，织成80行，减针后余下60针，照此针数和花样，不加减针，织60行的高度。至袖窿，然后袖窿起减针，方法与前片相同。当织成袖窿算起44行时，下一行中间收针22针，两边相反方向减针，减2针，2-1-2，两肩部各余下12针，收针断线。

4.袖片的编织。袖片从袖口起织，下针起针法，起80针，分配成5组花样A编织，照图解减针，织成80行，不加减针，往上织8行的高度，至袖窿，下一行进行袖山减针，两边各收针2针，然后2-1-20，织成40行，余下6针，收针断线。相同的方法去编织另一袖片。

5.拼接，将前片的侧缝与后片的侧缝对应缝合，将前后片的肩部对应缝合；再将两袖片的袖山边线与衣身的袖窿边对应缝合。

6.衣襟的编织，沿着衣襟边，挑出90针，编织花样B，不加减针，编织10行后，收针断线，再编织另一衣襟。衣领的编织，起30针，起织花样B，两边同时加针，方法是2-4-2、2-2-11，织成26行，不加减针，再织10行后，收针断线。将收针边与衣身的衣领边对应缝合。衣服完成。

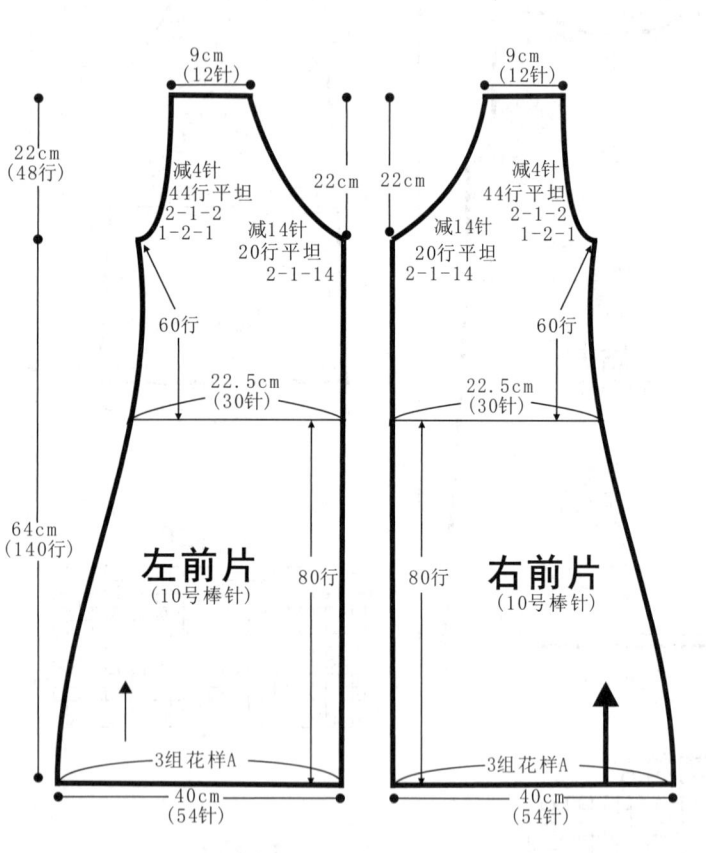

左前片
(10号棒针)

右前片
(10号棒针)

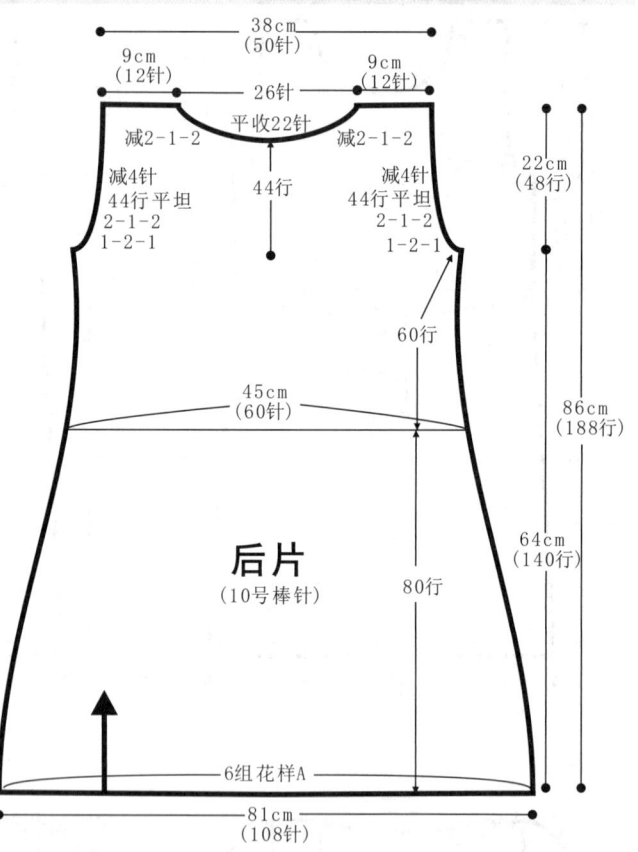

后片
(10号棒针)

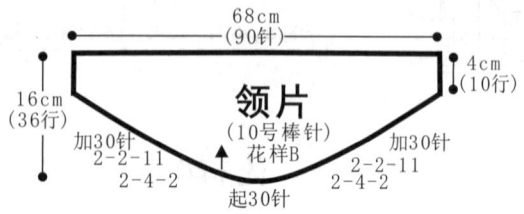

领片
(10号棒针)
花样B

符号说明：

⊟ 上针	⊠ 左并针
□=□ 下针	⊠ 右并针
2-1-3 行-针-次	⊡ 镂空针

↑ 编织方向

90

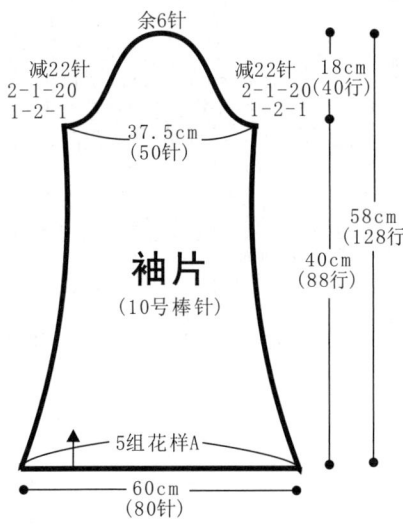

余6针

减22针
2-1-20
1-2-1

减22针
2-1-20
1-2-1

18cm
(40行)

37.5cm
(50针)

58cm
(128行)

袖片
(10号棒针)

40cm
(88行)

5组花样A

60cm
(80针)

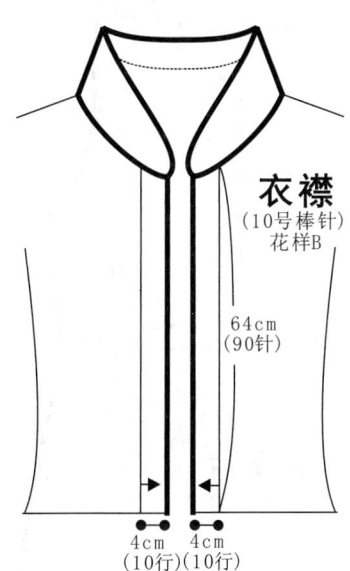

衣襟
(10号棒针)
花样B

64cm
(90针)

4cm   4cm
(10行) (10行)

花样B

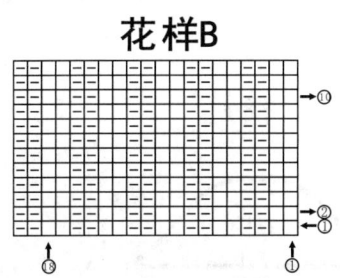

花样A

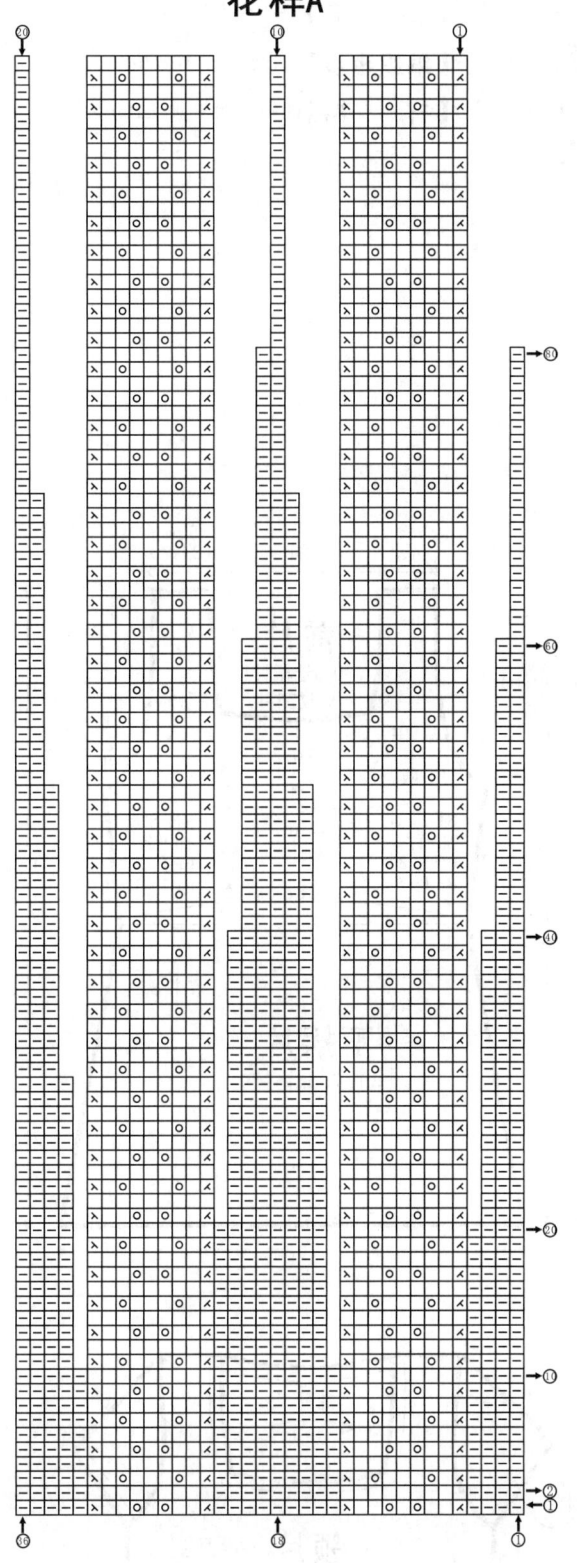

咖啡色短袖裙

【成品规格】 裙长71cm，胸围86cm，
腰围76cm，下摆宽70cm

【工　　具】 13号棒针，1.75mm可乐钩针

【编织密度】 45针×51行=10cm²

【材　　料】 织美绘牛奶丝400g

编织要点：

1.衣服从腰间分成3部分编织。从腰间起往上分为前片和后片，下摆片一片钩织而成。袖片分为两片，钩针编织。
2.先编织上身前后片。先编织前片，下针起针法，起140针，起织花样A，侧缝上加针编织。8-1-6、6-1-3，两侧各加9针，然后不加减针，再织8行至袖窿，袖窿起减针，一侧收6针，一侧收7针，然后两侧同时减针，2-1-12，减针行织成24行，再织2行至领部，下一行从中间选取73针收针，两侧各余下24针，不加减针，各自编织76行的高度，至肩部，收针断线。
3.后片的编织，袖窿以下编织方法与前片相同，袖窿起减针与前片相同，当织成袖窿算起94行的高度后，下一行进行后衣领减针，中间收针65针，两边减针，2-1-4，织成8行时至肩部，余下24针，收针断线。
4.将前后片肩部相对进行缝合，侧缝处相对进行缝合。
5.沿着衣身起织处，往下挑针钩织，用1.75mm的钩针钩织，依照花样B图解环形钩织，共钩织6层花样，共40cm的长度，完成后，钩织一圈花样D锁边。
6.袖子起130针钩编花样C，依照图解，两侧进行减针钩织。钩织18行的高度，完成后收针断线，藏好线尾，相同的方法再去编织另一只袖片。将袖片与袖窿边线对应缝合。
7.在领圈及袖边挑针均匀钩边花样D，作为缘边装饰。

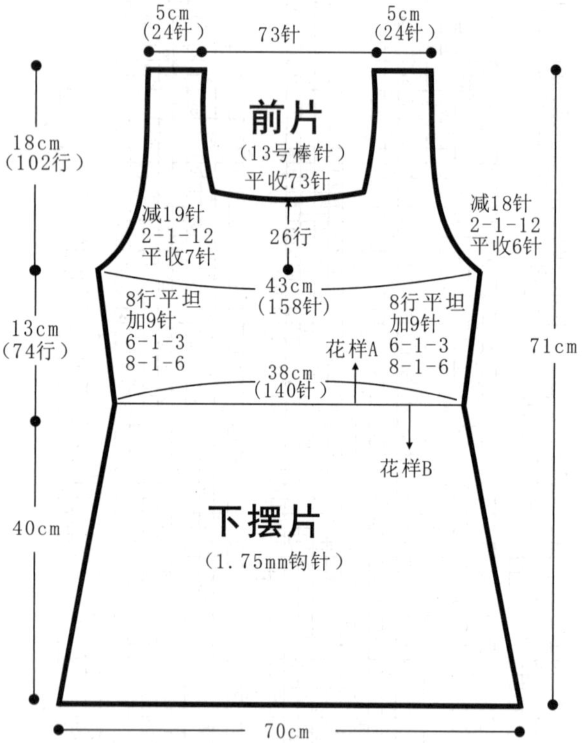

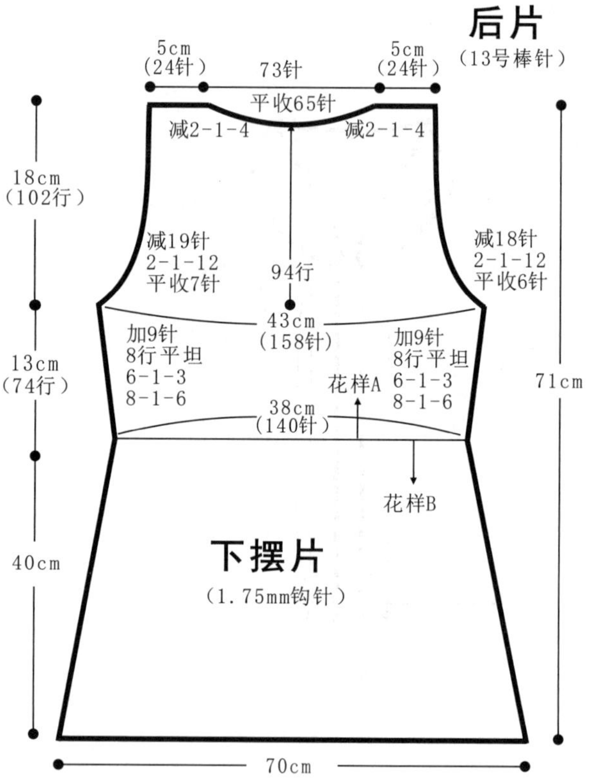

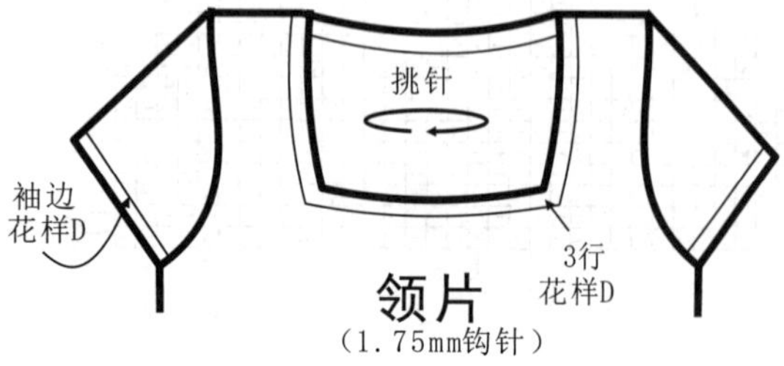

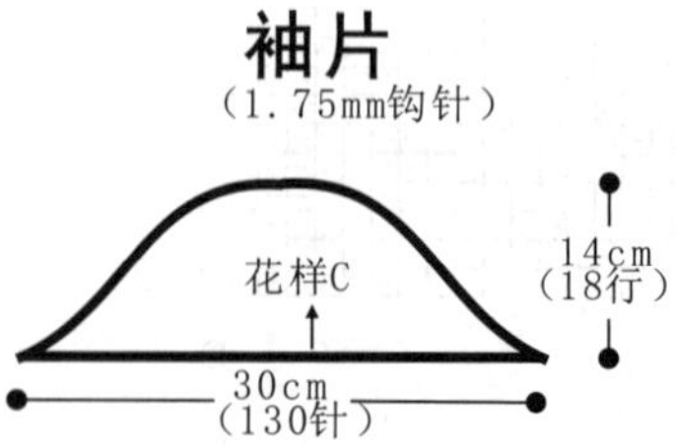

前片
（13号棒针）

5cm（24针）　73针　5cm（24针）

平收73针

18cm（102行）

减19针 2-1-12 平收7针

26行

43cm（158针）

8行平坦 加9针 6-1-3 8-1-6

减18针 2-1-12 平收6针

花样A

8行平坦 加9针 6-1-3 8-1-6

38cm（140针）

花样B

13cm（74行）

下摆片
（1.75mm钩针）

40cm

71cm

70cm

后片
（13号棒针）

5cm（24针）　73针　5cm（24针）

平收65针

减2-1-4　减2-1-4

18cm（102行）

减19针 2-1-12 平收7针

94行

43cm（158针）

加9针 8行平坦 6-1-3 8-1-6

减18针 2-1-12 平收6针

花样A

加9针 8行平坦 6-1-3 8-1-6

38cm（140针）

花样B

13cm（74行）

下摆片
（1.75mm钩针）

40cm

71cm

70cm

领片
（1.75mm钩针）

挑针

3行 花样D

袖边 花样D

袖片
（1.75mm钩针）

花样C

14cm（18行）

30cm（130针）

花样A

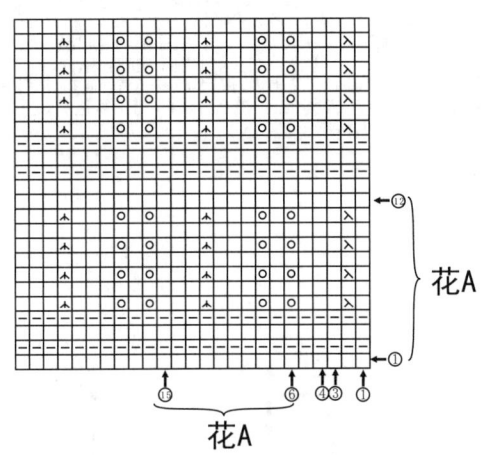

花A

花A

花样B

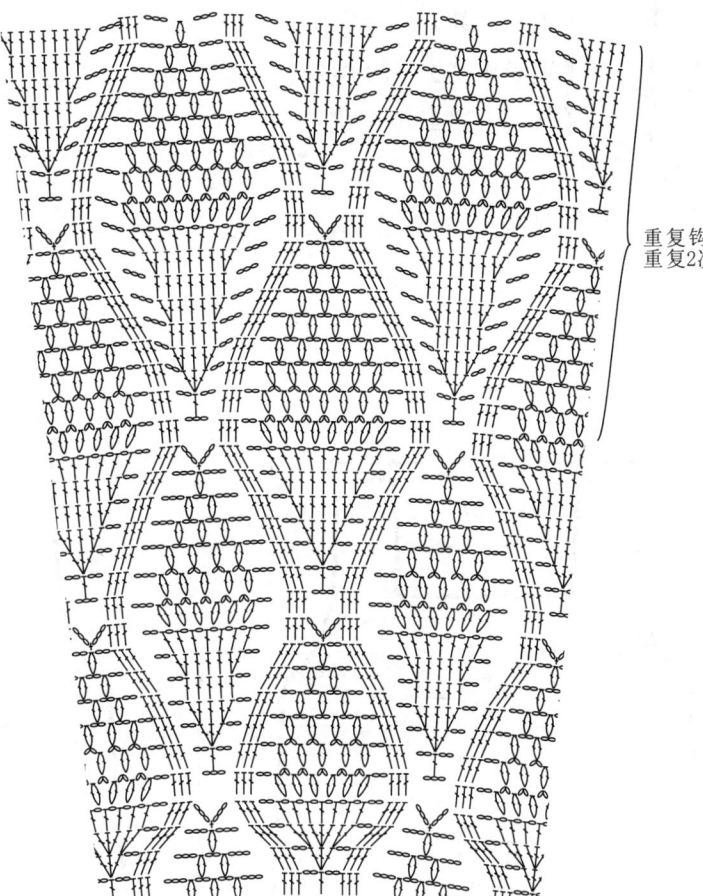

重复钩织第三层花
重复2次

符号说明：

□	上针	+	短针
□=回	下针		长针
2-1-3	行-针-次	⬯⬯	锁针
↑	编织方向	⊠	左并针
		⊠	右并针
		⊡	镂空针

花样C

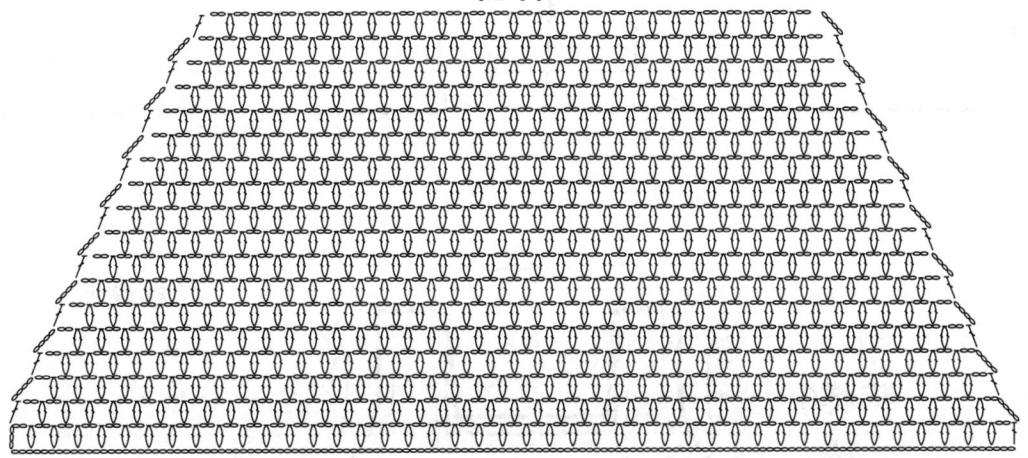

花样D
（领边花样）

蓝色钩花背心裙

【成品规格】 裙长59cm，胸围74cm

【工　　具】 12号棒针，3mm钩针

【编织密度】 36针×41行=10cm²

【材　　料】 丝光毛线700g

编织要点：

1．这件衣服从下向上编织，由后片和前片组成。
2．后片起208针编织花样A，排8个花，编织的同时在中间的两个花的两边减针，方法为(16-1-7)×4，织160行开始收袖隆，方法为平收5针，2-2-5、2-1-8、4-1-3，两边各减26针，织30行，将中间针数平收52针，两边各剩26针，织到82行两边肩部各26针。
3．前片起208针编织花样A，排8个花，减针方法跟后片相同，方法为(16-1-7)×4，织160行开始收袖隆，方法为平收5针，2-2-5、2-1-8、4-1-3，两边各减26针，织26行，将中间针数平收52针，两边各剩26针，织到82行两边肩部各剩26针。
4．将前后片肩部相对进行缝合，侧缝处相对进行缝合。
5．用钩针挑织衣领，从后领窝开始挑针，每个针眼挑一针钩织花样C。挑织袖隆边，方法和领子挑针一样，钩织花样C。
6．用钩针在下摆钩织花样B3cm。

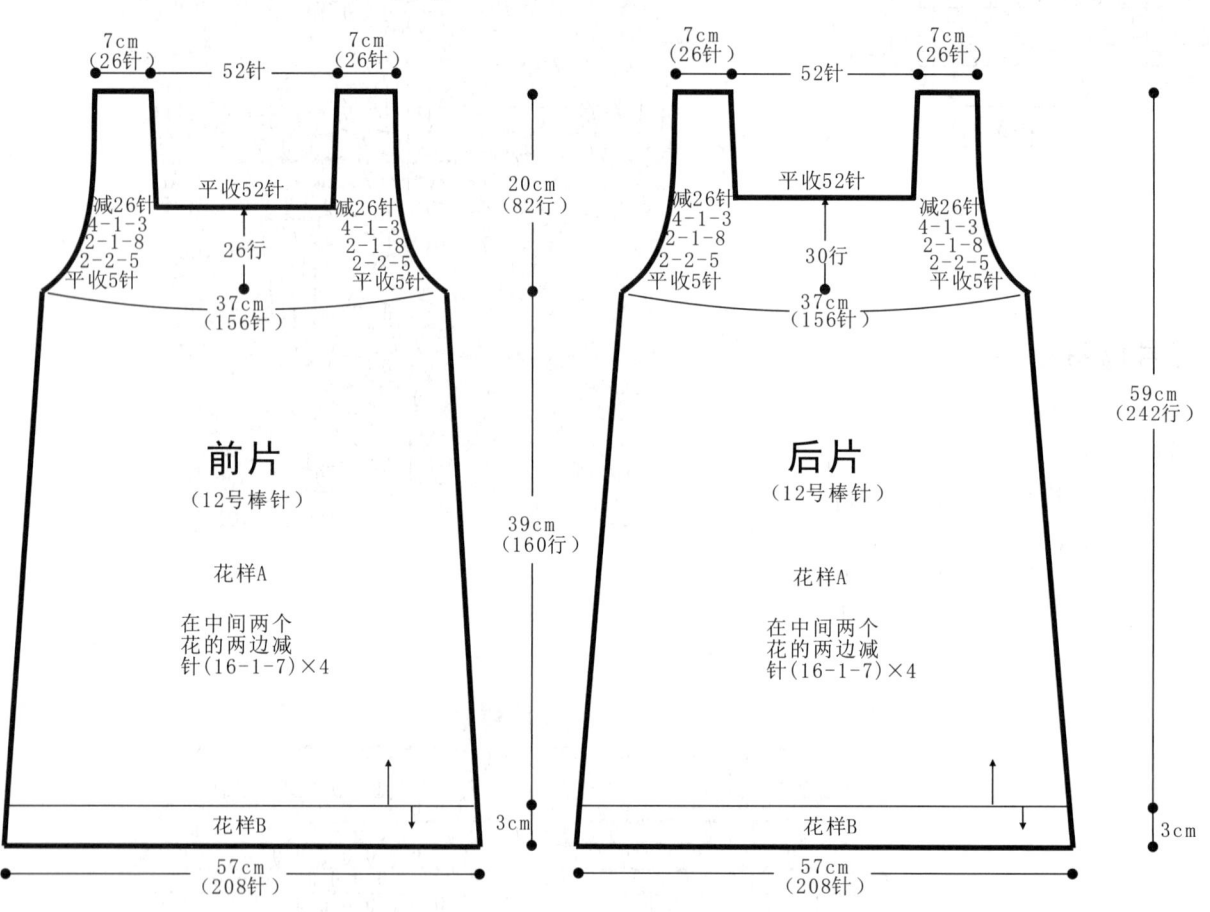

前片（12号棒针）
花样A
在中间两个花的两边减针(16-1-7)×4
花样B

7cm（26针）　52针　7cm（26针）
平收52针
26行
减26针 4-1-3 2-1-8 2-2-5 平收5针
37cm（156针）
57cm（208针）
20cm（82行）
39cm（160行）
3cm

后片（12号棒针）
花样A
在中间两个花的两边减针(16-1-7)×4
花样B

7cm（26针）　52针　7cm（26针）
平收52针
30行
减26针 4-1-3 2-1-8 2-2-5 平收5针
37cm（156针）
57cm（208针）
59cm（242行）
3cm

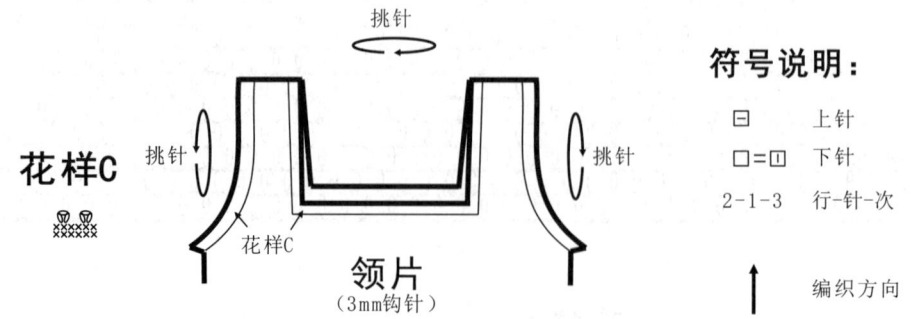

花样C

挑针

挑针　挑针

花样C

领片（3mm钩针）

符号说明：

□ 　上针

□=□ 　下针

2-1-3 　行-针-次

↑ 　编织方向

花样A

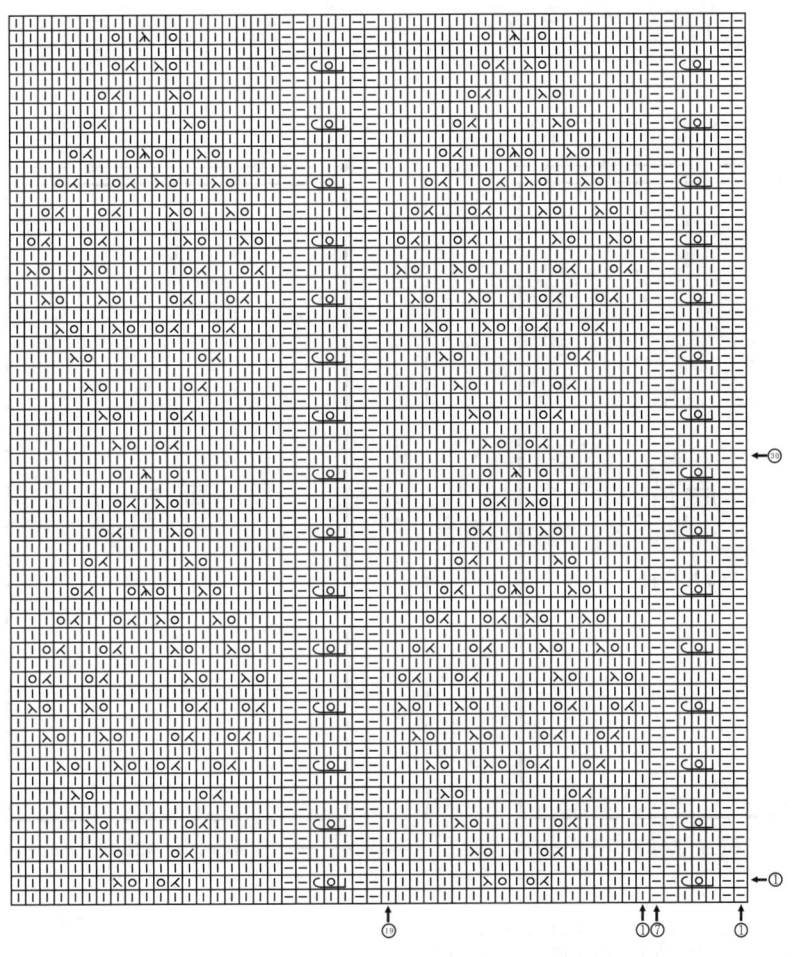

花样B

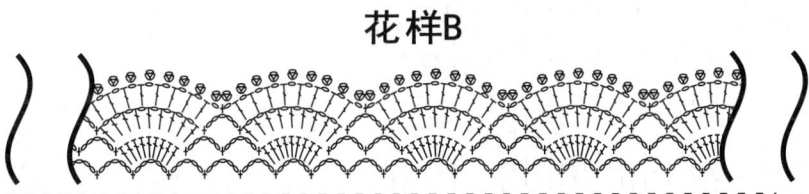

古典美旗袍裙

【成品规格】 裙长84cm, 胸围92cm

【工　　具】 3mm棒针, 2.5mm钩针

【编织密度】 30针×38行=10cm²

【材　　料】 冰丝线600g

编织要点:

1. 由前、后两片肩部起针往下织。

2. 按结构图从上端开始起针，按花样针法图往下端编织。用同样方法编织好另一片，然后在肩线及两侧按图示合并好。在下缘、袖口钩织花边，安装好装饰花朵。

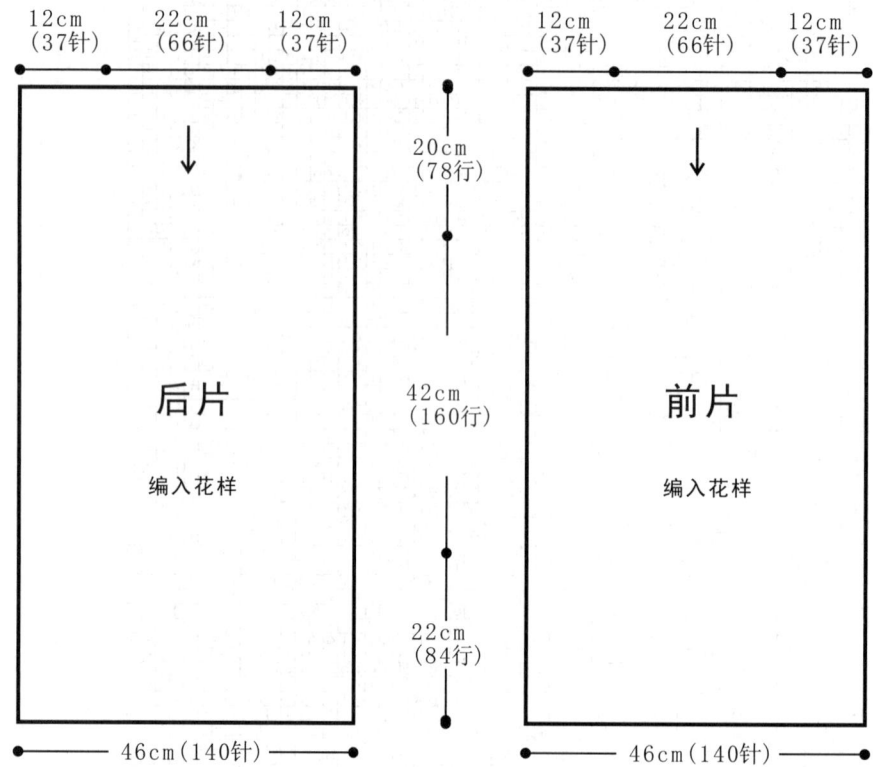

| 12cm (37针) | 22cm (66针) | 12cm (37针) |

后片 编入花样

20cm(78行)

42cm(160行)

22cm(84行)

46cm(140针)

前片 编入花样

46cm(140针)

花样针法图

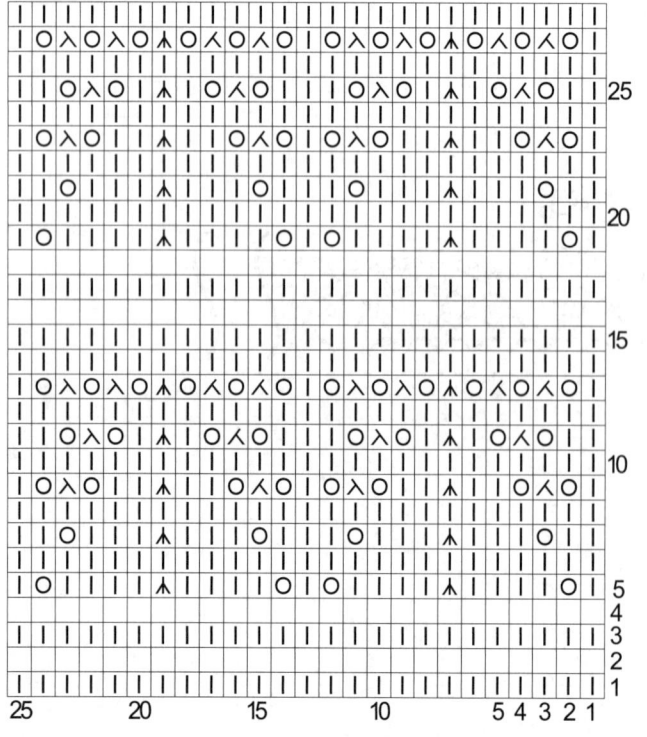

下摆、袖口、领围花边针法图:

单元花样针法图:

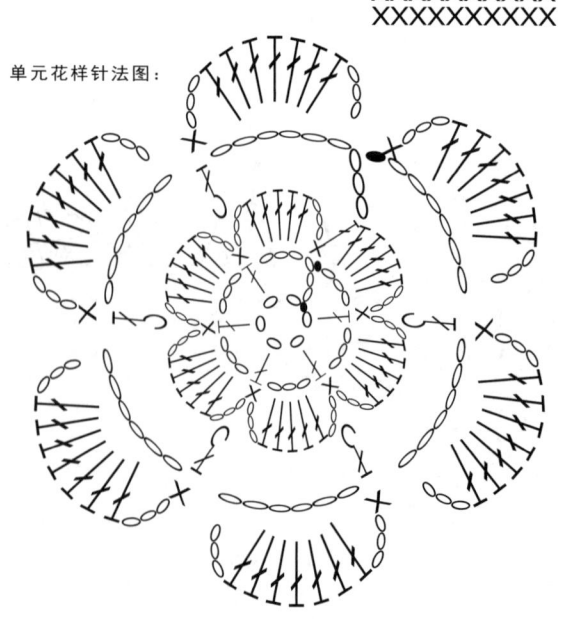

96

圆翻领长裙

【成品规格】 裙长102.5cm，胸宽46cm，下摆宽70cm

【工　　具】 6号棒针，9号钩针

【编织密度】 14针×17行=10cm²

【材　　料】 编格尔金丝马海毛750g

编织要点:

1.棒针编织法，从上往下编织。织成肩片再分片编织前片与后片、袖片。

2.从领口起织，下针起针法，起108针，起织下针。分四个地方做插肩缝加针，每处选2针，两侧袖肩部分相隔15针选2针，而前后片各为35针，在2针插肩缝的位置上编织花样A加针，每织2行一侧各加1针空针。2-1-21，织成42行。前片的领部在两侧加针织长领边，每侧加15针，方法依次是2-1-4、2-2-4、2-3-1，最后将中间的7针挑出编织。随着插肩缝加针织成42行。最后前片和后片各织成79针(含插肩缝的2针)，袖片各是59针(含插肩缝的2针)，进入下一步分片编织。将前片的79针挑出编织，然后在腋下加10针，再织后片的79针，再在腋下加10针，接上前片的第1针，形成环织，起织下针，不加减针，织10行后，在腋下前后片的1针上减针，各减1针，两侧都减，一圈减少4针，然后再织10行，再次减4针。下一行起，改织花样B，并在第一行里，分散加7针，针数加成一圈184针，织成6行花样B。到下一行，分配花样C编织，并在第一行里，一面分散加8针，一圈共加16针，将针数加成200针一圈，然后不加减针，编织花样C，织成11层花，共110行。完成后，收针断线。

3.袖片的编织。袖片挑出59针，在前后片的腋下加出的针上挑出10针，环织，起织下针，选腋下最中心的2针进行减针，不加减针，织10行后开始减针，10-1-2，织成20行的高度后，下一行起，收掉1针，并编织花样B，织成6行后，再改织花样C，不加减针，织56行的高度后，收针断线。相同的方法去编织另一侧袖片。

4.领片的编织。沿着前后衣领边，挑出104针，起织花样C，顺时针织正面。不加减针，织15行后，逆转方向，逆时针方向去编织，不加减针，织35行后，收针断线。最后用钩针，分别沿着衣身下摆边、袖口边和衣领边，钩织花样D花边。衣服完成。

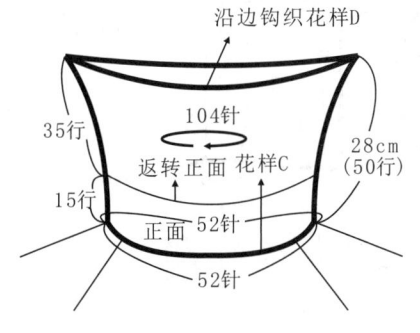

沿边钩织花样D

104针

35行

28cm
(50行)

返转正面 花样C

15行

正面 52针

52针

领片
(6号棒针)

花样A

花样C

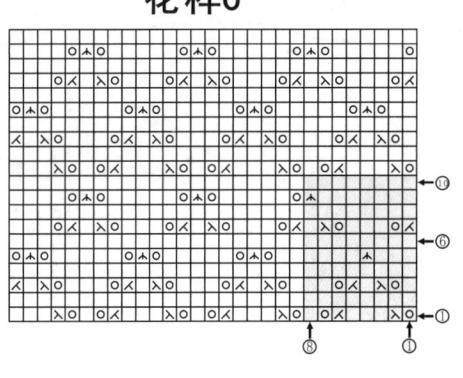

花样D

花样B

符号说明：

符号	说明
☒	左并针
☒	右并针
⊡	上针
□=☐ 下针	镂空针
	中上3针并1针

2-1-3 行-针-次

↑ 编织方向

＋ 短针

| 长针

〇〇〇 锁针

▨▨▨ 左上3针与右下3针交叉

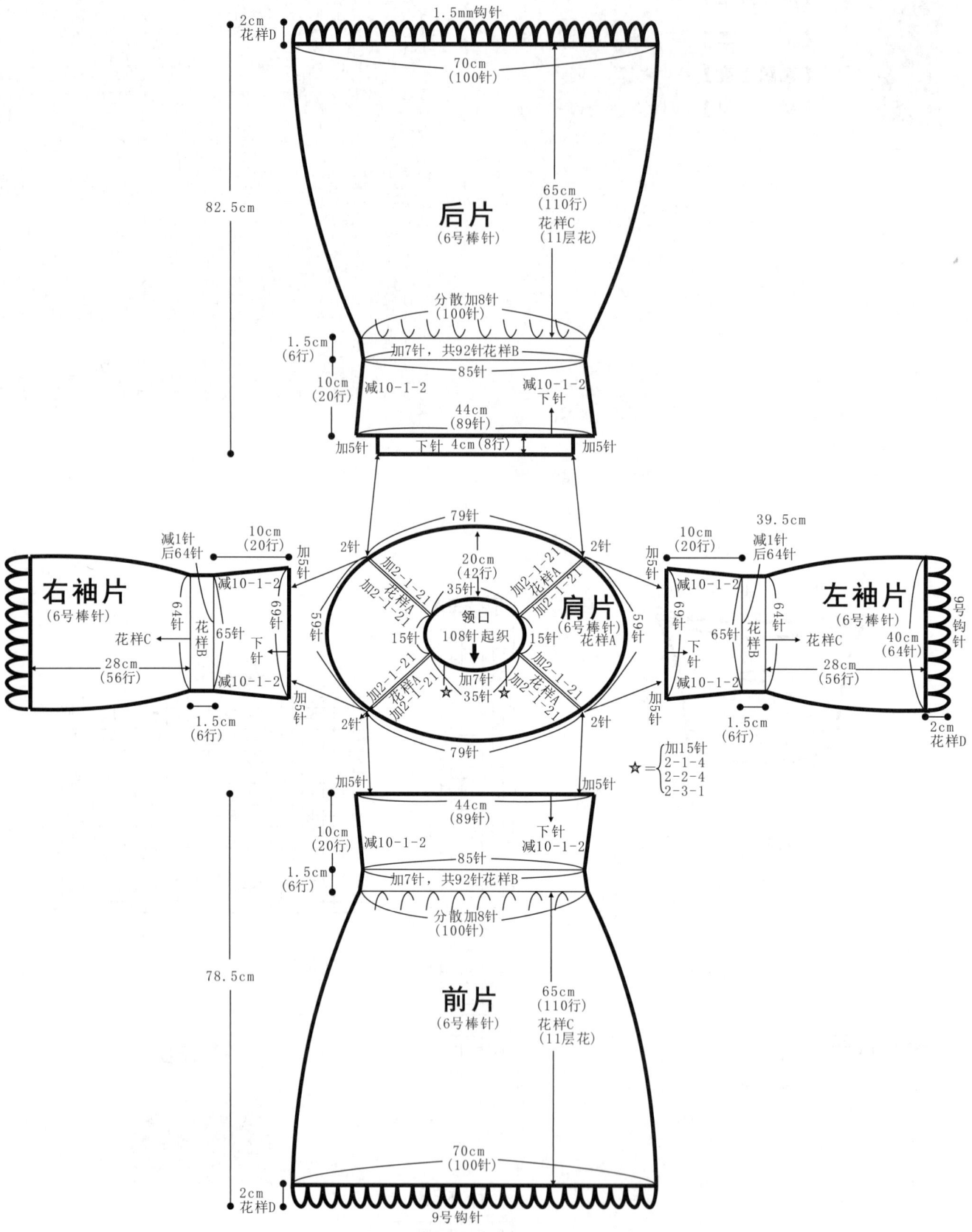

2cm
花样D

1.5mm钩针

70cm
(100针)

后片
(6号棒针)

65cm
(110行)
花样C
(11层花)

82.5cm

分散加8针
(100针)

1.5cm
(6行)

10cm
(20行)

加7针，共92针花样B

85针

减10-1-2

减10-1-2
下针

44cm
(89针)

加5针

下针 4cm(8行)

加5针

减1针
后64针

10cm
(20行)

加5针

79针

2针

加2-1-21
花样A
加2-1-21

20cm
(42行)

35针

加2-1-21
花样A

2针

10cm
(20行)

减1针
后64针

39.5cm

加5针

右袖片
(6号棒针)

减10-1-2

64针

花样C

花样B
65针

下针

69针

15针

领口
108针起织

15针

肩片
(6号棒针)
花样A

59针

下针
69针

减10-1-2

64针

花样B
65针

花样C

左袖片
(6号棒针)

9号钩针

28cm
(56行)

1.5cm
(6行)

加5针

59针

2针

加7针
35针

☆

加2-1-21
花样A
加2-1-21

☆

加2-1-21

2针

加5针

减10-1-2

1.5cm
(6行)

28cm
(56行)

40cm
(64针)

花样C

2cm
花样D

79针

☆ {
加15针
2-1-4
2-2-4
2-3-1
}

加5针

加5针

44cm
(89针)

下针

减10-1-2

减10-1-2

78.5cm

10cm
(20行)

1.5cm
(6行)

85针

加7针，共92针花样B

分散加8针
(100针)

前片
(6号棒针)

65cm
(110行)
花样C
(11层花)

70cm
(100针)

2cm
花样D

9号钩针

几何图案长裙

【成品规格】裙长100cm，胸围86cm，下摆宽94cm，肩宽38cm

【工　　具】10号棒针，4号可乐钩针

【编织密度】27针×22行=10cm²

【材　　料】羊毛棉500g

编织要点：

1. 裙子从下往上编织。起织至袖窿环织，袖窿以上分成前片和后片各自编织。

2. 从下摆起织，下针起针法，起504针，分配成6个花样A，每个花84针，依照花样A图解编织，每织4行，每个花型收掉2针，一圈共减少12针，花样B同样方法减针，花样C同样方法减针，花样C减完成后，余下192针一圈，不加减针，完成花样D，完成后，再织花样E，不加减针织成8行后，开始加针，每个花型上加2针，一圈加12针，继续织8行后进行第二次加针，一圈加12针，然后不加减针再织6行，完成花5层花样E的编织。此时共织成168行，针数一圈共216针。下一步分配编织前后片。

3. 分配针数。前片分配107针，后片分配109针，各自编织。先编织前片，在进行袖窿减针的同时，也同时进行领片分片编织。将107分成两部分，最中间的1针收掉，两侧各53针，袖窿减针方法是：将前后片一起11针收掉，即依原来分配的针数，前片收5针，后片收掉6针，收针后，前片余下48针，开始减针编织，袖窿减针，2-1-8，衣领减针，每织2行收1针，进行2次，减少2针，不加减针织2行后，再次重复2-1-2，2行平坦。如此织法重复9次，领边减少18针，不加减针再织2行后，至肩部，余下22针，收针断线。相同的方法，相反的减针方法去编织另一边前片织片。后片的编织：后片袖窿收针后，余下81针，两侧同时减针，2-1-8，继续织花样E，当织成花样E一个花，30行后，下一行起，织后衣领，中间平收19针，两侧减针，2-1-9，不加减针再织8行至后肩部，肩部针数余22针。最后将前后片的肩部对应缝合。

4. 最后沿着前后衣领边和袖口边，用钩针沿边钩织一圈花样F花边。下摆边钩一圈逆短针。衣服完成。

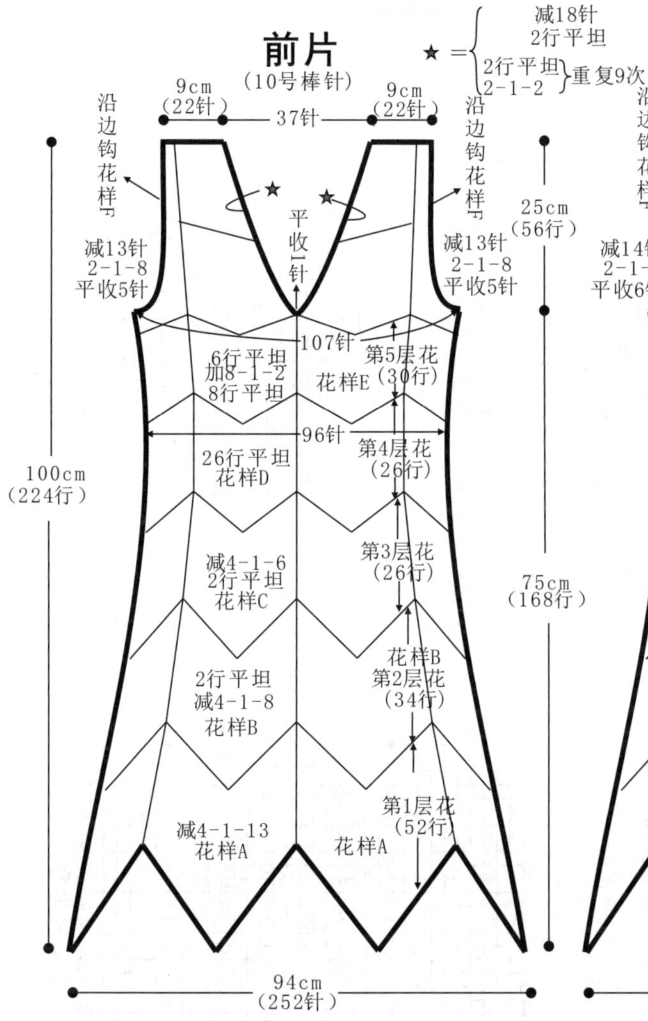

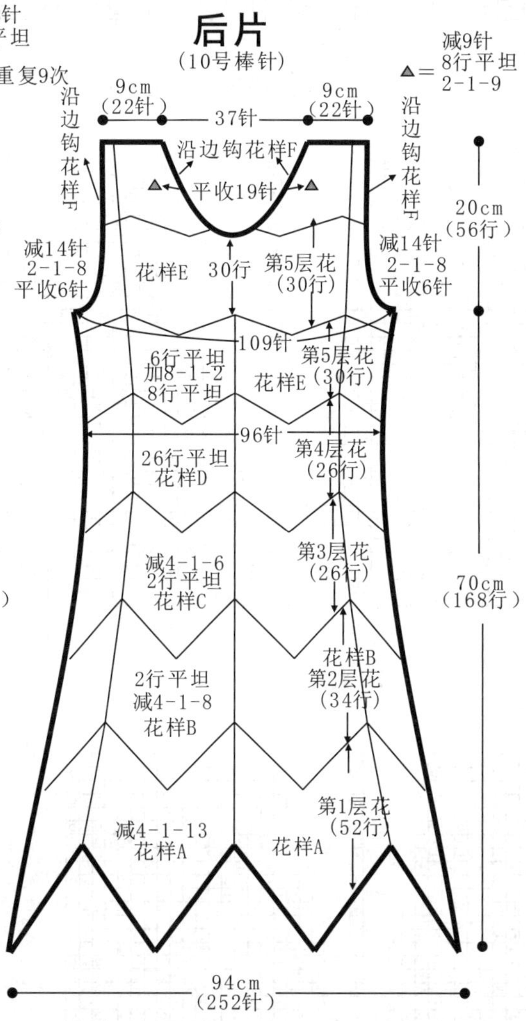

前片
（10号棒针）

★={ 减18针 2行平坦 2行平坦 2-1-2 } 重复9次

9cm（22针）　37针　9cm（22针）

沿边钩花样F

25cm（56行）

减13针 2-1-8 平收5针　平收1针　减13针 2-1-8 平收5针

107针 第5层花 花样E（30行）

6行平坦 加8-1-2 8行平坦

96针 第4层花 花样D 26行平坦 花样D

减4-1-6 2行平坦 花样C 第3层花（26行）

2行平坦 减4-1-8 花样B 花样B 第2层花（34行）

减4-1-13 花样A 花样A 第1层花（52行）

100cm（224行）

75cm（168行）

94cm（252针）

后片
（10号棒针）

▲= { 减9针 8行平坦 2-1-9 }

9cm（22针）　37针　9cm（22针）

沿边钩花样F

平收19针

20cm（56行）

减14针 2-1-8 平收6针　花样E 30行　第5层花（30行）　减14针 2-1-8 平收6针

109针 第5层花 花样E（30行）

6行平坦 加8-1-2 8行平坦

96针 第4层花 26行平坦 花样D

减4-1-6 2行平坦 花样C 第3层花（26行）

2行平坦 减4-1-8 花样B 花样B 第2层花（34行）

减4-1-13 花样A 花样A 第1层花（52行）

70cm（168行）

94cm（252针）

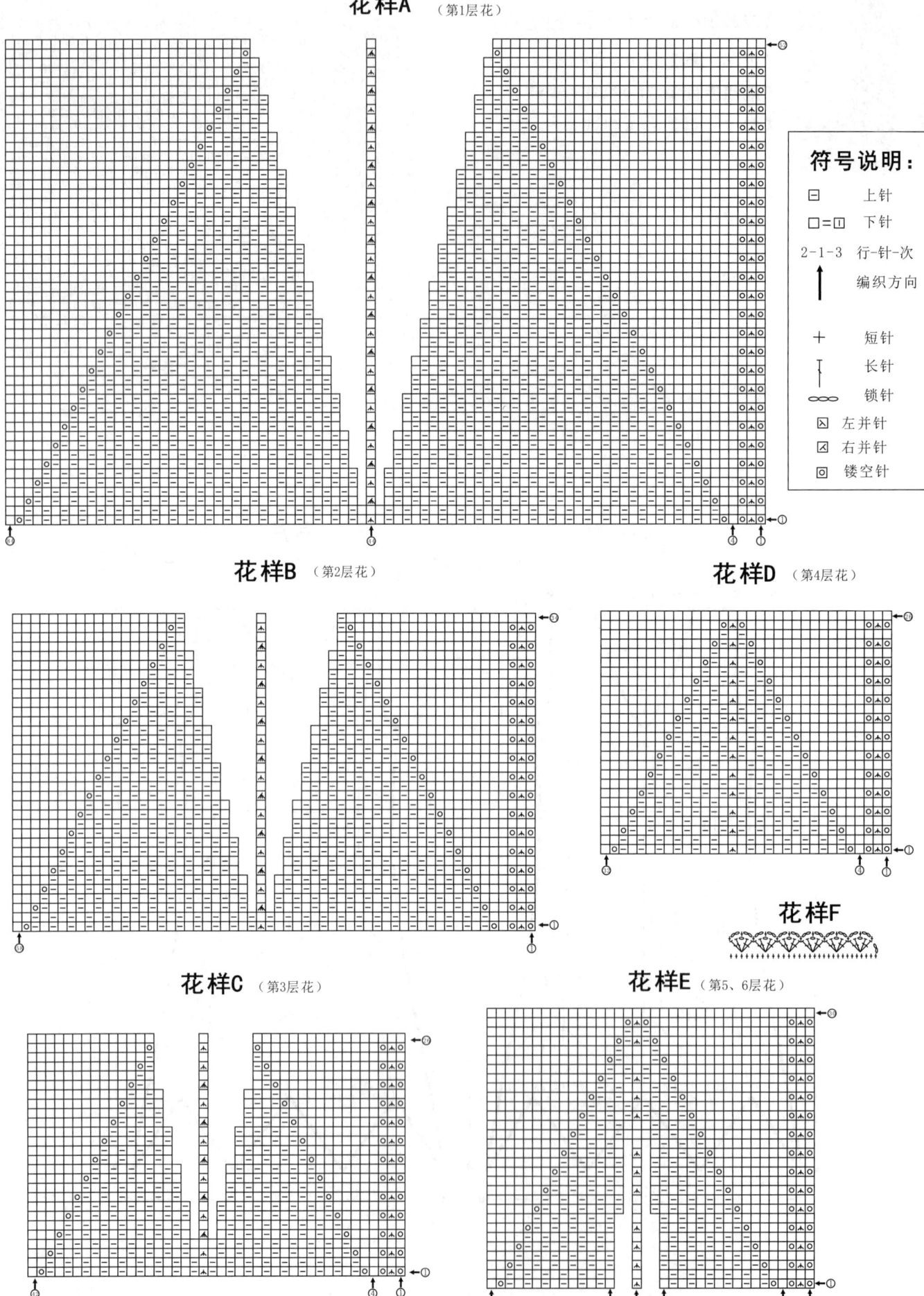

花样A （第1层花）

符号说明：

□ 上针
□ = ① 下针
2-1-3 行-针-次
↑ 编织方向
+ 短针
| 长针
∞ 锁针
◫ 左并针
◩ 右并针
◉ 镂空针

花样B （第2层花）

花样D （第4层花）

花样F

花样C （第3层花）

花样E （第5、6层花）

简约灰色长袖裙

【成品规格】裙长87cm，胸围76cm，袖长57cm

【工　　具】11号棒针，3mm钩针

【编织密度】28针×33行=10cm²

【材　　料】羊毛线1000g

编织要点：

1. 裙子从下向上编织，由后片和前片及两个袖片组成。

2. 后片起204针编织花样C10行，然后按编织图编织花样B，逐层减针，a组编织6层，b组编织5层，c组编织5层，织146行至腰身收至108针，在腰间编织花样B40行，之后编织花样D不加减针织26行开始收袖隆，收针方法为平收4针，2-1-4，4-1-1，织62行留后领窝，方法为平收38针，两边各减2-2-2，肩部各留22针。

3. 前片起204针编织花样C10行，然后按编织图编织花样B，逐层减针，a组编织6层，b组编织5层，c组编织5层，织146行至腰身收至108针，在腰间编织花样B40行，之后编织花样D不加减织26行开始收袖隆，方法和后片相同，织36行收前领窝，针数分为两半减成V字领，方法为1-1-18，2-1-5，2行平坦，织到与后片相同的行数，两边肩部各留22针。

4. 将前后片肩部相对进行缝合，侧缝处相对进行缝合。

5. 袖子起56针编织花样C10行，然后分散加针至66针，编织花样A的b组花样62行，不加减针，之后编织花样B40行，编织花样D，同时在袖子的侧缝加针，方法为4-1-4，4行平坦，织20行加至74针，开始收袖山，方法为平收4针，2-2-3，2-1-4，2-2-2，2-3-1，余32针收针。将袖子侧缝处缝合，与衣身缝合。

6. 在领圈挑针用花样E钩边，并钩花朵及树叶缝合在领左侧作为装饰。

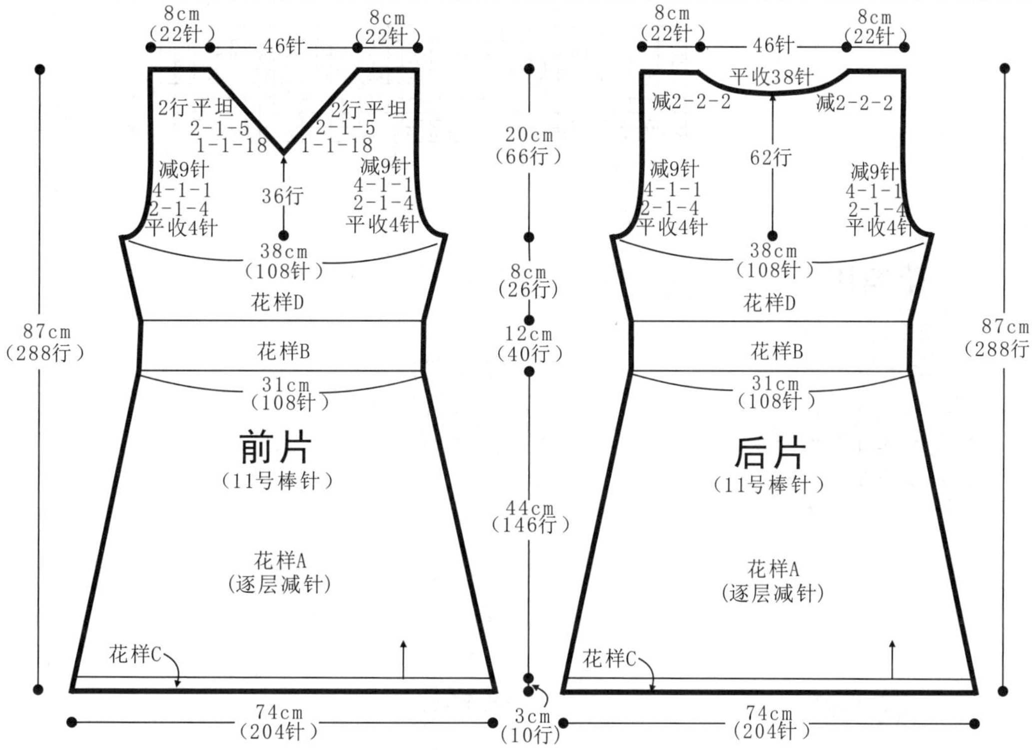

前片 （11号棒针）

8cm（22针）　46针　8cm（22针）

2行平坦　2-1-5　1-1-18　36行

减9针　4-1-1　2-1-4　平收4针

38cm（108针）　花样D

花样B

31cm（108针）

花样A（逐层减针）

花样C

74cm（204针）

87cm（288行）

20cm（66行）　8cm（26行）　12cm（40行）　44cm（146行）　3cm（10行）

后片 （11号棒针）

8cm（22针）　46针　8cm（22针）

平收38针　减2-2-2　62行　减2-2-2

减9针　4-1-1　2-1-4　平收4针

38cm（108针）　花样D

花样B

31cm（108针）

花样A（逐层减针）

花样C

74cm（204针）

87cm（288行）

领子 （3mm钩针）花样E　花样F

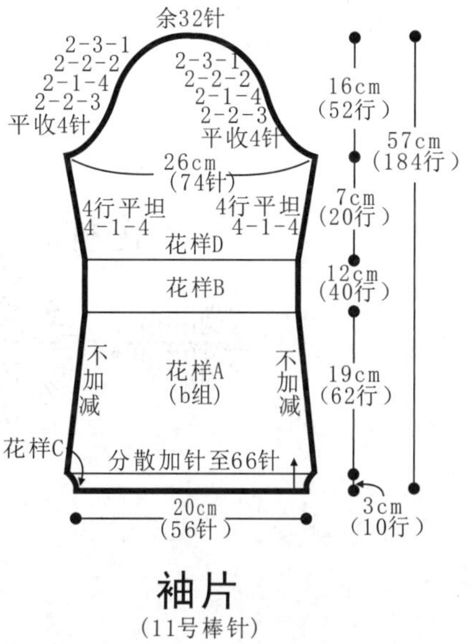

袖片 （11号棒针）

余32针

2-3-1　2-2-2　2-1-4　2-2-3　平收4针

2-3-1　2-2-2　2-1-4　2-2-3　平收4针

26cm（74针）

4行平坦　4-1-4　4行平坦　4-1-4

花样D

花样B

不加减　花样A（b组）　不加减

花样C

分散加针至66针

20cm（56针）

16cm（52行）　57cm（184行）　7cm（20行）　12cm（40行）　19cm（62行）　3cm（10行）

101

符号说明：

⊟	上针	+	短针
▢=⊟	下针	⊺	长针
2-1-3	行-针-次	∞∞	锁针
		⊠	左并针
↑	编织方向	⊠	右并针
		▣	镂空针

花样A

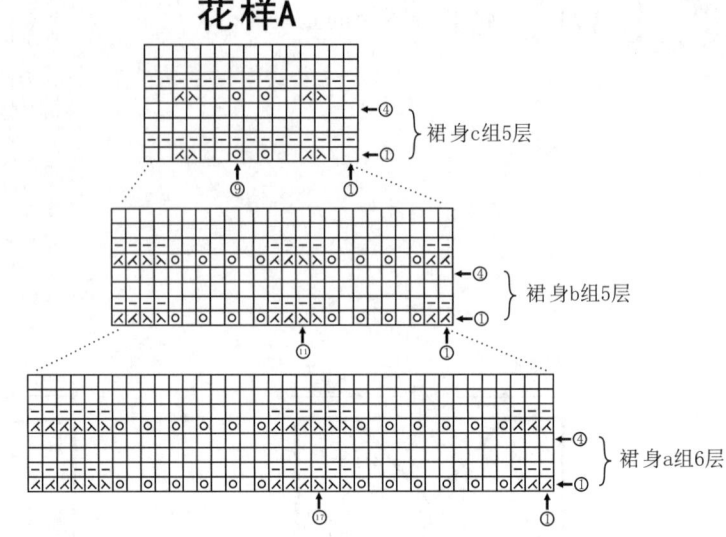

裙身c组5层

裙身b组5层

裙身a组6层

花样B

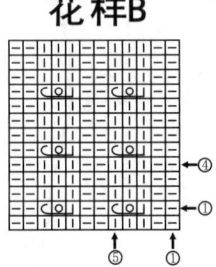

花样D

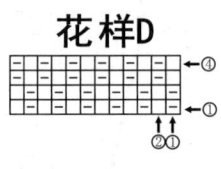

花样C

花样E

缘边

花样F

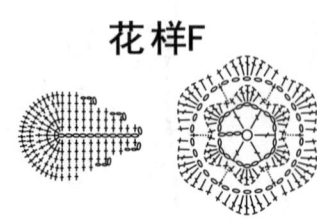

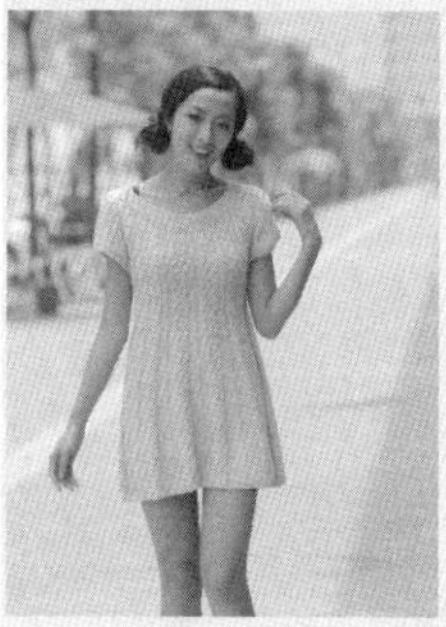

扭“8”短袖裙

【成品规格】 裙长68cm，胸宽41cm，肩宽29cm，袖长17.5cm，袖宽14cm

【工　　具】 11号棒针

【编织密度】 23针×32行=10cm²

【材　　料】 灰色棉线800g

编织要点：

1.棒针编织法，前片、后片分片织成，再编织两个袖片进行缝合，最后编织领片。

2.前片的编织。单罗纹起针法，起139针，花样A起织，不加减针，织4行;下一行起，改织花样C，两边同时减针，5-1-30，2行平坦，减30针，织152行，余79针;下一行起，两边同时加针，4-1-3，加3针，织12行，加成85针;下一行起，依照花样C进行花样内减针，织成24行;下一行起，中间37针不织，两边同时减针，2-1-15，减15针，织30行，两边余下1针，收针断线。

3.后片的编织。单罗纹起针法，起139针，花样A起织，不加减针，织4行;下一行起，改织花样B，两边同时减针，5-1-30，2行平坦，减30针，织152行，余79针;下一行起，两边同时加针，4-1-3，加3针，织12行，加成85针;下一行起，两边同时减针，2-1-27，减27针，织54行;其中织到44行时，下一行中间21针不织，两边同时减针，2-1-5，减5针，织10行，直至两边各余下1针，收针断线。

4.袖片的编织。单罗纹起针法，起66针，花样A起织，不加减针，织4行;下一行起，改织花样D，两边同时减针，2-1-27，减27针，织54行，余12针，收针断线。

5.拼接。将袖片的袖山线分别与前片和后片的插肩缝边线进行对应缝合。再将前后片的侧缝对应缝合。

6.领片的编织。从前后片及袖片共挑124针，花样D起织，织12行;下一行起，改织花样A，织2行，收针断线，衣服完成。

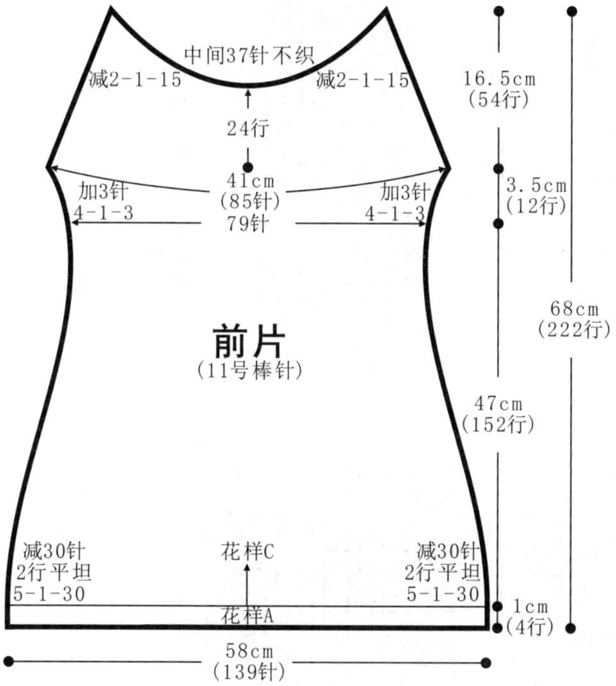

中间37针不织
减2-1-15
减2-1-15
24行
16.5cm
(54行)
3.5cm
(12行)
加3针
4-1-3
41cm
(85针)
79针
加3针
4-1-3
68cm
(222行)
前片
(11号棒针)
47cm
(152行)
减30针
2行平坦
5-1-30
花样C
减30针
2行平坦
5-1-30
花样A
1cm
(4行)
58cm
(139针)

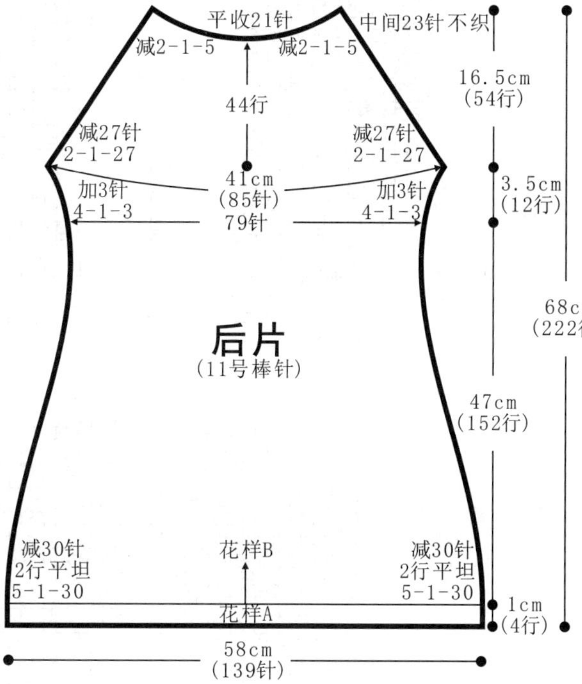

平收21针
中间23针不织
减2-1-5
减2-1-5
44行
16.5cm
(54行)
减27针
2-1-27
减27针
2-1-27
3.5cm
(12行)
加3针
4-1-3
41cm
(85针)
79针
加3针
4-1-3
68cm
(222行)
后片
(11号棒针)
47cm
(152行)
减30针
2行平坦
5-1-30
花样B
减30针
2行平坦
5-1-30
花样A
1cm
(4行)
58cm
(139针)

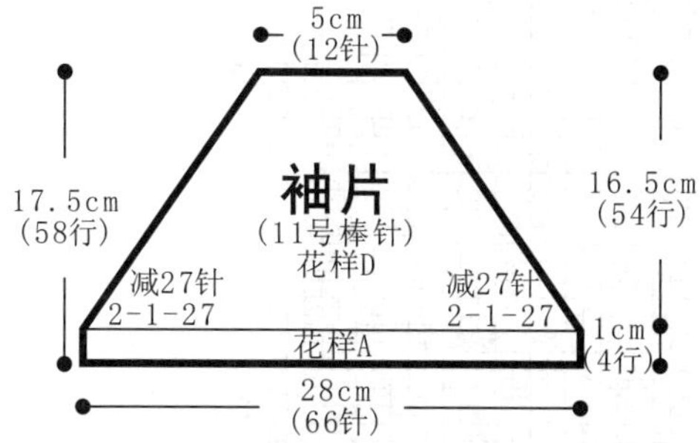

5cm
(12针)
17.5cm
(58行)
袖片
(11号棒针)
花样D
16.5cm
(54行)
减27针
2-1-27
减27针
2-1-27
花样A
1cm
(4行)
28cm
(66针)

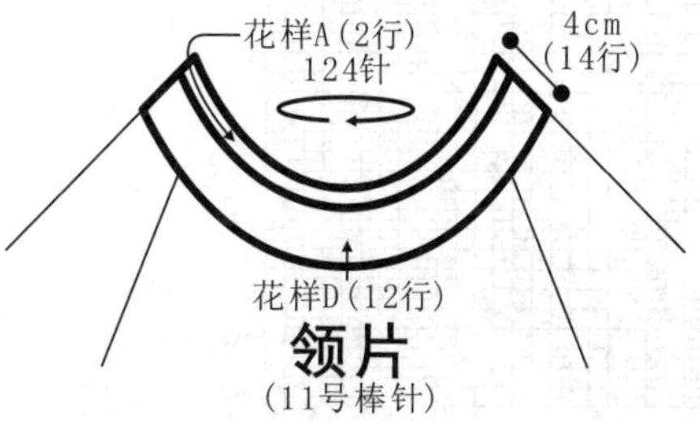

花样A(2行)
124针
4cm
(14行)
花样D(12行)
领片
(11号棒针)

花样A

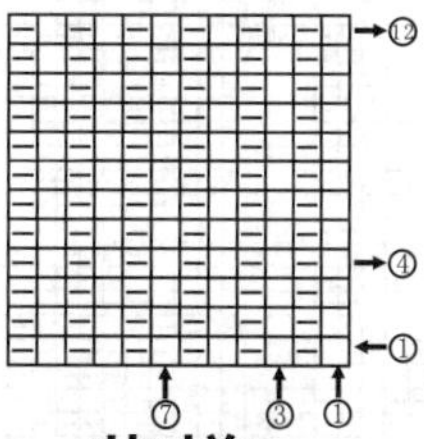

花样B

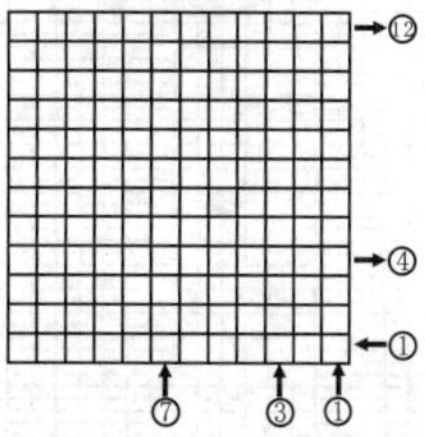

符号说明：

- 上针
- 下针
- 2-1-2　行-针-次
- 编织方向
- 镂空针
- 左并针
- 右并针
- 右上2针与左下2针交叉
- 左上2针与右下2针交叉
- 右上1针与左下1针交叉
- 左上1针与右下1针交叉

花样D

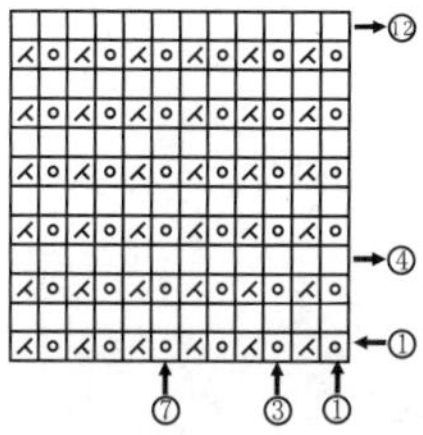

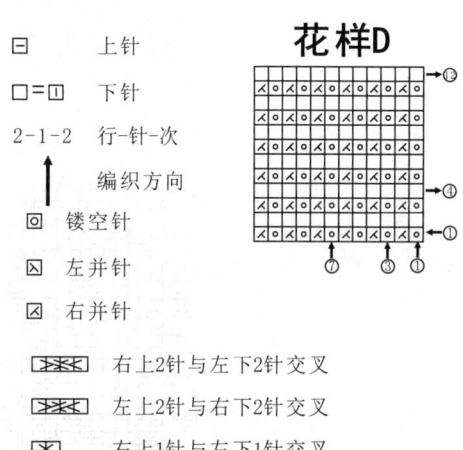

花样C
（前片左半片）

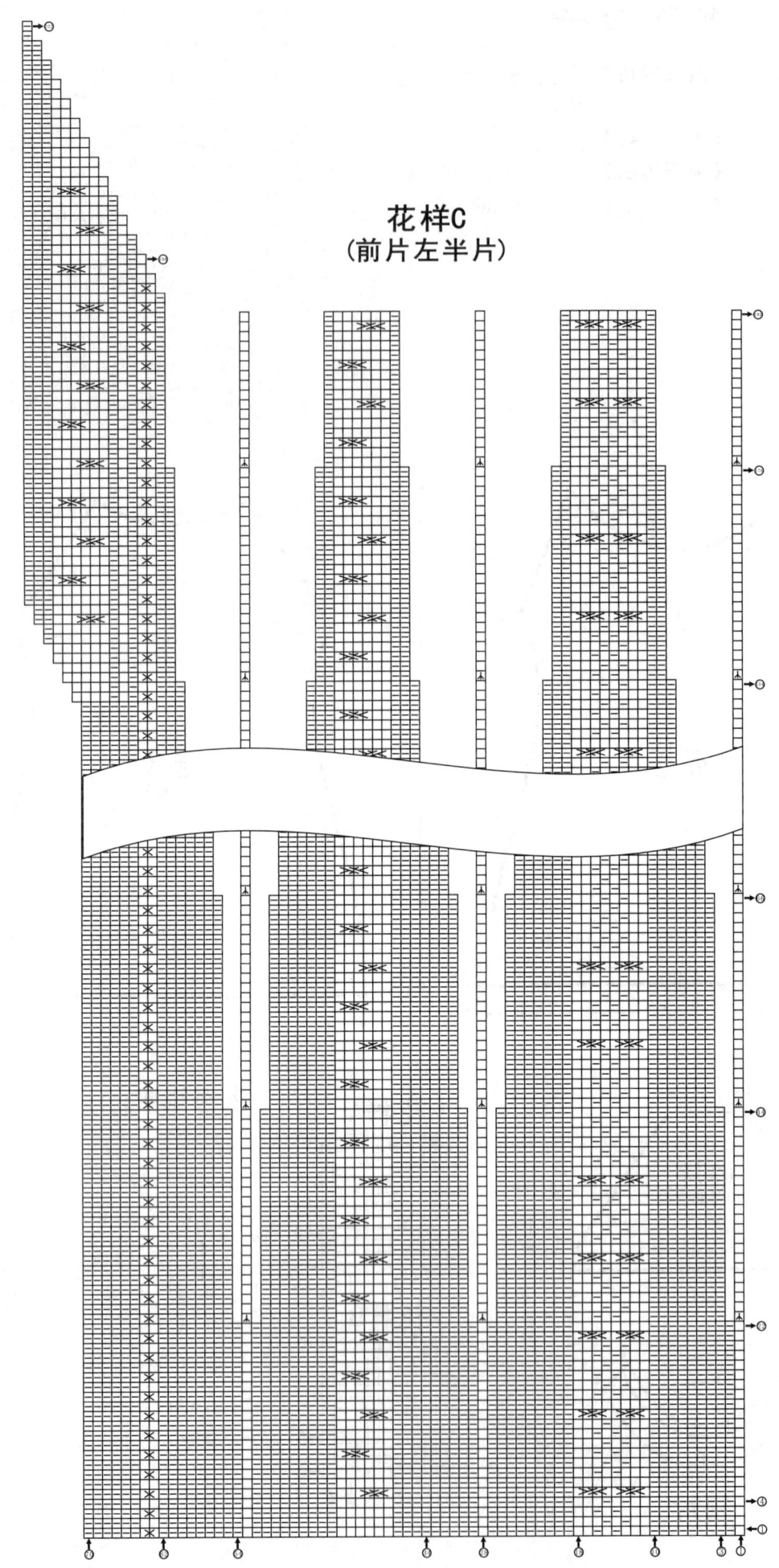

钩织结合连衣裙

【成品规格】 裙长58cm, 胸围100cm, 袖长17cm

【工　具】 12号棒针, 1.25mm钩针

【编织密度】 35针×41行=10cm²

【材　料】 玫红色丝光毛线800g

编织要点:

1.从领口起针向下编织。

2.领口起198针, 编织花样A76行, 将针数加至528针, 再将针数分配为如图所示后片144针, 袖子60×2, 前片144针, 袖子60×2, 编织下衣。

3.前后片的编织。将前片144针挑出编织, 织完后, 单起针法, 起12针, 再接上后片编织144针, 再单起针12针, 接上前片编织。一圈共312针, 全织下针, 不加减针, 编织104行, 收针断线。将袖片120针织完, 再挑出前后片的腋下加针的12针, 接上袖片起织处, 一圈共126针, 起织下针, 不加减针, 编织24行, 收针断线。

4.在前后片下摆收针处用钩针均匀挑针编织花样B, 编织8层花a, 最后一行编织花b。两个袖口各挑针编织花样B, 编织5层花a, 加1层花b。

5.在领口挑针钩编花样C花边。

符号说明:

符号	说明	符号	说明
回	上针	回	扭针
□=回	下针	回	左并针
2-1-3	行-针-次	回	右并针
		回	镂空针
↑	编织方向	回	中上3针并1针
		+	短针
		†	长针
		∞	锁针

领口起织 起198针

26cm
12cm (76行)
花样C
(11个花)

花样A
前后片和两个袖子合计针数528针
264针

6cm (24行)
11cm
18cm (60针)
6针
花样B
5层花a
1层花b
下针
16cm

右袖片
(12号棒针)
(1.25mm钩针)

144针
50cm (156针)
下针
26cm (104行)

前/后片
(12号棒针)

花样B
(1.25mm钩针)
8层花a
1层花b

20cm

52cm

6cm (24行)
11cm
18cm (60针)
6针
花样B
5层花a
1层花b
下针
16cm

左袖片
(12号棒针)
(1.25mm钩针)

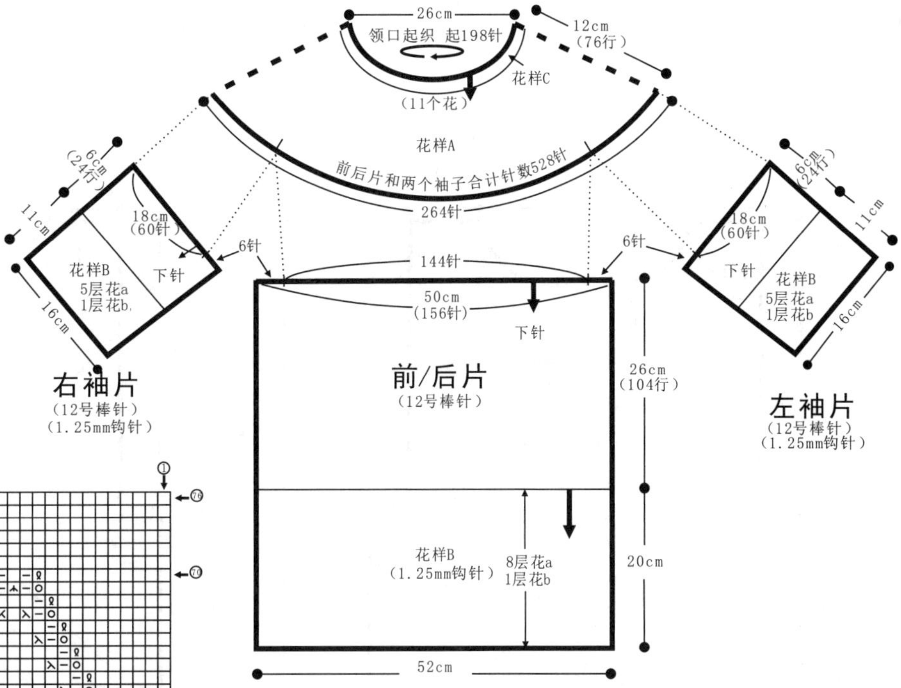

花样A
(领片叶子花图解)

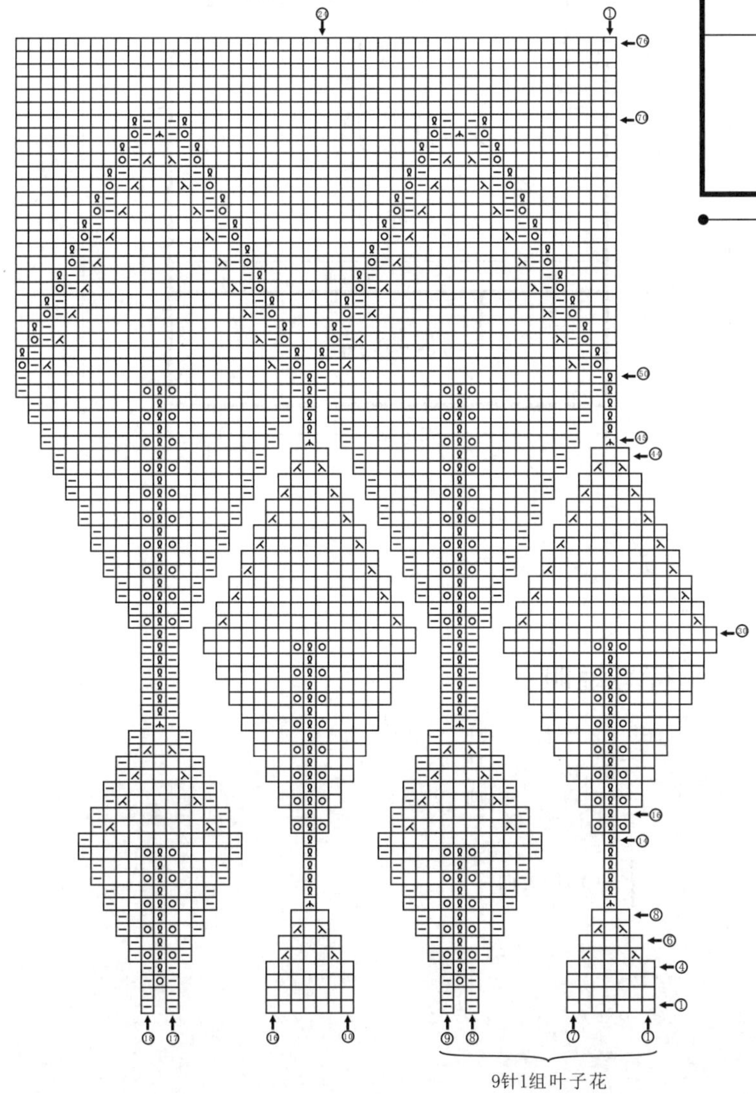

9针1组叶子花

花样B

1层花b
1层花a

花样C
(衣领花边图解)

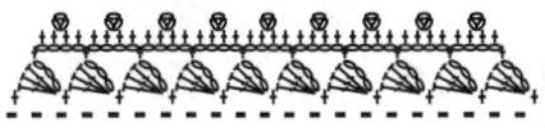

花瓣翻领无袖裙

【成品规格】 裙长74cm，胸宽50cm，肩宽46cm

【工　具】 3号棒针，8mm钩针

【编织密度】 14针×18行=10cm²

【材　料】 段染色粗棉线400g

编织要点：

1. 棒针编织法，中心起织法，5根针编织或环形针编织。分前片、后片、下摆片三块织片。
2. 先编织前片。将线绕手指一圈，从圈内织出8针，先用5根针编织，8针的每一针两边加针，作叶子那一针，或加层8次；作茎那针，始终在中心一针两边加针，照花样B、花样C加针编织成48行后，将其中四分之一叶子花样，共64针，单独编织，依照花样A图解，编织成前片的衣领部分，织成8行搓板针花样后，下一行中间收针32针，两侧减针，2-1-6，再织2行至肩部，两侧肩部各余下10针，收针断线。织高后，两侧作袖口，两侧各选32针收针，余下的针继续编织，来回编织，依照花样C加针编织，织成56行，将两侧缝的40针收针断线；下摆边的72针继续编织，再织8行后，收针断线。
3. 后片的编织。织法与前片相同，只是后衣领减针不同，完成叶子花编织后，再织搓板针18行至后衣领减针，下一行中收针40针，两侧2-1-2，至肩部余下10针，收针断线。将前后片的肩部对应缝合，再将前后片加长编织的侧缝对应缝合。
4. 下摆片的编织。下摆用钩织钩织花样D网眼花样，针数随意，每个网眼由5针锁针与1针短针组成。钩织6层的高度。最后同样沿着前后衣领边，挑针钩织花样D网眼花样。钩织6行后收针断线。最后沿着两袖口边钩织一圈逆短针锁边。

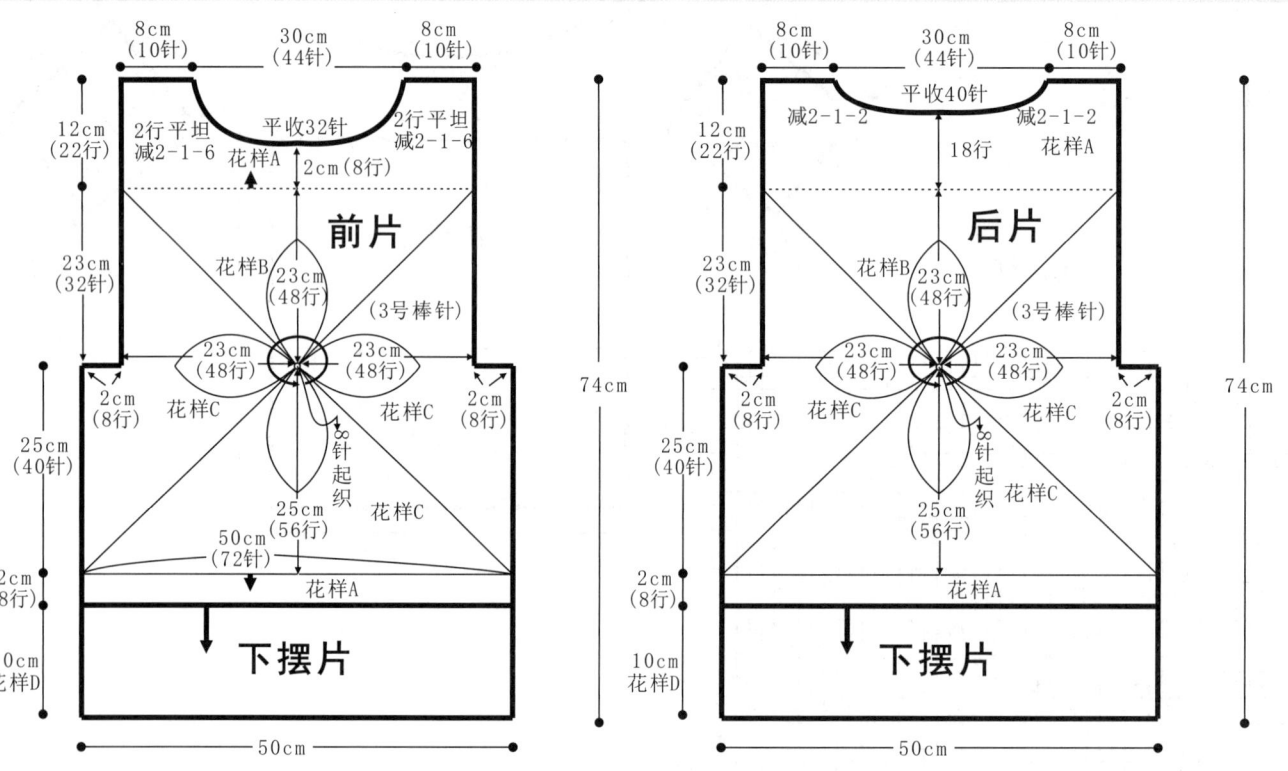

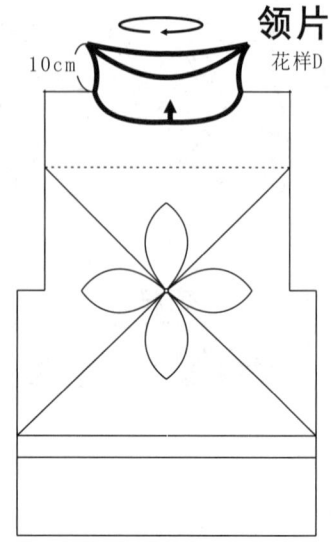

领片

10cm　花样D

符号说明：

□　上针
□=回　下针
2-1-3　行-针-次

⊠　左并针
⊠　右并针
回　镂空针

↑　编织方向

花样A

花样B

花样C

右袖口

花样D

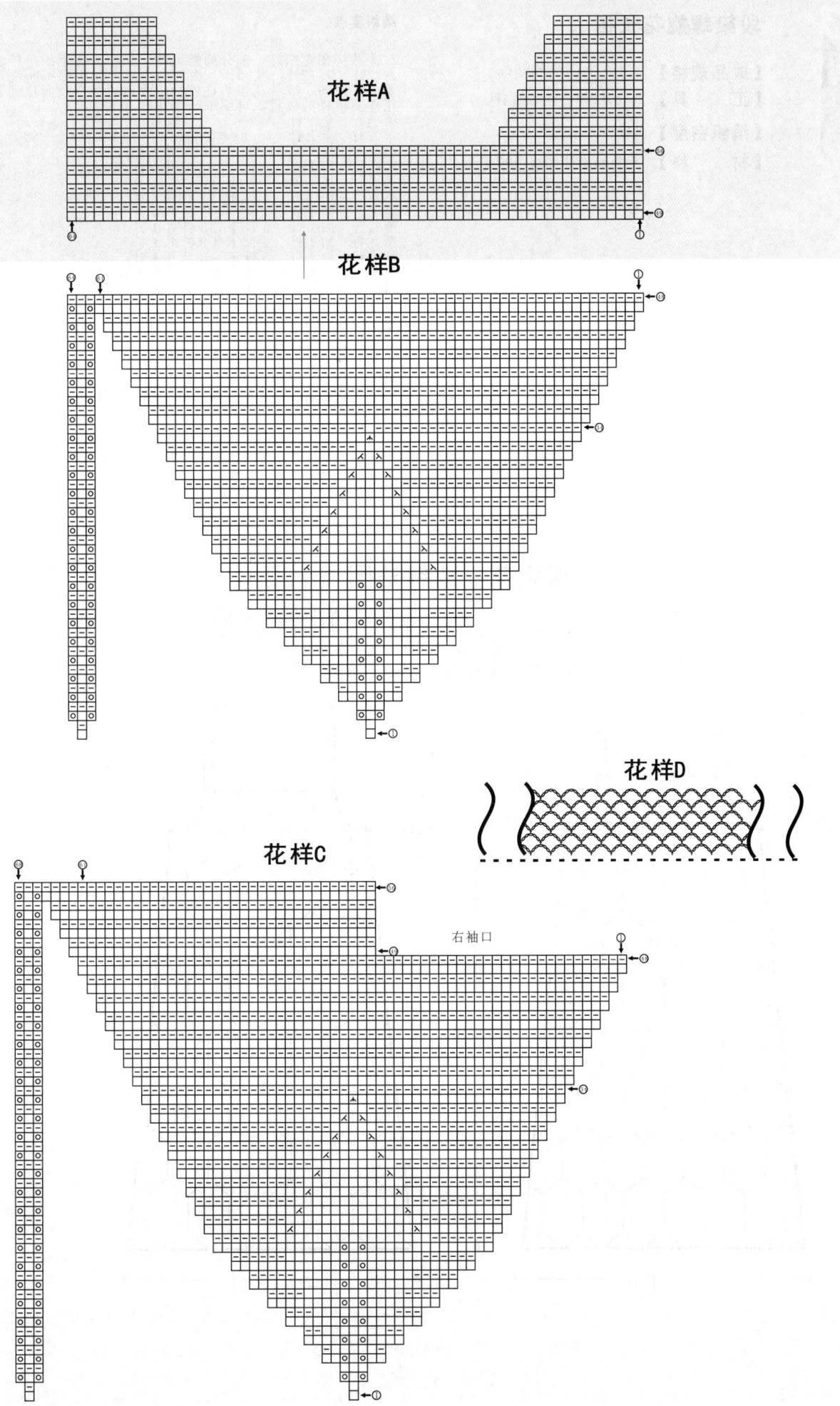

段染螺旋花长裙

【成品规格】 裙长97cm，胸围80cm

【工　　具】 3.75mm棒针，3mm钩针

【编织密度】 34针×42行=10cm²

【材　　料】 双色段染冰丝线 400g

编织要点：

1.由上下两部分组成。

2.按结构图先织好下部分的螺旋花，上部分往上织平针。每花为12针×6=72针，共19行。由外向内织，如果想不断线，线团要放在中间，线从花中心往外抽，收口后线在反面拉到下一朵花样要挑针的位置，再织下一个花样。

第一行　全平针

第二行　全上针

第三行　加1针　　10针下　　2针并1针

第四行　加1针　　9针下　　3针并1针

第五行　加1针　　8针下　　3针并1针

第六行　加1针　　8针下　　2针并1针

第七行　加1针　　7针下　　3针并1针

第八行　加1针　　6针下　　3针并1针

第九行　加1针　　6针下　　3针并1针

第十行　加1针　　5针下　　3针并1针

第十一行　加1针　　4针下　　3针并1针

第十二行　加1针　　4针下　　2针并1针

第十三行　加1针　　3针下　　3针并1针

第十四行　加1针　　2针下　　3针并1针

第十五行　加1针　　2针下　　2针并1针

第十六行　2针下　　2针并1针

第十七行　1针下　　2针并1针

第十八行　2针并1针

第十九行　最后剩下6针用线收口打结完成。

螺旋花补角针法图

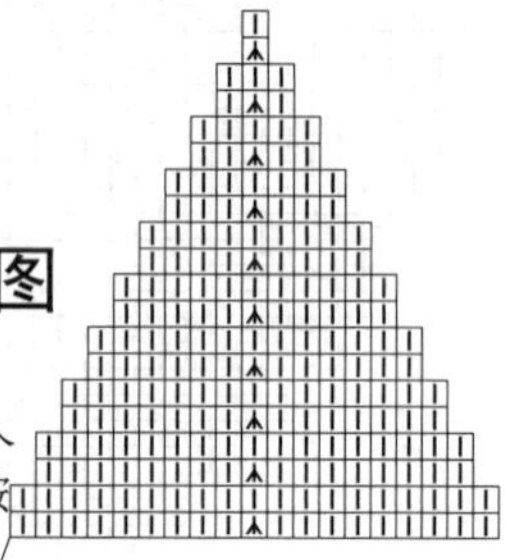

从螺旋花上挑针，注意每个花的缺角处多挑出18针，按补角针法图编织。

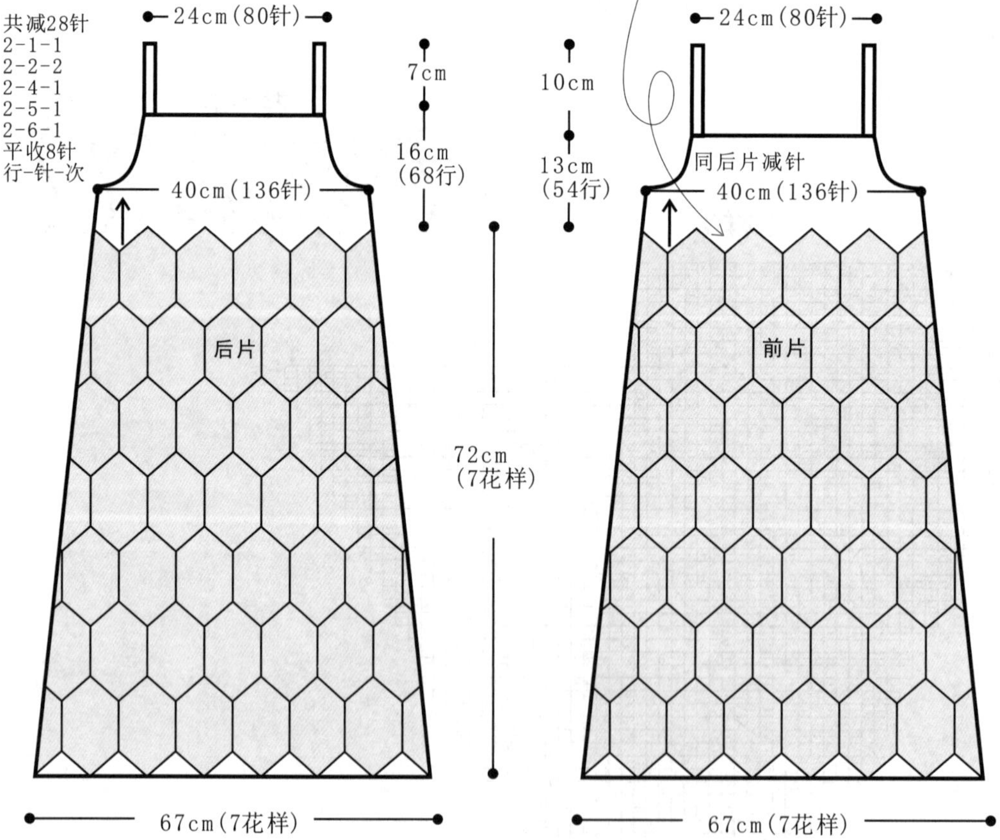

共减28针
2-1-1
2-2-2
2-4-1
2-5-1
2-6-1
平收8针
行-针-次

← 24cm（80针）→

7cm

16cm（68行）

← 40cm（136针）→

后片

72cm（7花样）

67cm（7花样）

← 24cm（80针）→

10cm

13cm（54行）

同后片减针

← 40cm（136针）→

前片

72cm（7花样）

67cm（7花样）

1个花样的针法图

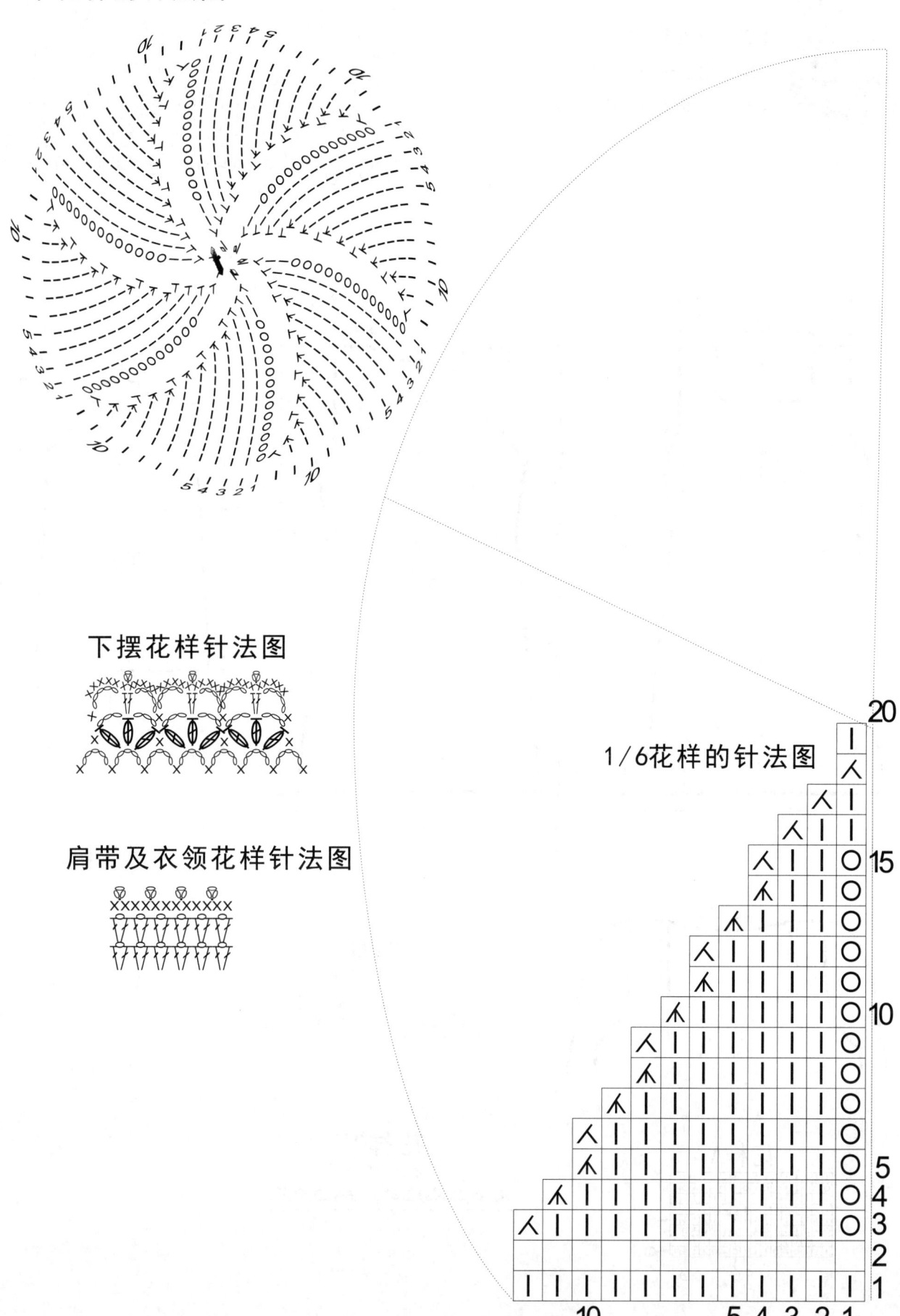

下摆花样针法图

肩带及衣领花样针法图

1/6花样的针法图

橘色简约长裙

【成品规格】裙长80cm，胸围78cm，袖长52cm

【工　　具】12号棒针，2mm钩针

【编织密度】31针×34行=10cm²

【材　　料】丝光棉线1000g

编织要点：

1. 这件衣服从下向上编织，由后片和前片及两个袖片组成。
2. 后片起170针编织花样A，裙子侧缝部分减针方法为6-1-25，织150行减为120针，开始编织全下针，不加不减织60行开始收袖窿，收针方法为平收4针，2-1-5、4-1-1，织56行留后领窝，方法为平收44针，两边各减2-2-2，肩部留24针。
3. 前片起170针编织花样A，侧缝减针方法与后片相同，织150行减为120针，开始编织全下针，不加不减织60行开始收袖窿，方法与后片相同，织28行收前领窝，中间平收52针，织到与后片相同的行数，两边肩部各留24针。
4. 将前后片肩部相对进行缝合，侧缝处相对进行缝合。
5. 袖子起98针编织花样A，袖子侧缝减针方法为18-1-4，织78行开始编织全下针，织到60行开始收袖山，方法为平收4针，2-1-20，余42针收针。将袖子侧缝处缝合，与衣身缝合。
6. 在下摆、袖口边，挑针钩边，钩织花样C，沿着衣领边钩织花样B花边。

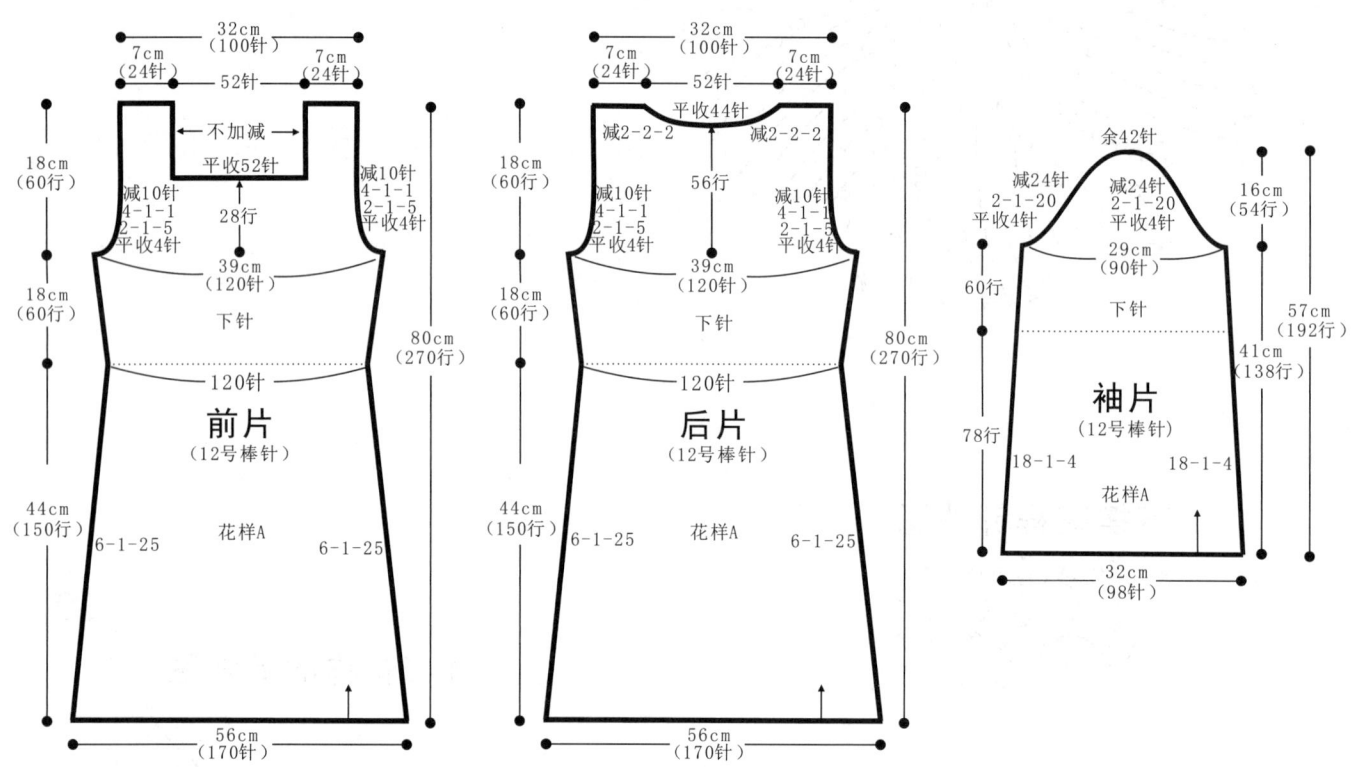

符号说明：

□　　上针

□=□　下针

2-1-3　行-针-次

↑　编织方向

☒　左并针

☒　右并针

◎　镂空针

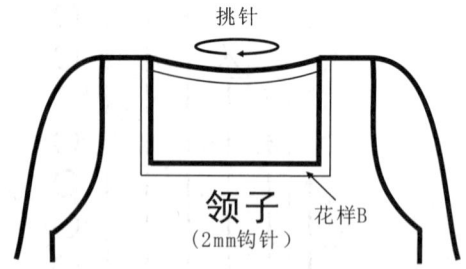

领子
（2mm钩针）

花样B
（衣领花边图解）

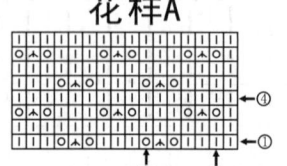

花样A

花样C
（衣边图解）

纯白镶花公主裙

【成品规格】 裙长75cm，胸围80cm
袖长50cm

【工　　具】 9号棒针，1.5mm钩针

【编织密度】 23针×30行=10cm²

【材　　料】 丝光棉线1000g

编织要点：

1. 这件衣服从下向上编织，由后片和前片及两个袖片组成。
2. 后片起116针编织花样A3排，然后编织下针，同时在侧缝处减针，方法为12-1-10，20行平坦，织140行减为96针，在腰间织一排花样B，之后不加不减织30行开始收袖窿，收针方法为平收4针，2-1-4，4-1-1，织48行留后领窝，方法为平收40针，中间平收16针，两边各减2-2-2，肩部留16针。
3. 前片起116针编织花样A3排，然后编织下针，侧缝的减针方法与后片相同，织到140行减为96针，在腰间织一排花样B，然后不加不减织30行开始收袖窿，方法与后片相同，织36行收前领窝，中间平收16针，两边减针方法为2-3-2，2-2-2，2-1-5，织到与后片相同的行数，两边肩部各留16针。
4. 将前后片肩部相对进行缝合，侧缝处相对进行缝合。
5. 袖子起70针编织花样A2排，然后编织下针，织66行编织花样B1排，再织30行开始收袖山，方法为平收4针，2-1-20，余22针收针。将袖子侧缝处缝合，与衣身缝合。
6. 在下摆、袖边、领圈挑针钩边，做玫瑰花数朵缝合在领下一圈作为装饰。

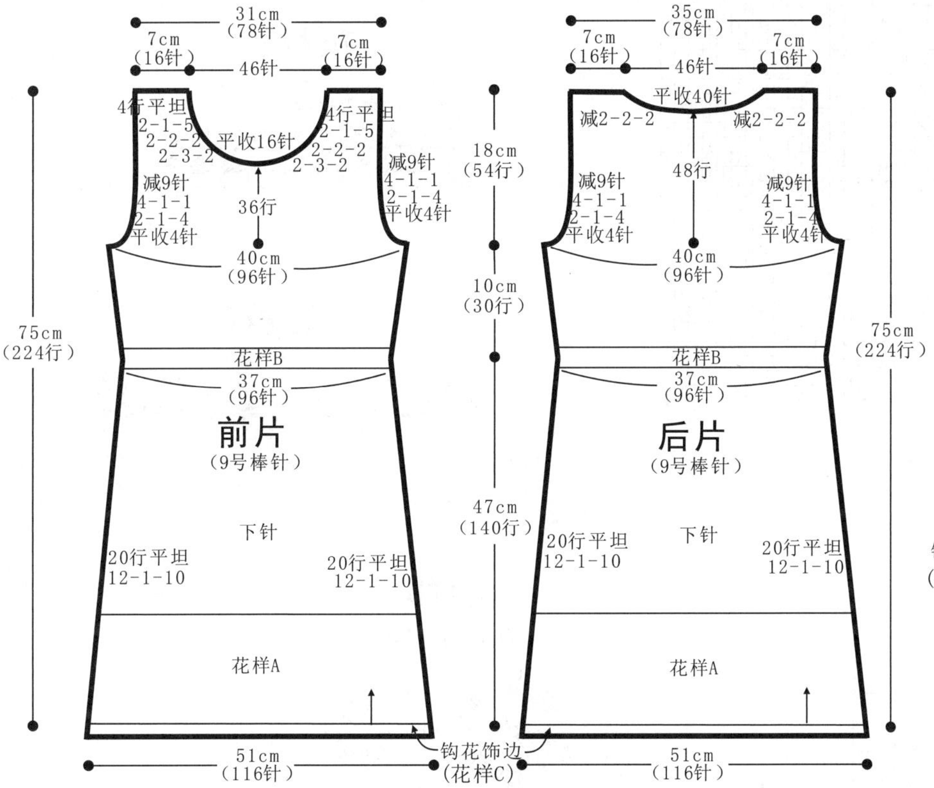

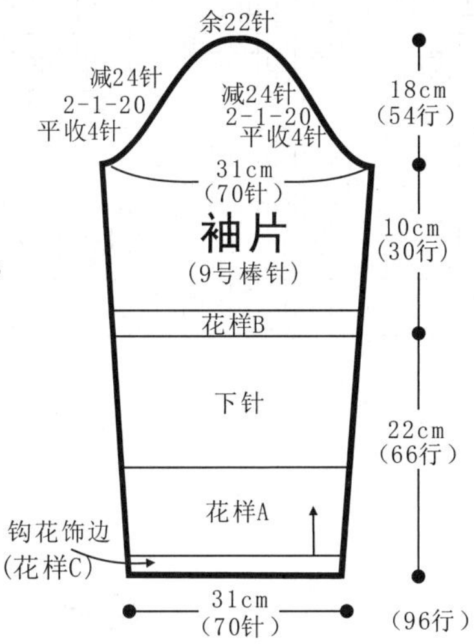

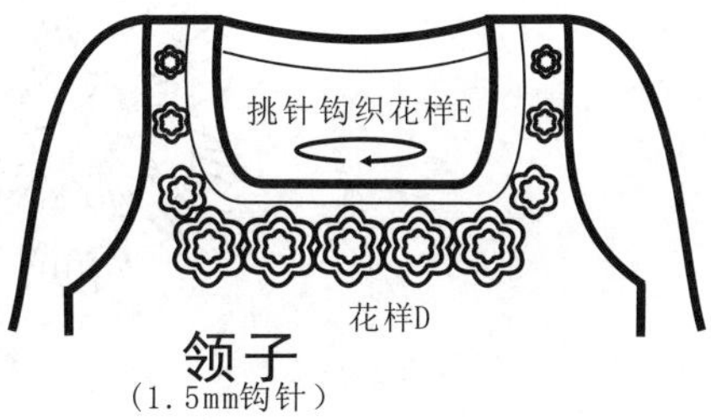

前片

- 31cm（78针）
- 7cm（16针） 46针 7cm（16针）
- 4行平坦 2-1-5 2-2-2 2-3-2
- 平收16针
- 减9针 4-1-1 2-1-4 平收4针
- 平收16针
- 减9针 4-1-1 2-1-4 平收4针
- 36行
- 40cm（96针）
- 花样B
- 37cm（96针）
- 前片（9号棒针）
- 下针
- 20行平坦 12-1-10
- 20行平坦 12-1-10
- 花样A
- 75cm（224行）
- 18cm（54行）
- 10cm（30行）
- 47cm（140行）
- 51cm（116针）
- 钩花饰边（花样C）

后片

- 35cm（78针）
- 7cm（16针） 46针 7cm（16针）
- 平收40针
- 减2-2-2   减2-2-2
- 减9针 4-1-1 2-1-4 平收4针
- 减9针 4-1-1 2-1-4 平收4针
- 48行
- 40cm（96针）
- 花样B
- 37cm（96针）
- 后片（9号棒针）
- 下针
- 20行平坦 12-1-10
- 20行平坦 12-1-10
- 花样A
- 75cm（224行）
- 18cm（54行）
- 10cm（30行）
- 47cm（140行）
- 51cm（116针）
- 钩花饰边（花样C）

袖片

- 余22针
- 减24针 平收4针
- 减24针 2-1-20 平收4针
- 31cm（70针）
- 袖片（9号棒针）
- 花样B
- 下针
- 花样A
- 钩花饰边（花样C）
- 31cm（70针）
- 18cm（54行）
- 10cm（30行）
- 22cm（66行）
- （96行）

领子

（1.5mm钩针）

- 挑针钩织花样E
- 花样D

花样A

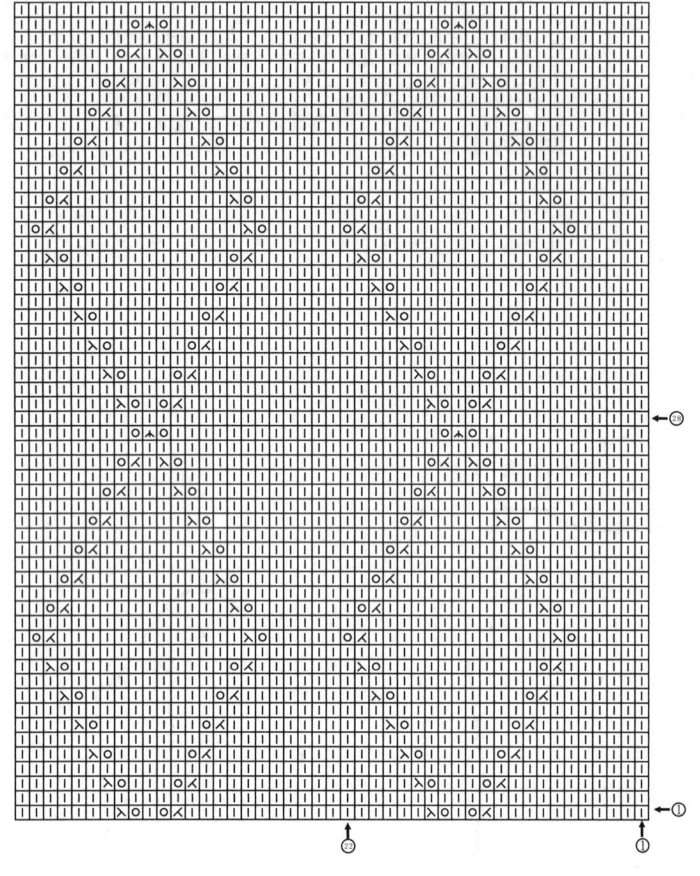

花样E

（衣领花边图解）

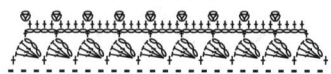

花样C

（钩花饰边）

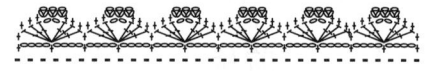

花样B

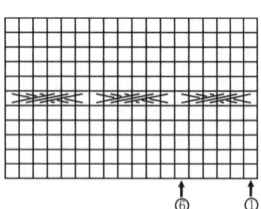

花样D

（胸前小花图解）

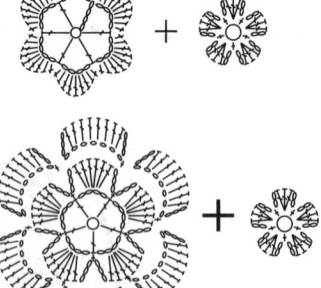

鲜艳短袖长裙

【成品规格】 裙长68cm，胸宽44cm，
　　　　　　 肩宽32cm
【工　　具】 12号棒针，1.5mm钩针
【编织密度】 38针×43行=10cm²
【材　　料】 红色丝光棉线400g

编织要点：

1.棒针编织法，从上往下织，领口起织。至衣身分片，分成前后片环织，袖片两片各自编织。

2.领口起织。下针起针法，起198针，分成22组花样起织叶子花样，依照花样A进行加针编织。织成78行的高度。

3.下一行分片，前片选取152针，后片选取152针，两侧袖口选取112针，将前后片圈成一片起织，先将后片加织高6cm共26行的高度，在下一行里，在两侧腋下部分加出16针，这样，前片168针，后片168针，进行环织，全织下针，不加减针，织86行的高度后，收针断线。

4.袖片的编织。将112针圈起来，在腋下加出16针，一圈共128针，起织下针，不加减针，织20行高度后，收针断线。相同的方法去编织另一只袖片。最后用钩针，沿着袖口边钩织花样C花边。

5.下摆片的编织。用1.5mm钩针，沿着衣身下摆边缘，挑针起织花样B钩织花样，依照图解。钩成3.5层高的花样B，最后继续沿边钩织花边锁边。最后沿着领口边，挑针钩织花样D衣领花边。衣服完成。

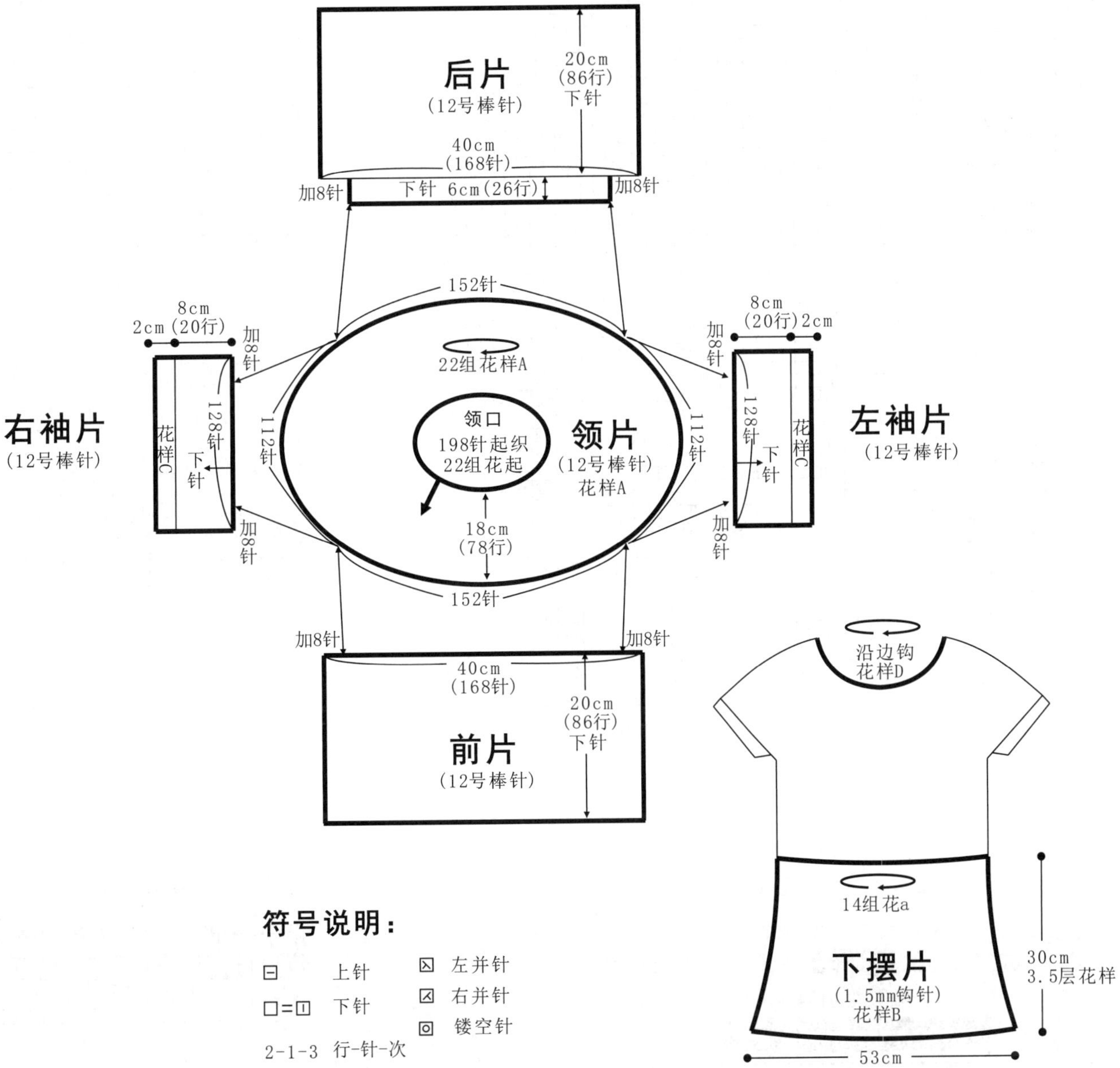

后片
（12号棒针）

20cm
（86行）
下针

40cm
（168针）

下针 6cm（26行）

加8针　　　　加8针

152针

22组花样A

领口
198针起织
22组花起

领片
（12号棒针）
花样A

18cm
（78行）

152针

右袖片
（12号棒针）

8cm
2cm（20行）

加8针

112针

128针
下针

花样C

加8针

左袖片
（12号棒针）

8cm
（20行）2cm

加8针

112针

128针
下针

花样C

加8针

加8针　　　　加8针

40cm
（168针）

前片
（12号棒针）

20cm
（86行）
下针

沿边钩
花样D

14组花a

下摆片
（1.5mm钩针）
花样B

30cm
3.5层花样

53cm

符号说明：

□　　上针

□=|　下针

⊠　　左并针

⊠　　右并针

⊡　　镂空针

2-1-3　行-针-次

↑　编织方向

113

花样A

(领片叶子花图解)

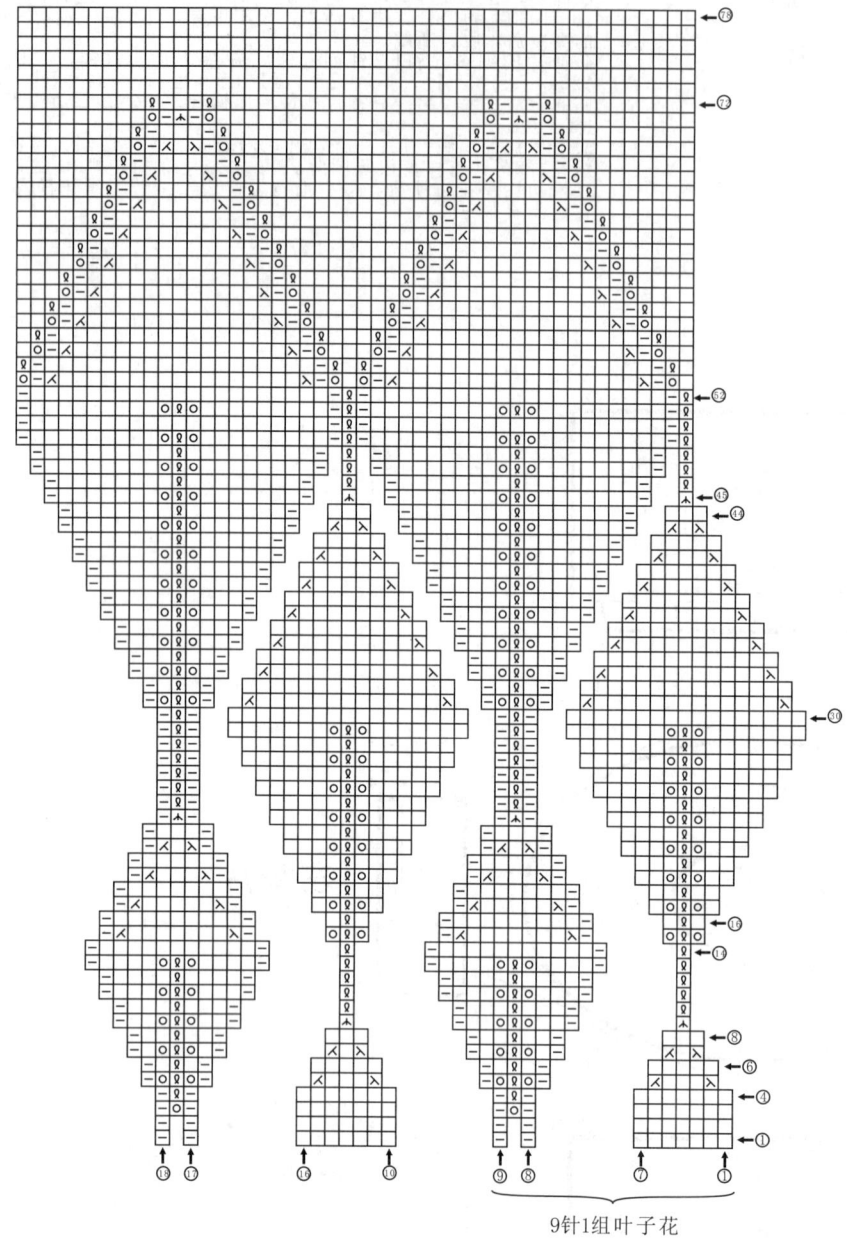

9针1组叶子花

花样B

三个一组一个网眼

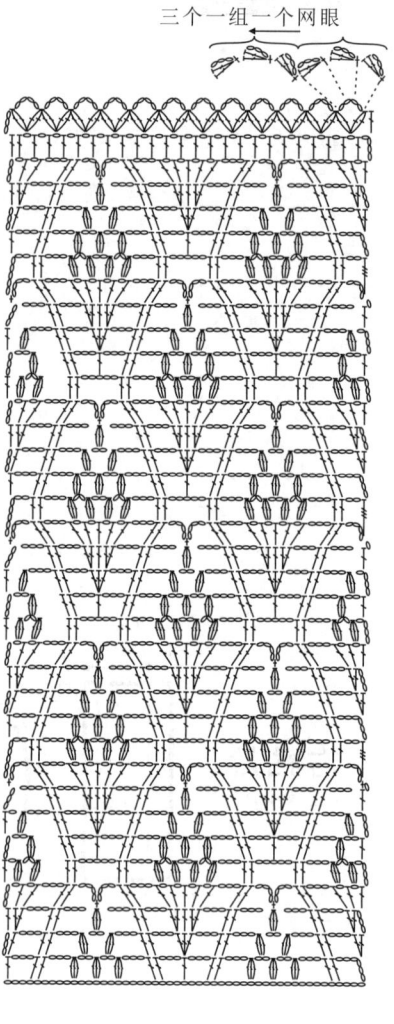

花样C

花样D

(衣领花边图解)

淑女连帽短袖装

【成品规格】衣长67cm，胸围100cm

【工　　具】8号棒针，3mm钩针

【编织密度】20针×23行=10cm²

【材　　料】粉红丝光毛线1000g，
牛角扣5枚

编织要点：

1.这件衣服从下向上编织，将左前片、后片、右前片合起来起针编织。
2.后片加两个前片及衣襟边共起212针，两边衣襟边各8针编织花样B，右前片衣襟边均匀留出5个扣眼，衣身196针编织花样A，织110行后织2行上针，然后在前后片两侧各加出袖子针数20针，这时针数共有292针。
3.衣襟编织花样B，其他针数编织花样D，在花型编织中减少针数，织32行后针数减为120针，其中两个前片各30针，后片为60针，然后编织花样C12行，开始织帽子。
4.帽子编织花样D，边缘继续衣襟花样B的编织，织76行后将针数分为两份，对折收针。
5.将留出的袖边部分用钩针钩边装饰。

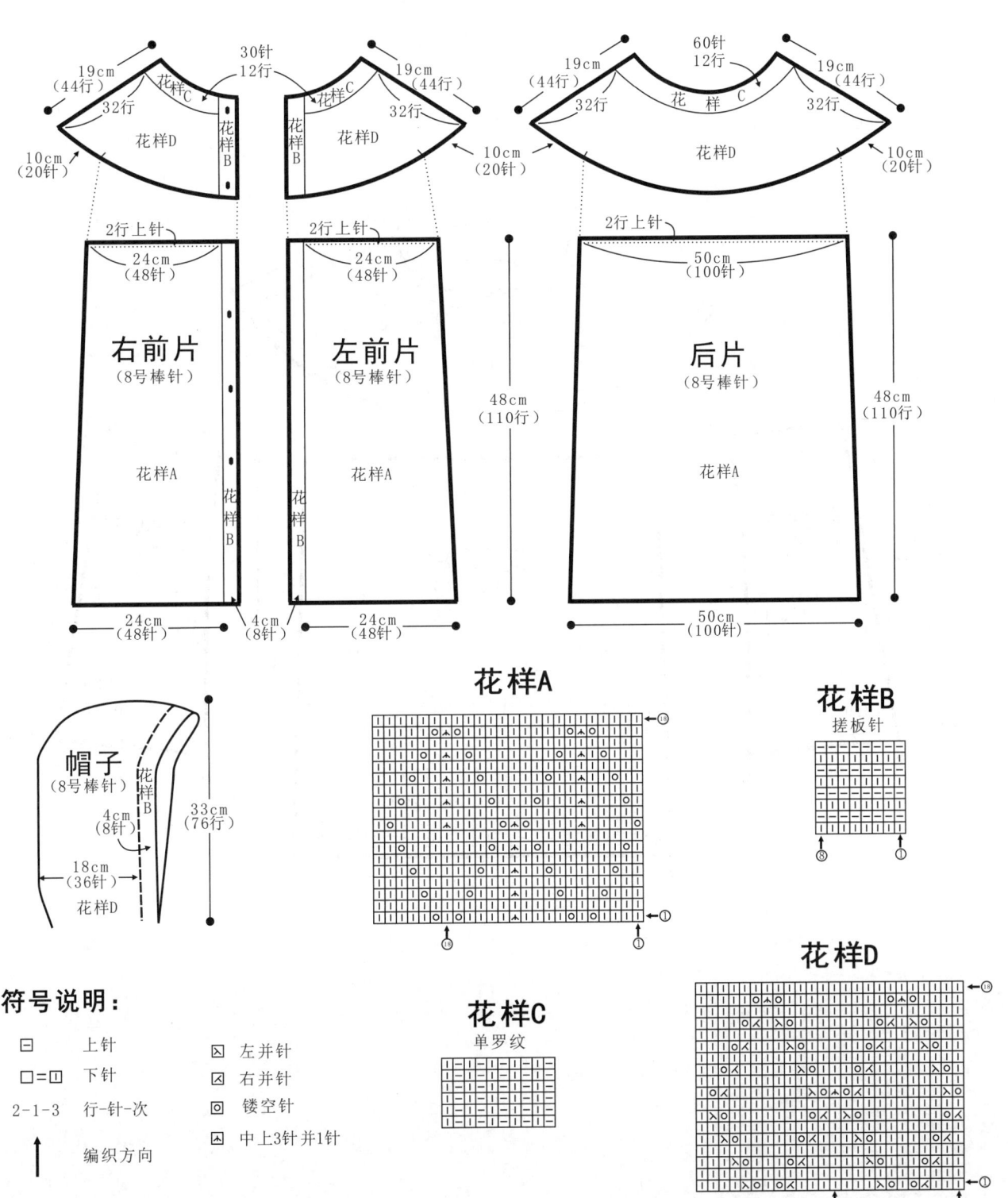

符号说明：

□ 上针
□=□ 下针
2-1-3 行-针-次
↑ 编织方向

⊠ 左并针
⊠ 右并针
⊡ 镂空针
⊞ 中上3针并1针

米色圆领长袖裙

【成品规格】 裙长62cm，胸围100cm，袖长52cm

【工　　具】 13号棒针

【编织密度】 42针×52行=10cm²

【材　　料】 丝光毛线1000g

编织要点：

1. 整件衣服从下向上编织，分为一个后片，两个前片和两个袖片，上部全部合起编织。
2. 后片起254针，编织花样D5行一排，之后将针数分配为花样B98针，花样A58针，花样B98针编织，两侧侧缝减针方法为12-1-21，8行平坦，织到50cm 260行针数减为212针，将针数穿在针上待用。
3. 前片起254针，编织方法与后片相同，编织花样D5行一排，之后将针数分配为花样B98针，花样A58针，花样B98针编织，侧缝减针方法为12-1-21，8行平坦，织260行减为212针，留在针上待用。
4. 袖片编织，袖口起72针×2，编织花样D5行一排，然后将针数分为花样A23针，花样B98针，花样A23针，侧缝减针方法为12-1-16，42行平坦，织到234行针数减为56针×2，留在针上待用，另一个袖片编织方法相同。
5. 将后片、前片及两个袖子的侧缝缝合，然后把留在针上的针数合拢调整为486针，编织一排花样D之后编织花样C，收到280针再编织一排花样D5行收针。

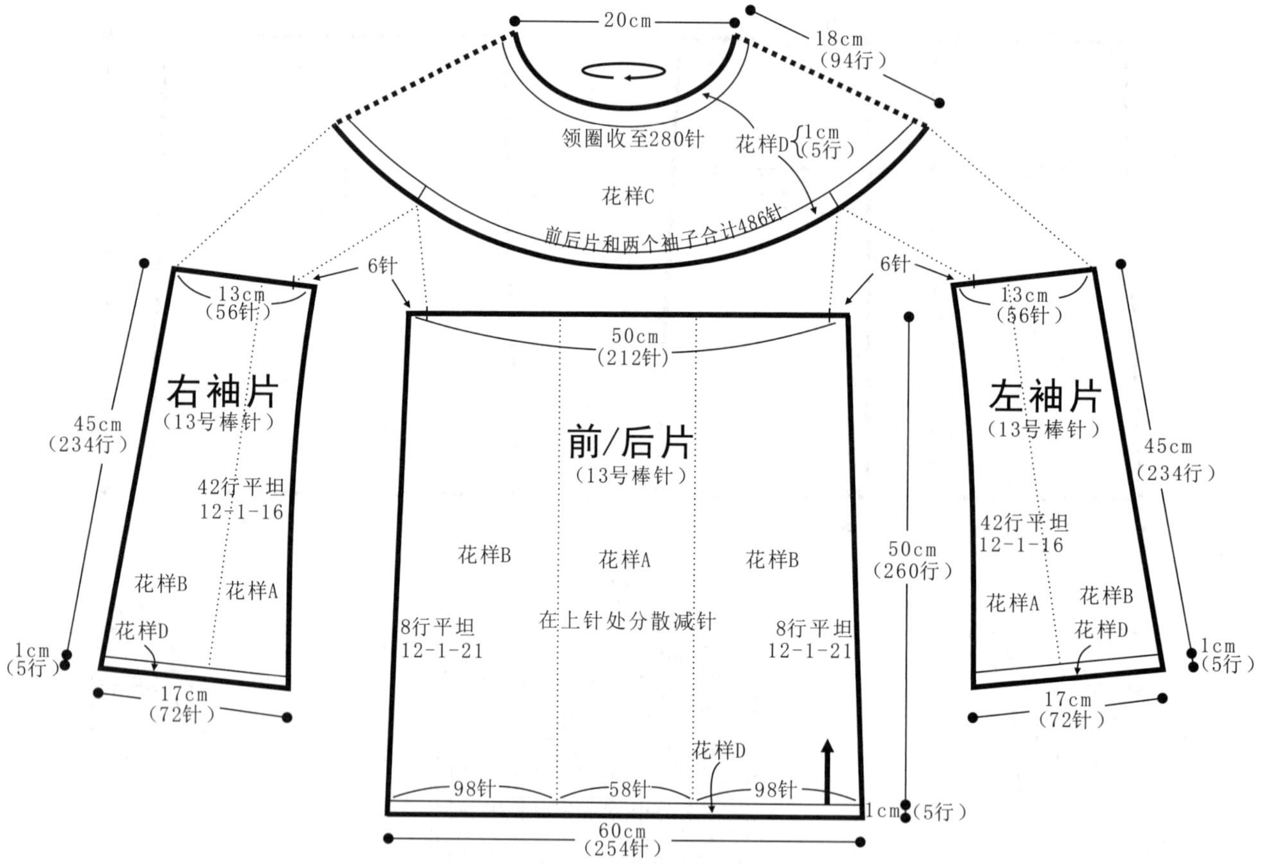

20cm

18cm（94行）

领圈收至280针

花样D 1cm（5行）

花样C

前后片和两个袖子合计486针

6针

13cm（56针）

右袖片（13号棒针）

45cm（234行）

42行平坦 12-1-16

花样B　花样A

花样D

1cm（5行）

17cm（72针）

50cm（212针）

前/后片（13号棒针）

花样B　花样A　花样B

在上针处分散减针

8行平坦 12-1-21　8行平坦 12-1-21

花样D

98针　58针　98针

1cm（5行）

60cm（254针）

6针

13cm（56针）

左袖片（13号棒针）

50cm（260行）

45cm（234行）

42行平坦 12-1-16

花样A　花样B

花样D

1cm（5行）

17cm（72针）

花样B

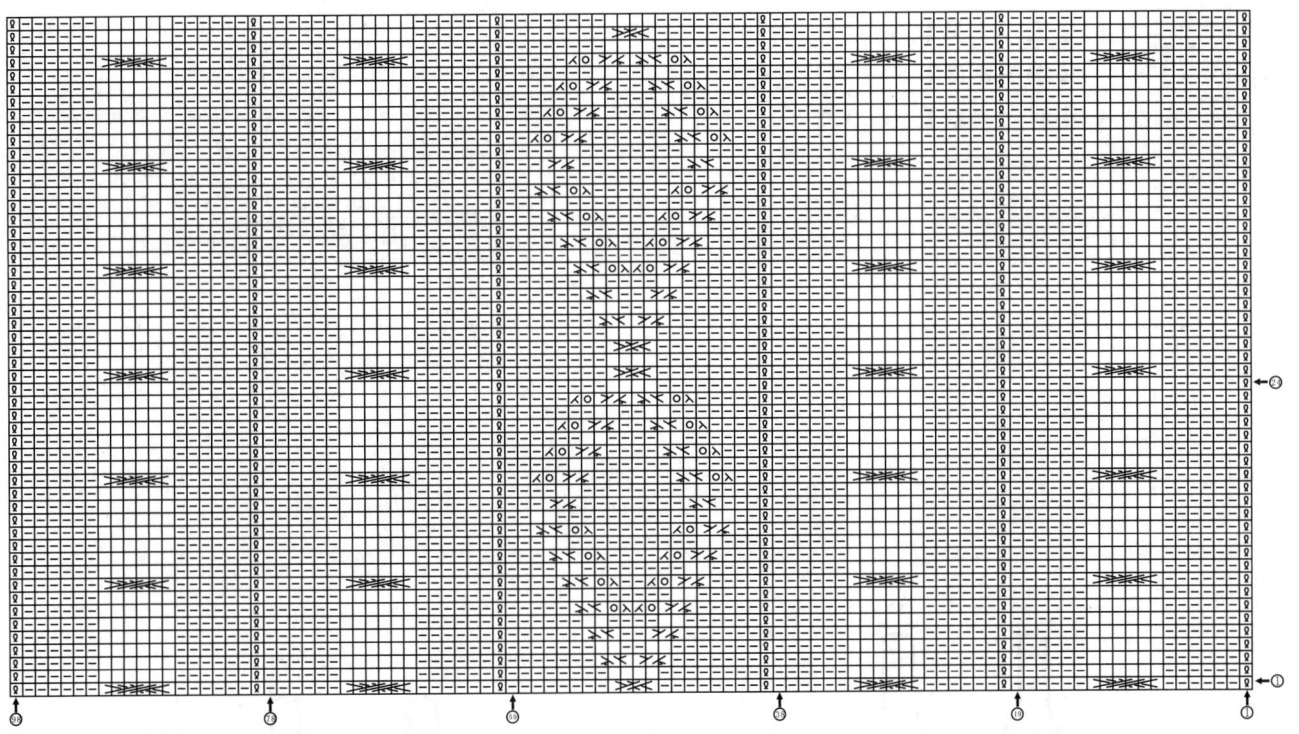

花样C

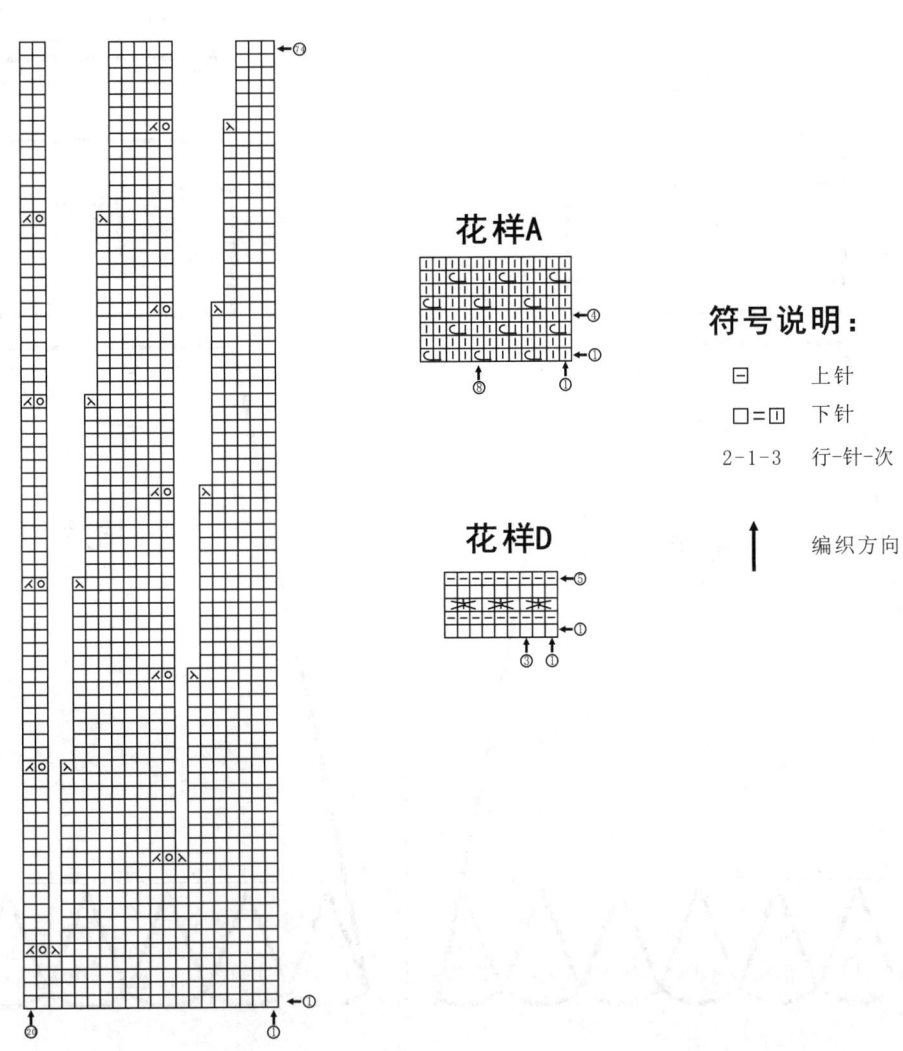

花样A

符号说明：

日	上针
日=口	下针
2-1-3	行-针-次

↑ 编织方向

花样D

粉色性感长裙

【成品规格】	裙长113cm，胸围72cm
【工　　具】	11号棒针，0.4mm钩针
【编织密度】	24针×31行=10cm²
【材　　料】	黛尔妃缎丝双股800g

编织要点：

1.这件裙子从裹胸开始编织，然后向上挑针编织挂肩以上部分，向下挑针编织裙身部分，裙摆钩编装饰。

2.后片裹胸起65针，起织花样A，不加减针，织304行，将起针处和结束行合并收针。

3.后片从裹胸上沿挑102针在两边编织花样B的a组部分，分配花样，两侧各取17针，编织花样D，中间编织上针，在上针与花样D连接的那一针上针上进行减针编织，2-1-19，另一侧亦同，上针织12行后，改织12行下针，再织12行上针，最后2针织下针，织成38行后，两侧的花样D留下继续编织。中间30针收针，两侧的花样D编织30行后，收针断线。前片的起挑针处与后片相隔10针的距离，挑出102针，分成两部分各自编织，每一部分61针，中间1针的两边进行减针编织。两侧的30针，取侧边的17针编织花样D，中间的针数织下针，照此花样分配，中间并针，2-1-22，织成44行后，余下17针，织花样D，不加减针，织24行的高度后，收针断线。相同的方法去编织另一半，将前后片的肩部对应缝合。

4.裙片的编织。沿着裹胸的下侧边缘。挑出260针，分配成13组花样B编织。依照花样B。将每一层叶子加针，将裙片织成214行的高度，最后只织叶尖的那一片，两侧并针，直至余下1针。袖片棒针编织部分共织成248行的高度。最后在两张叶子之间，用钩针，钩织花样C，用单股线钩织。

5.最后分别沿着前后衣领边、袖口边，挑针钩织狗牙拉针锁针。

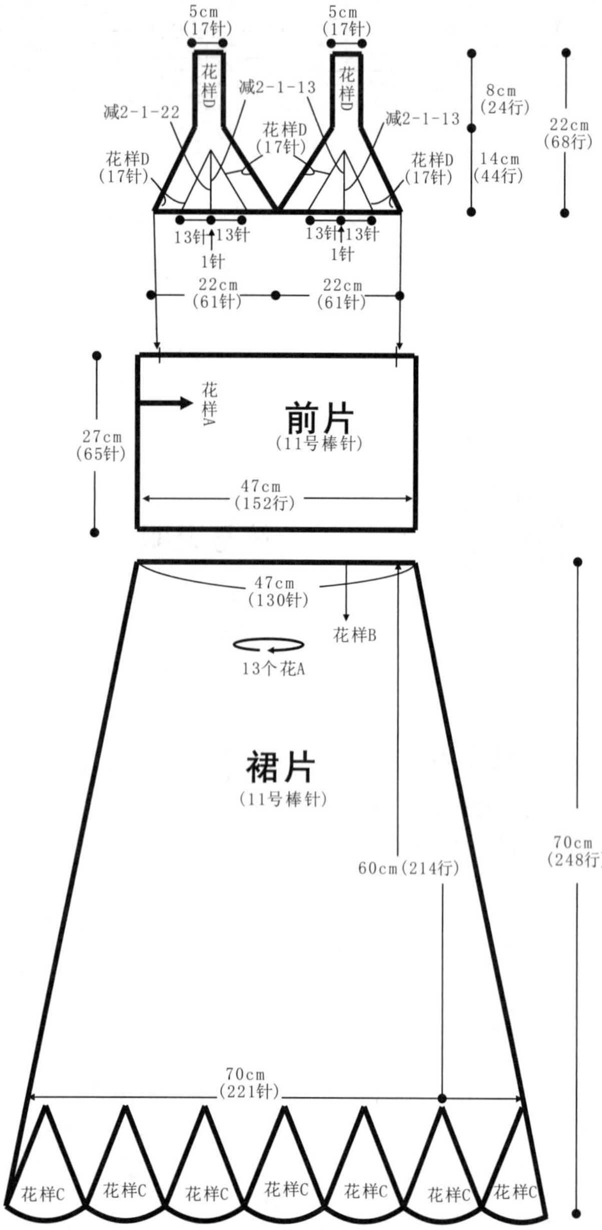

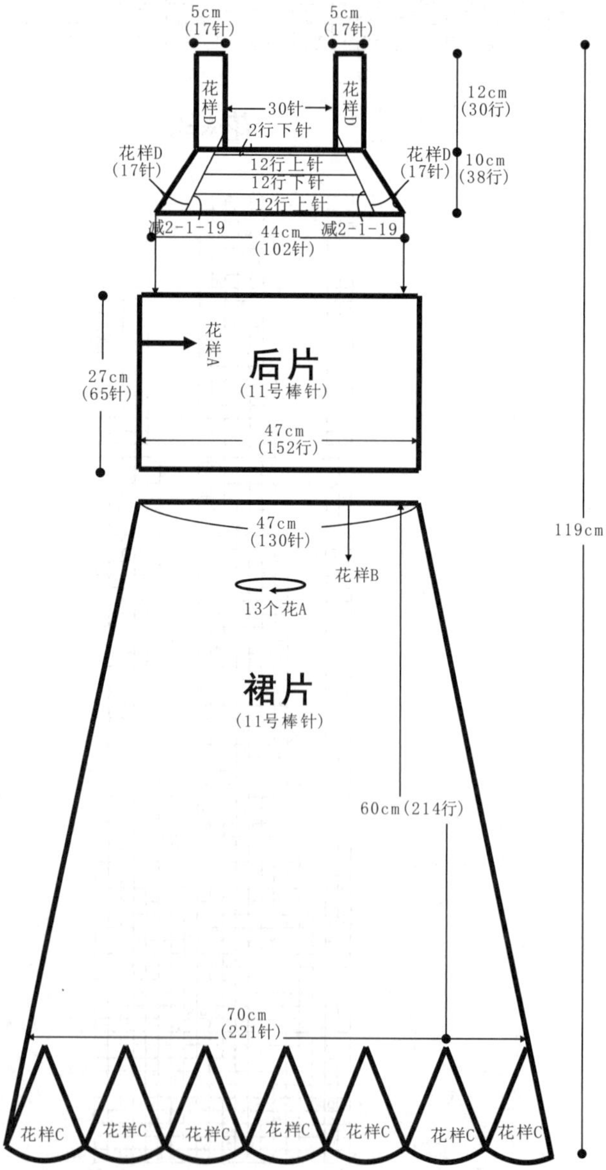

前片示意图

- 5cm（17针）／5cm（17针） — 花样D
- 减2-1-22 ／ 减2-1-13
- 花样D（17针）
- 8cm（24行） / 14cm（44行） / 22cm（68行）
- 13针↑13针 / 1针
- 22cm（61针）／22cm（61针）
- 花样A →
- **前片**（11号棒针）
- 27cm（65针）
- 47cm（152行）
- 47cm（130针） — 花样B
- 13个花A
- **裙片**（11号棒针）
- 60cm（214行）
- 70cm（248行）
- 70cm（221针）
- 花样C（×7）

后片示意图

- 5cm（17针）／5cm（17针）
- 花样D — 30针 2行下针
- 12行上针 / 12行下针 / 12行上针
- 花样D（17针）／花样D（17针）
- 12cm（30行） / 10cm（38行）
- 减2-1-19 — 44cm（102针） — 减2-1-19
- 花样A →
- **后片**（11号棒针）
- 27cm（65针）
- 47cm（152行）
- 119cm
- 47cm（130针） — 花样B
- 13个花A
- **裙片**（11号棒针）
- 60cm（214行）
- 70cm（221针）
- 花样C（×7）

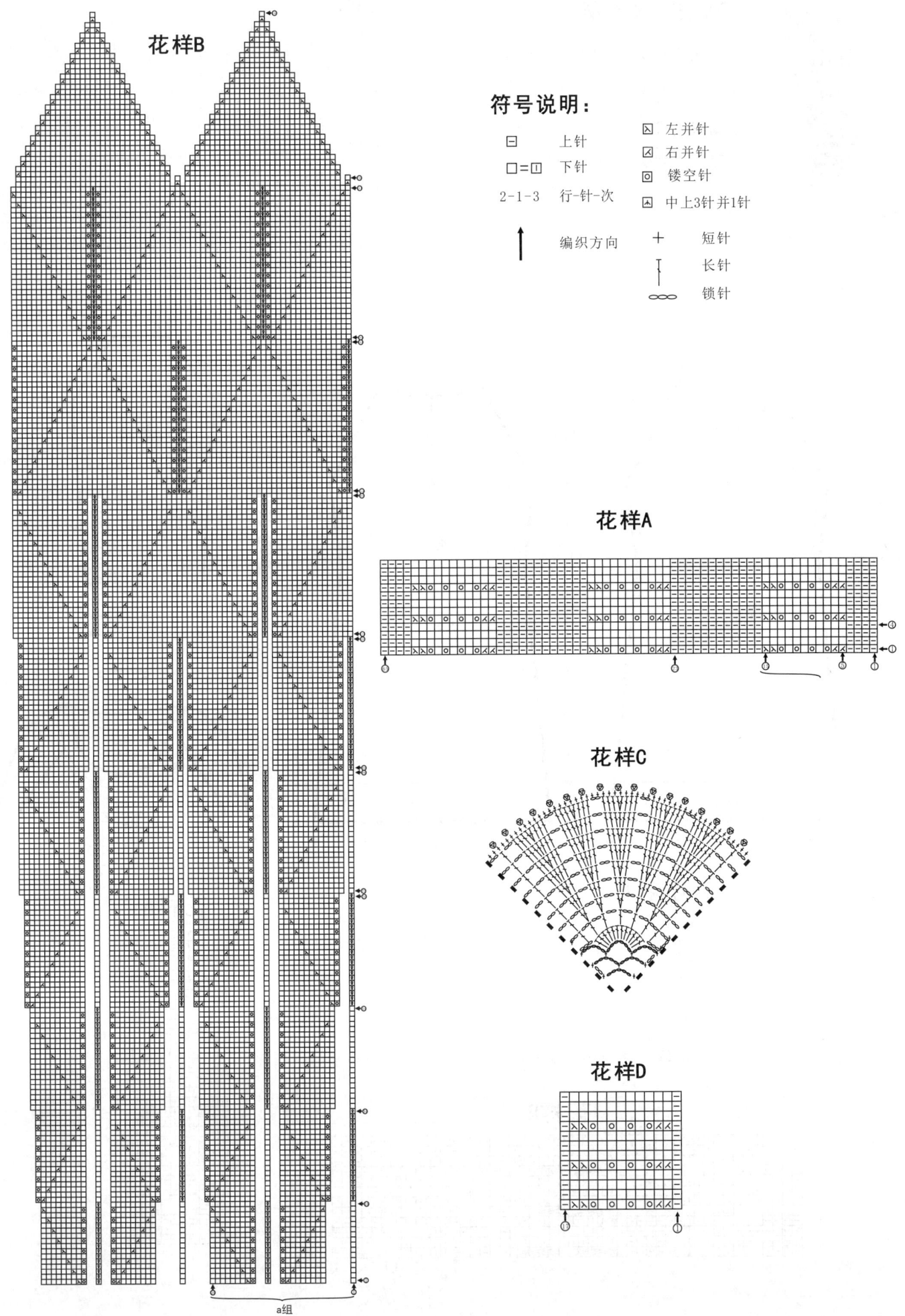

花样B

符号说明：

□	上针		左并针
□=□	下针		右并针
2-1-3	行-针-次		镂空针
			中上3针并1针

↑ 编织方向   十 短针

长针

锁针

花样A

花样C

花样D

a组

经典蓝色长袖裙

【成品规格】 袖长93cm，胸围100cm，袖长63cm

【工　　具】 13号、14号棒针

【编织密度】 40针×60行=10cm²

【材　　料】 羊绒线800g

编织要点：

1.这件衣服从下向上编织，由后片和前片及两个袖片组成。

2.后片起200针编织花样A72行，然后编织下针，侧缝不加减针，织150行开始在腰间排花样B，将两侧条纹斜着向中间排，正中排绞花部分，不加不减织192行开始收斜肩，收针方法为3-1-48，织140行留后领窝，方法为中间平收96针，两边各减2-2-2。

3.前片起200针编织花样A72行，然后编织下针，侧缝不加减针，织到150行开始在腰间排花样B，方法与后片相同，不加不减织192行开始收斜肩，收针方法为3-1-48，织84行留前领窝，中间平收32针，领窝两侧减针方法为2-3-5，2-2-4，2-1-10，4-1-3。

4.袖子起80针编织花样A32行，然后编织下针，袖子侧缝处加针方法为14-1-14，14行平坦，织210行开始收袖山，方法为4-1-34，余38针收针。将衣服、袖子侧缝处缝合，将袖子与衣身缝合。

5.在领子一圈挑针编织衣领，后领挑90针，两侧袖子各挑32针，前领挑100针，合计挑254针，编织下针20行平收。

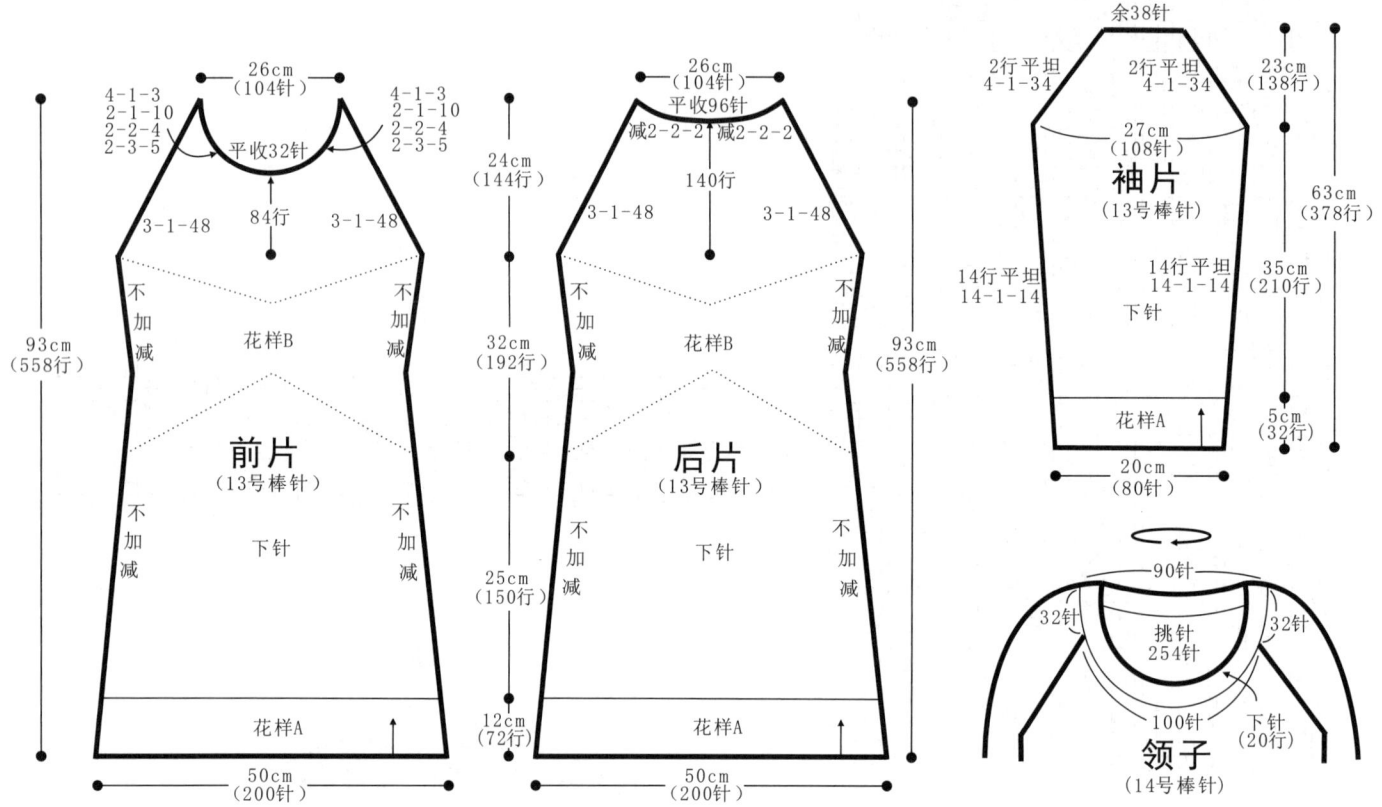

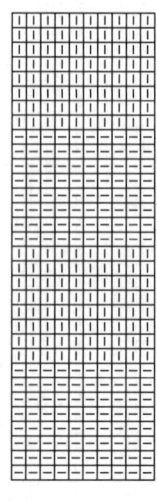

符号说明：

□ 上针

□=□ 下针

2-1-3 行-针-次

↑ 编织方向

左上3针与右下3针交叉

花样B

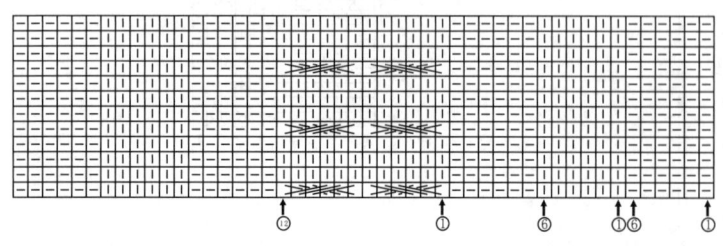

花样A

休闲连帽斗篷

【成品规格】 衣长60cm

【工　　具】 8号棒针

【编织密度】 16针×18行=10cm²

【材　　料】 兔毛线700g

编织要点:

1. 这件披肩前后片按编织结构图所示，从领口开始编织，最后挑织帽子。

2. 后领口起23针，两边肩部各起19针，前领口加针形成，加针方法为2-3-3，2-2-3，平加4针，编织花样A，并在袖子和领子之间的插肩线两边加针，方法为2-1-24，在前后片的下摆两边加出圆弧，加针方法为2-2-4，织64行后，边缘编织花样B26行，收针。

3. 挑织帽子，从衣领处挑35针编织花样A70行，对折收针。从门襟和帽边挑针编织花样B16行，同时在左边门襟均匀留出3个扣眼。

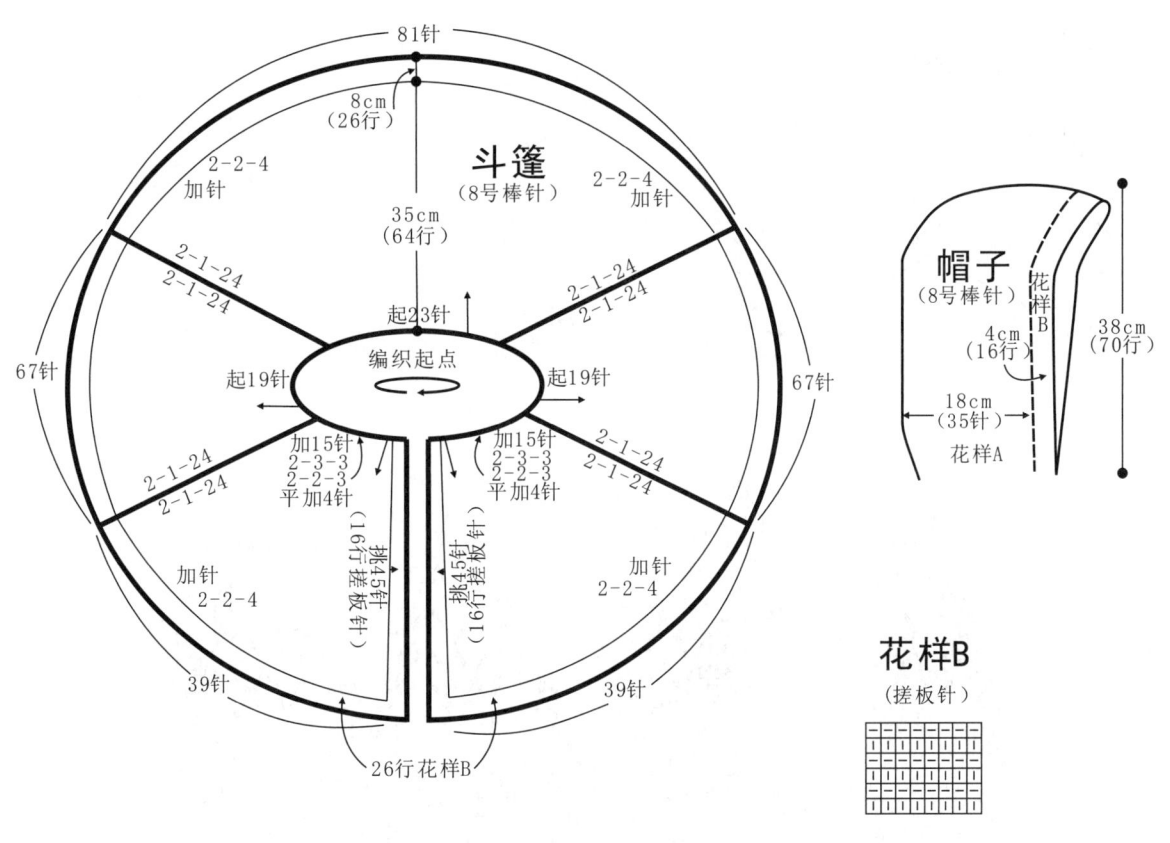

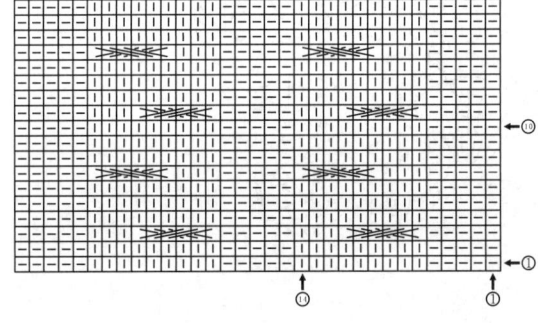

花样B
（搓板针）

花样A

符号说明:

□　　　上针

□=□　　下针

2-1-3　行-针-次

↑　　　编织方向

简单亮片披肩

【成品规格】 披肩长50cm，胸围90cm

【工　　具】 1.75mm钩针

【材　　料】 黑色毛线500g

编织要点：

1.披肩从结构图中点起针。先从中点排列7组菠萝花样。再依据菠萝花样延伸大的6组菠萝花样，起点和终点各1组小的菠萝花样。

2.披肩花边一直钩编到第46行，延伸18组小的菠萝花样。

结构图：

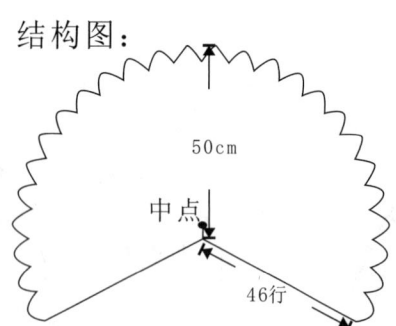

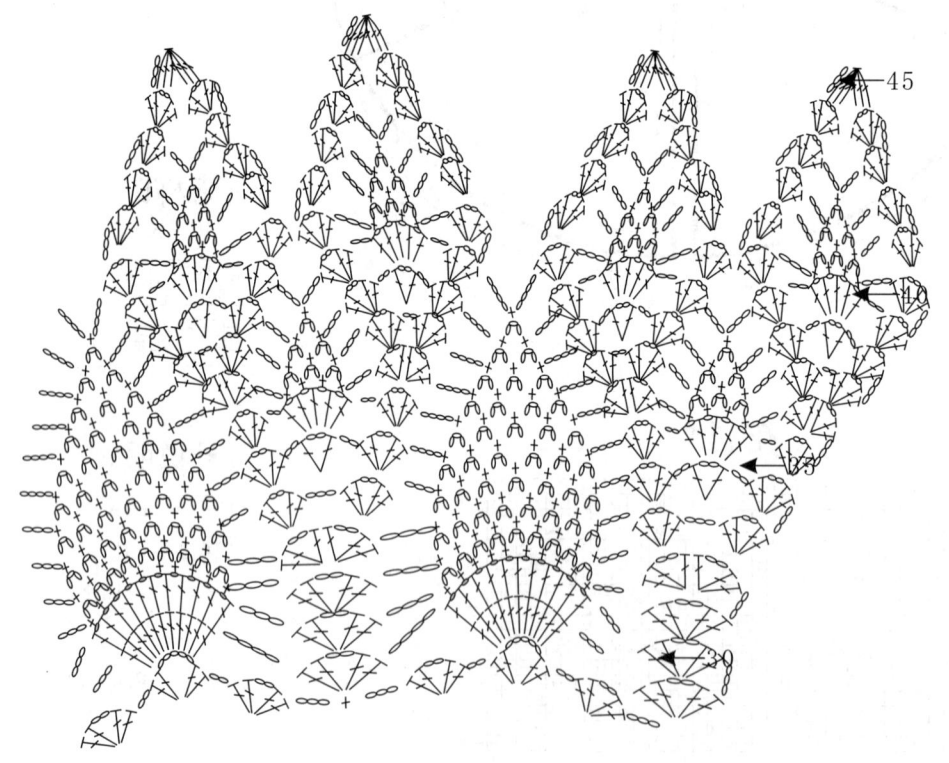

122

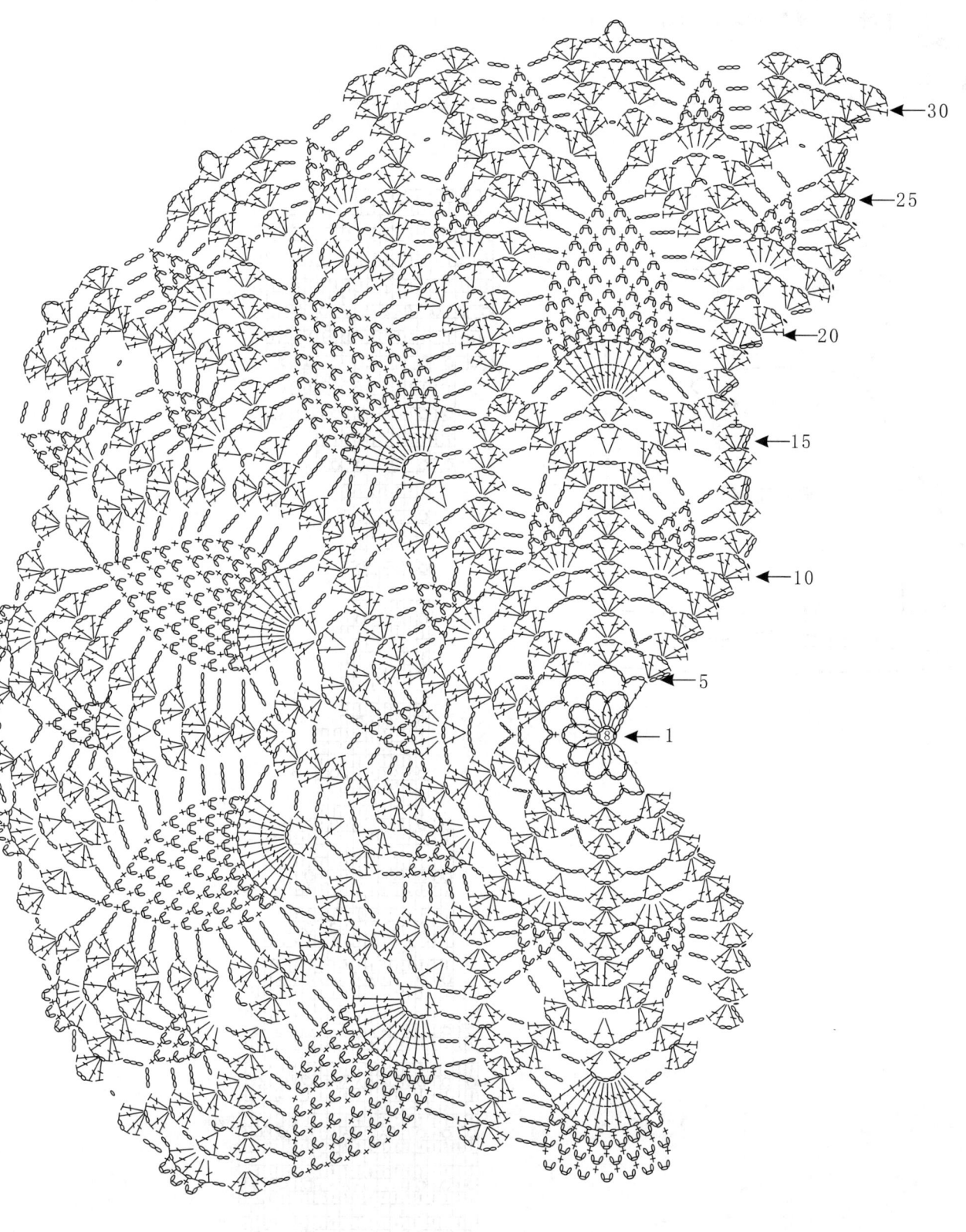

30
25
20
15
10
5
1

气质简约披肩

【成品规格】 披肩长52cm，胸围136cm

【工　　具】 4mm棒针

【编织密度】 14针×18行=10cm²

【材　　料】 时装花线200g

编织要点：

1.由前后片及左右袖片组成。前后片、袖片均是按结构图从下往上编织。

2.前后片、袖片都要注意下摆底边以及花样的变换位置。下摆及袖口沿对折线向上对折成双层，并用手针固定好。

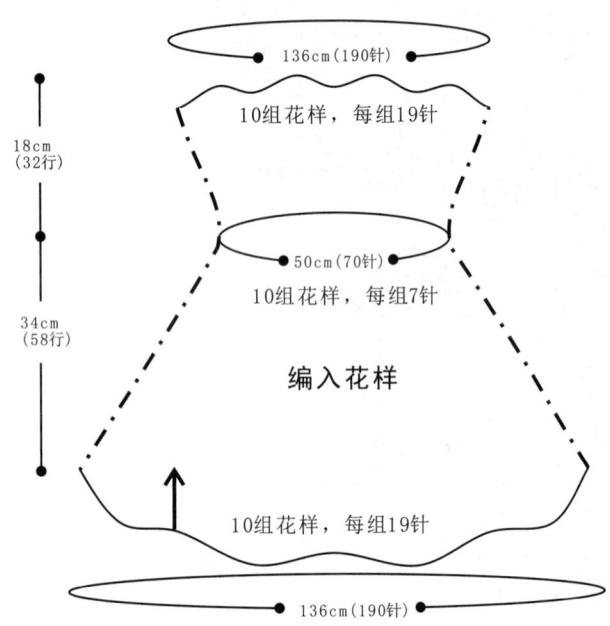

18cm
(32行)

34cm
(58行)

136cm(190针)

10组花样，每组19针

50cm(70针)

10组花样，每组7针

编入花样

10组花样，每组19针

136cm(190针)

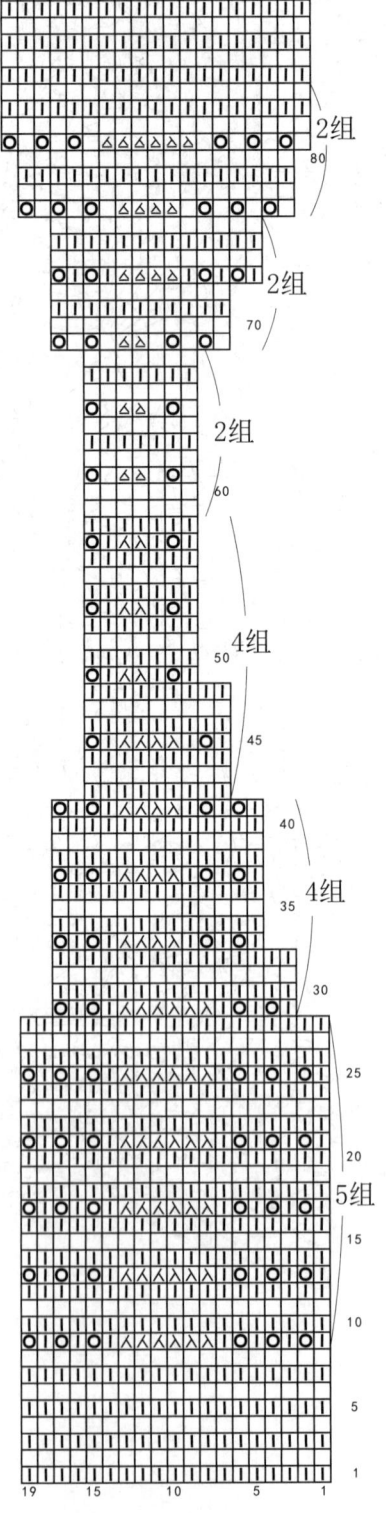

90

2组

80

2组

70

2组

60

4组

50

45

40

35

4组

30

25

20

5组

15

10

5

1

19　　15　　10　　5　　1

124

飘逸流苏披肩

【成品规格】 披肩长180cm，宽90cm

【工　　具】 2.5mm钩针

【材　　料】 洋红色貂绒线600g

编织要点：
披肩从一端起针按结构图往另一端编织。到合适位置要注意留出袖隆。披肩周围装好流苏，门襟侧、袖隆处则按花边针法图钩织花边。花边的宽窄可根据自己的爱好来自行调节。

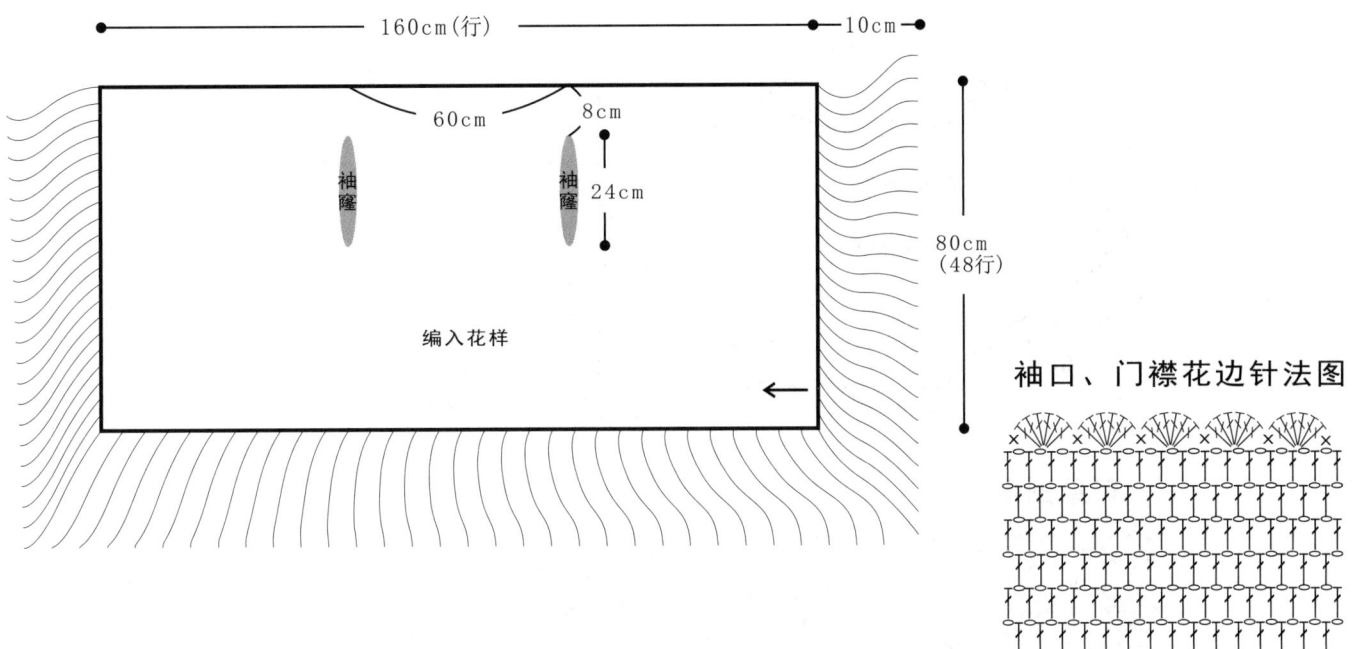

袖口、门襟花边针法图

花样针法图

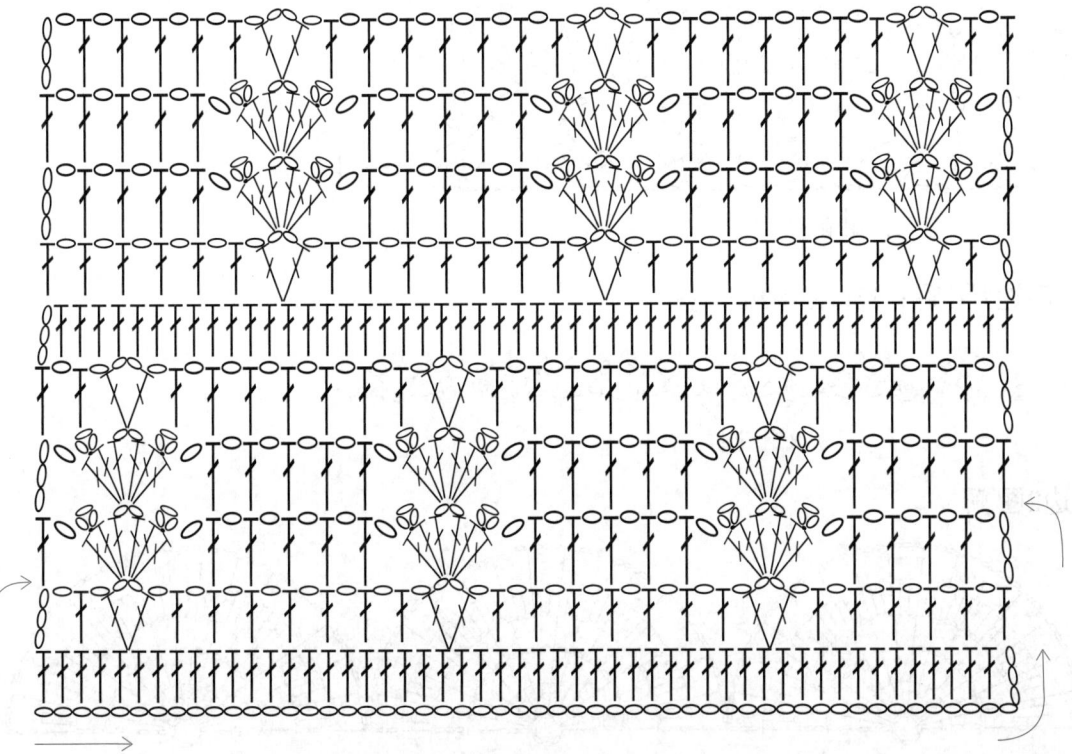

菱形亮片披肩

【成品规格】 披肩长48cm，胸围90cm

【工　　具】 1.75mm钩针

【编织密度】 25针×30行=10cm²

【材　　料】 米色毛线500g

编织要点：
1.披肩由衣身图解和花边1组成。
2.参照衣身图解从下摆起针1组花样，钩编23行增加到25组花样。然后减针24行直到领口为14组花样。
3.参照花边1，在领口圈钩1行，共26组花样。
4.参照花边2，在下摆环状钩花边1圈，共22组花样。

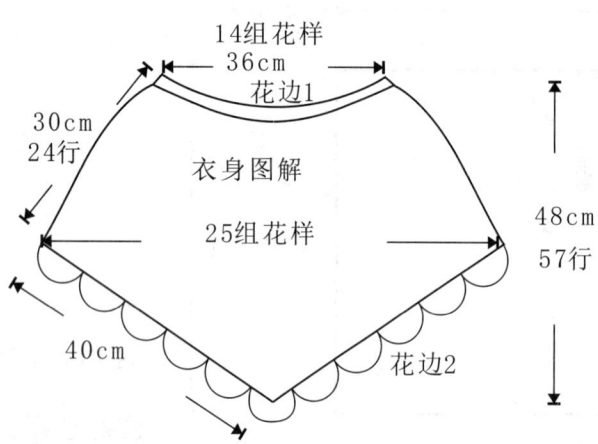

衣身图解

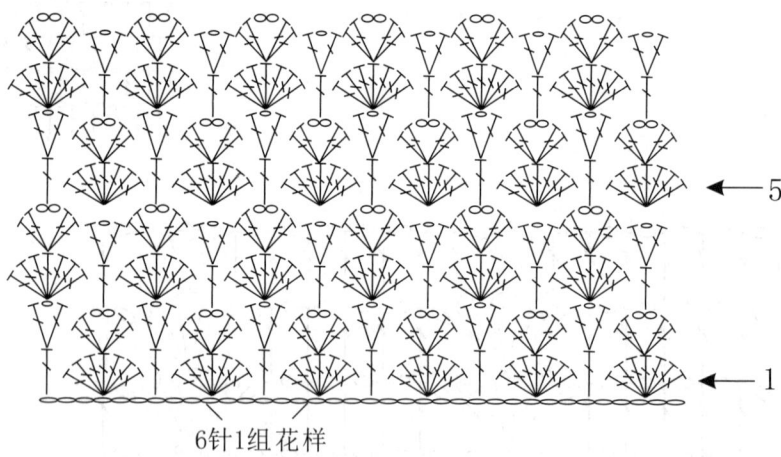

6针1组花样

花边1图解：领口圈钩26组花样

1组花样

花边2图解：

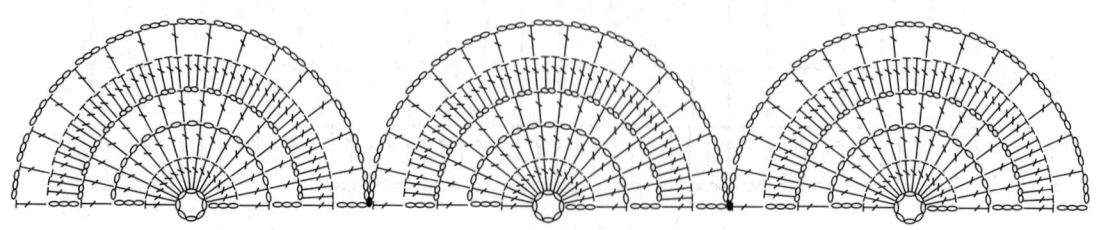

彩色毛茸披肩

【成品规格】 披肩长140cm, 40宽cm

【工　　具】 5号棒针

【编织密度】 11针×12行=10cm²

【材　　料】 羽毛线200g, 纽扣5粒

编织要点:

起44针, 织全平针一长方形, 一头开扣洞, 另一头钉纽扣; 可以变换背心、披肩、围脖……

5号针织全平针

140cm
168行

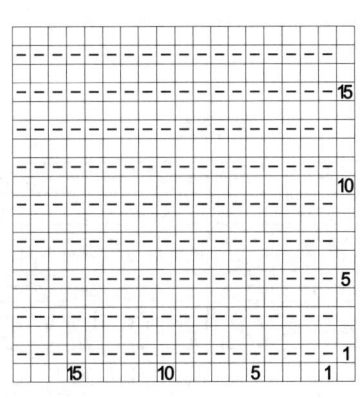

□=囗

全下针

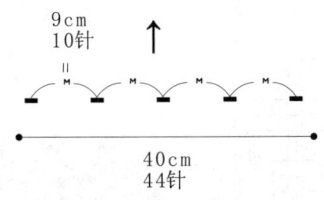

9cm
10针

40cm
44针

段染大披肩

【成品规格】 披肩长186cm, 宽50cm

【工　　具】 3.0mm钩针

【材　　料】 棕色棉线400g

编织要点:

1.钩针编织法，方形披肩，先完成方形披肩再钩花边，然后钩织立体花缝于相应的位置。

2.起针，钩织锁针起织，共钩织182针锁针辫子。然后起高3针锁针，依照花样A钩织花样，完成56行后，重复第一行起的步骤，共钩织四个花样A方块织片。完成后，留线，沿着方形四条边钩织花样B花边。完成后，收针断线。最后钩织六个立体花。方法是，依照花样C图解，起钩锁针，然后钩织一行长针行，第三行里钩织花样C中的花样，完成后，将长针行做底边，一圈一圈绕在底下。再与披肩相应的位置上缝合。共钩织六个立体花，钩织方法相同。披肩完成。

披肩 (3.0mm钩针)

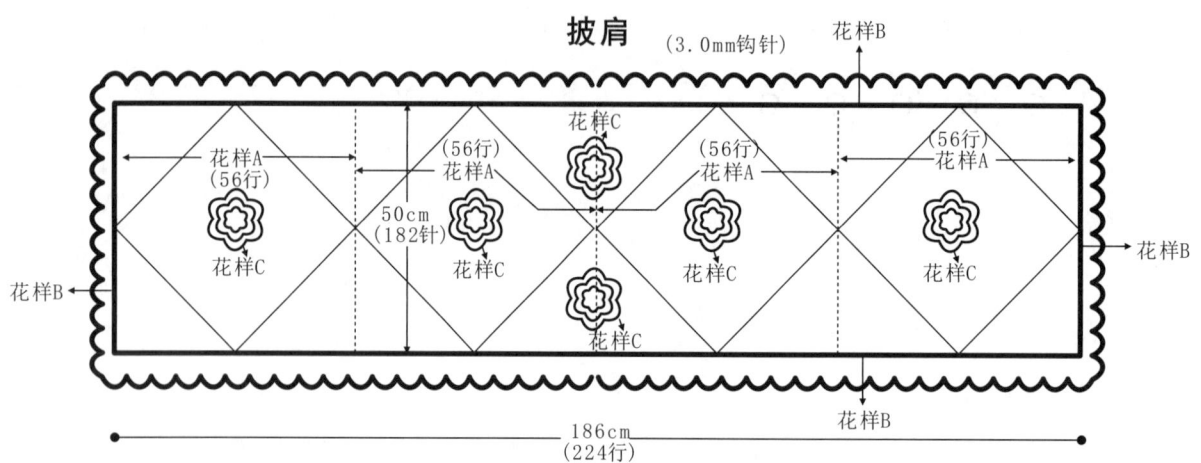

花样B

花样A
(56行)
花样C

花样A
(56行)
花样C

花样C
花样A

花样A
(56行)
花样C

50cm
(182针)

186cm
(224行)

花样B

花样B

花样B

花样A

符号说明:

□ 上针　　　＋ 短针

□=□ 下针　　　 ┃ 长针

2-1-3 行-针-次　　 ∞ 锁针

↑ 编织方向

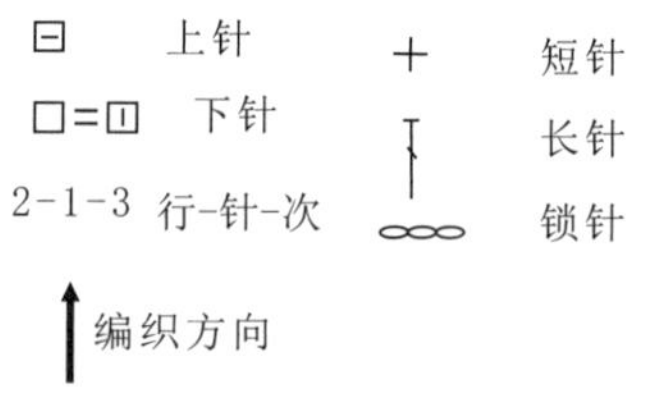

花样C
小花图解

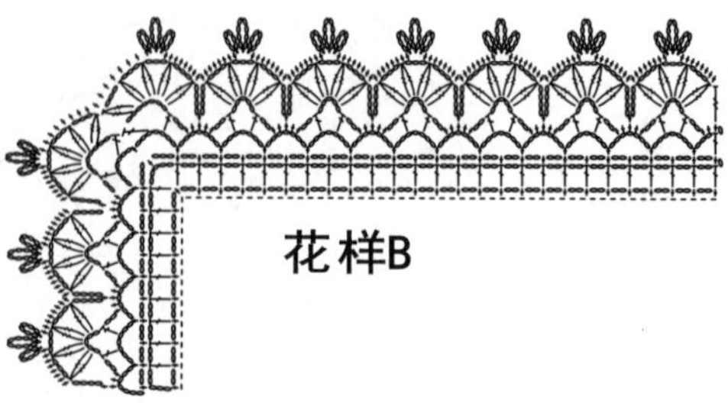

花样B

一个花型

128

米白拼花披肩

【成品规格】 披肩长65cm，宽39cm

【工　　具】 2.5mm钩针

【编织密度】 每个单元花=13cm²

【材　　料】 羊毛线600g

后片

编入花样

前片

编入花样

65cm
（5个花）

39cm（3个花）

39cm（3个花）

衣领、下摆花边针法图

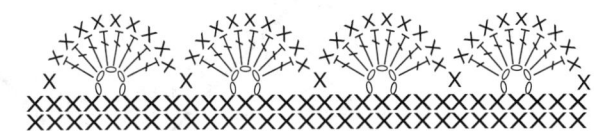

花样针法图

13cm

单元花样连接方式

通过短针连接两端

菱形流苏披肩

【成品规格】 披肩长72cm

【工　　具】 8号棒针

【编织密度】 21针×25行=10cm²

【材　　料】 红色和黑色羊毛线各500g

编织要点：

1.这件披肩前后片按编织结构图所示，从编织起点开始编织。前片和后片均由2块黑色和2块红色组成。下摆做流苏装饰。
2.后片用红色线起34针，边织边加出领窝，加针方法为14-1-2，1-1-18，平加20针，加至74针，共编织88行。其余三片分别用红黑色编织方块，起74针编织全下针88行，将四片按结构图组合。前片的编织方法与后片相同。
3.将前后片侧缝缝合，用黑色线挑织领子，后片挑50针，前片挑62针，圈织双罗纹28行收针。按结构图在所示位置用黑色线挑出袖口28针×2，圈织双罗纹30行收针。钩花缝在前片正中作为装饰。

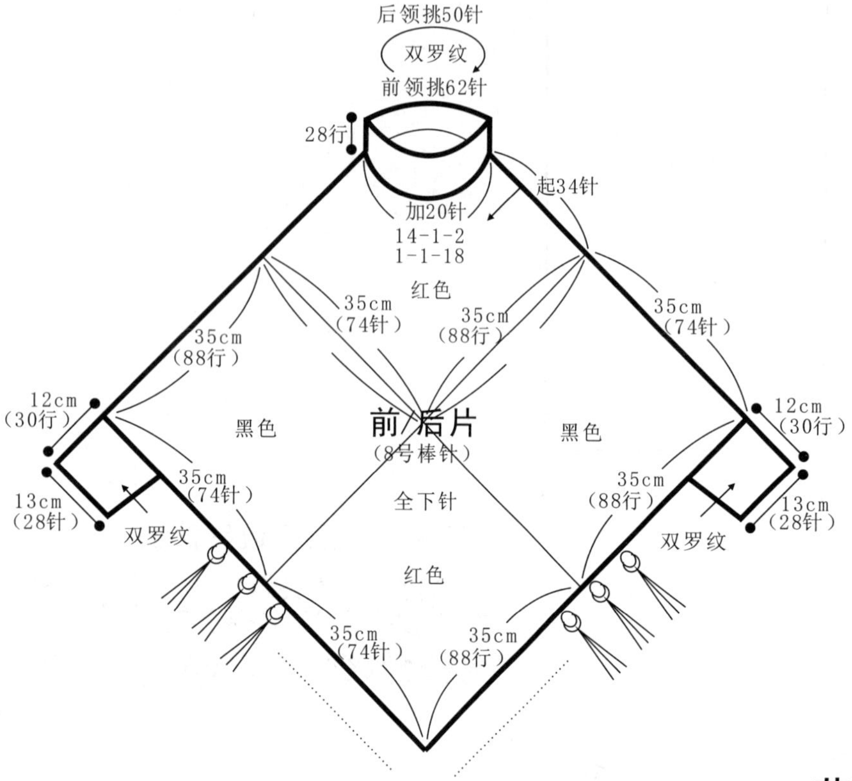

后领挑50针

（双罗纹）

前领挑62针

28行

起34针

加20针
14-1-2
1-1-18

红色

35cm
(74针)

35cm
(88行)

35cm
(74针)

35cm
(88行)

12cm
(30行)

12cm
(30行)

黑色

前/后片
(8号棒针)

黑色

13cm
(28针)

35cm
(74针)

全下针

35cm
(88行)

13cm
(28针)

双罗纹

红色

双罗纹

35cm
(74针)

35cm
(88行)

花样A

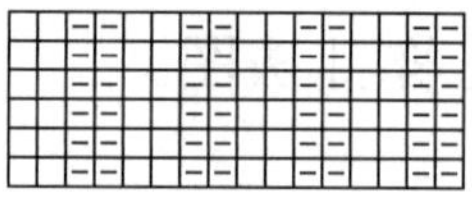

花样B
（边缘花样）

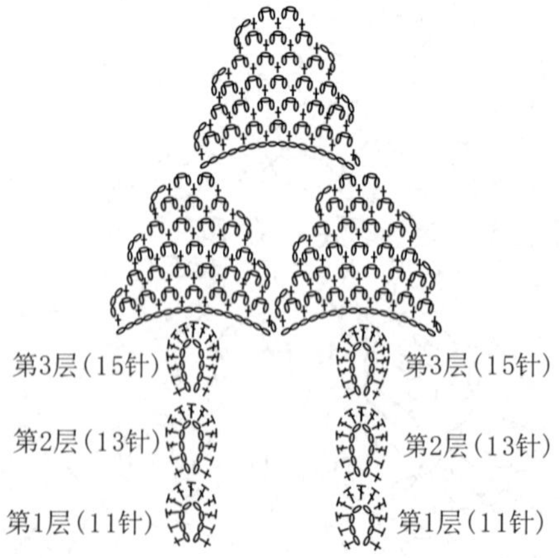

第3层(15针)　　　　第3层(15针)

第2层(13针)　　　　第2层(13针)

第1层(11针)　　　　第1层(11针)

符号说明：

□　　　上针

□=① 　下针

2-1-3　行-针-次

↑　　　编织方向

网格花披肩

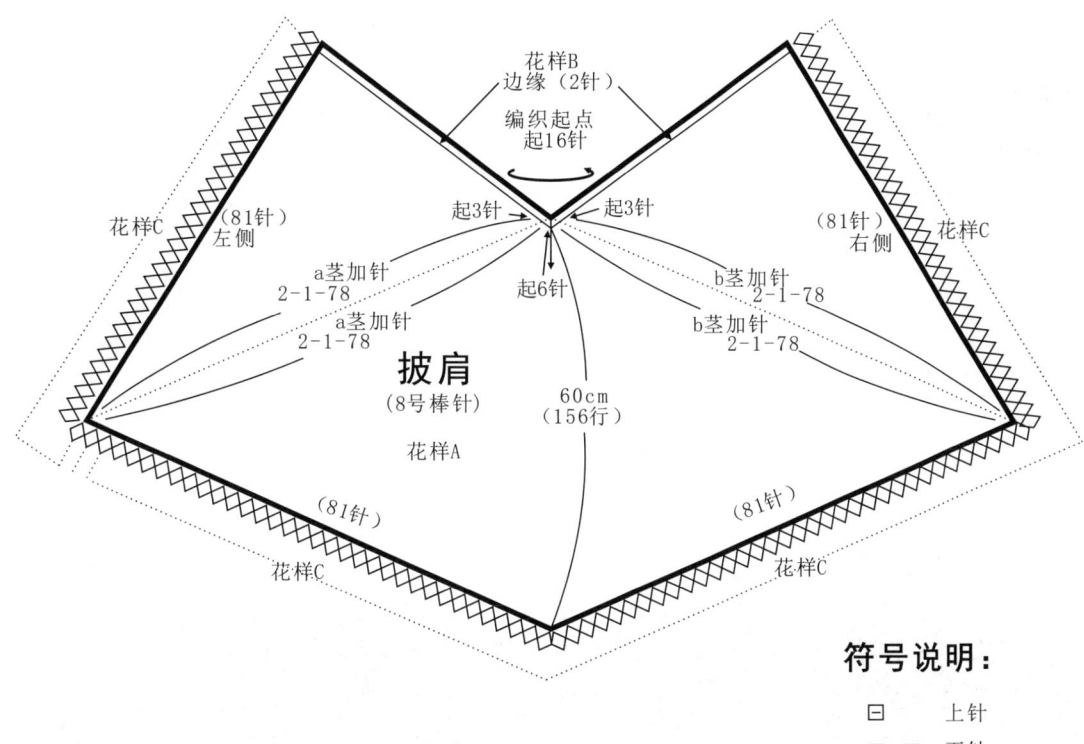

【成品规格】 披肩长60cm

【工　　具】 8号棒针，3mm钩针

【编织密度】 20针×26行=10cm²

【材　　料】 红色羊毛线800g

编织要点：
1.这件披肩前后片按编织结构图所示，从编织起点开始编织。
2.起16针依次分配为边缘2针，3针，6针，3针，边缘2针。编织花样A，同时在a茎和b茎处的两边加针，加针方法为2-1-78，织156行，使四边各加至81针。
3.用钩针按图所示为披肩边缘钩边。

花样B
边缘（2针）
编织起点
起16针
（81针）　左侧　花样C
花样C　右侧　（81针）
起3针　起3针
a茎加针 2-1-78
b茎加针 2-1-78
a茎加针 2-1-78
b茎加针 2-1-78
起6针
披肩
（8号棒针）
60cm
（156行）
花样A
（81针）
（81针）
花样C
花样C

符号说明：

⊟　　上针

□=⊡　　下针

2-1-3　行-针-次

↑　　编织方向

+　　短针

T　　长针

∞　　锁针

花样A

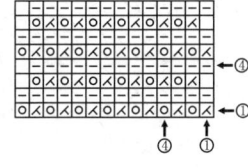

花样B

边缘（2针）

花样C

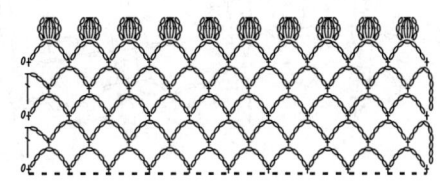

简约同心圆披肩

【成品规格】 披肩长62cm，胸围90cm

【工　　具】 1.5mm钩针

【材　　料】 黛尔妃缎丝150g

编织要点：
1.参照结构图，从圆心起针，共14组花样，每个花样16针，共起224针锁针。
2.参照披肩图解，共钩25行。
3.领口花边，参照披肩花边图解，共4行。

14组花瓣

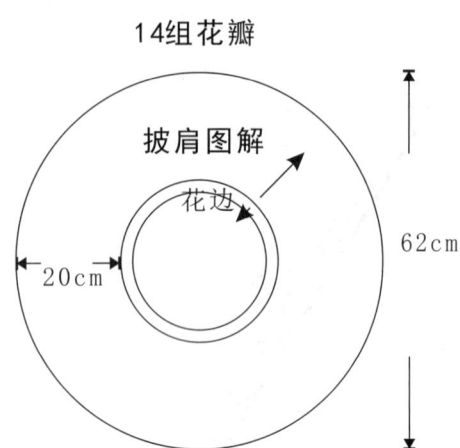

披肩图解

花边

20cm

62cm

披肩图解

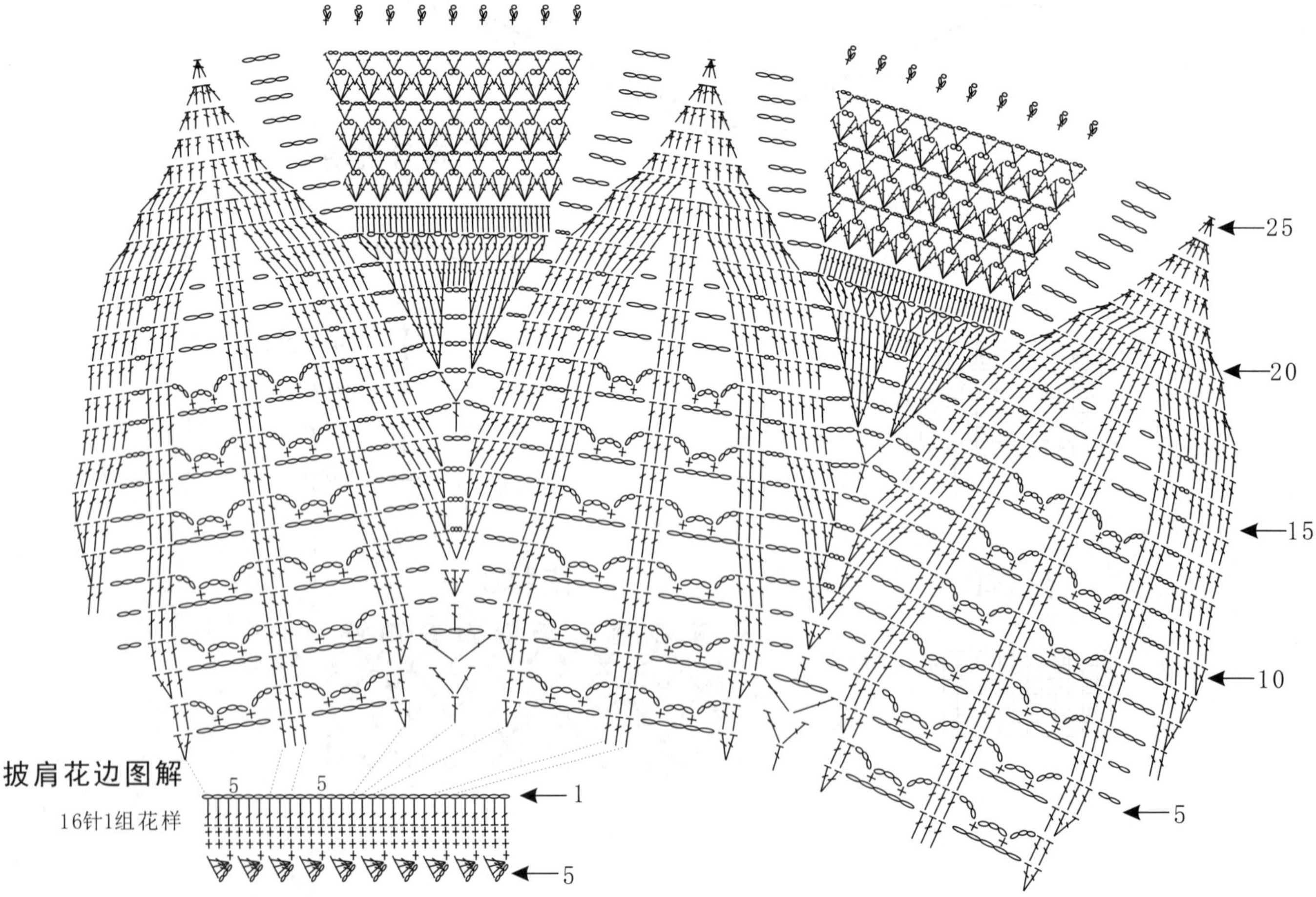

← 25

← 20

← 15

← 10

← 5

披肩花边图解

16针1组花样

5　　　5

← 1

← 5

黑色镂空披肩

【成品规格】 披肩下摆全长180cm,
　　　　　　 起织边80cm，宽度42cm

【工　　具】 1.7mm钩针

【材　　料】 黑色丝光棉线250g

编织要点:

1.钩针编织法，一片钩织完成。
2.起锁针，大约80cm长，起织花型A，第一行起钩40组花型A，第二层起，依照花样A图解中两侧的加针法将披肩两侧加针加宽，共钩织成12行的高度，然后依图解钩织扇形花型，共钩织三层，扇形花型两侧仍有加针编织。完成后，钩织花边，两侧不再加针，依图解完成8行花边。完成后，收针断线。藏好线尾。

符号说明:

符号	说明
□	上针
□=□	下针
2-1-3	行-针-次
↑	编织方向
+	短针
⊥	长针
∞∞	锁针

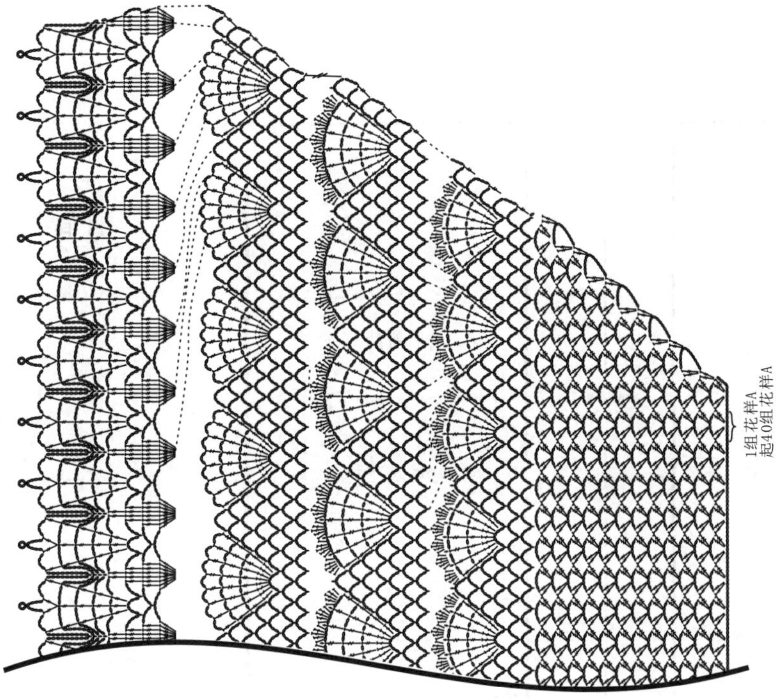

花样

1组花样A
起40组花样A

25组扇形花

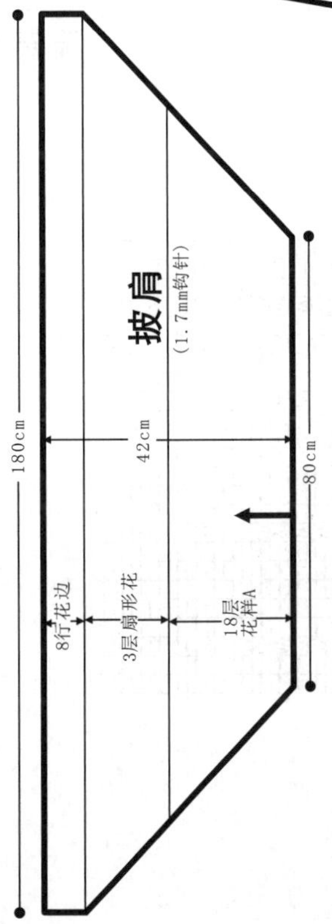

披肩
(1.7mm钩针)

180cm

42cm

80cm

8行花边

3层扇形花

18层
花样A

133

配色流苏披肩

【成品规格】 披肩长80cm，宽40cm

【工　　具】 4.5mm棒针

【编织密度】 13针×19行=10cm²

【材　　料】 长段染线600g

编织要点：
由前、后两片组成。拼接方式详见相关示意图，并用手针将其固定好。安装好流苏。最后在衣领处钩一行逆短针。

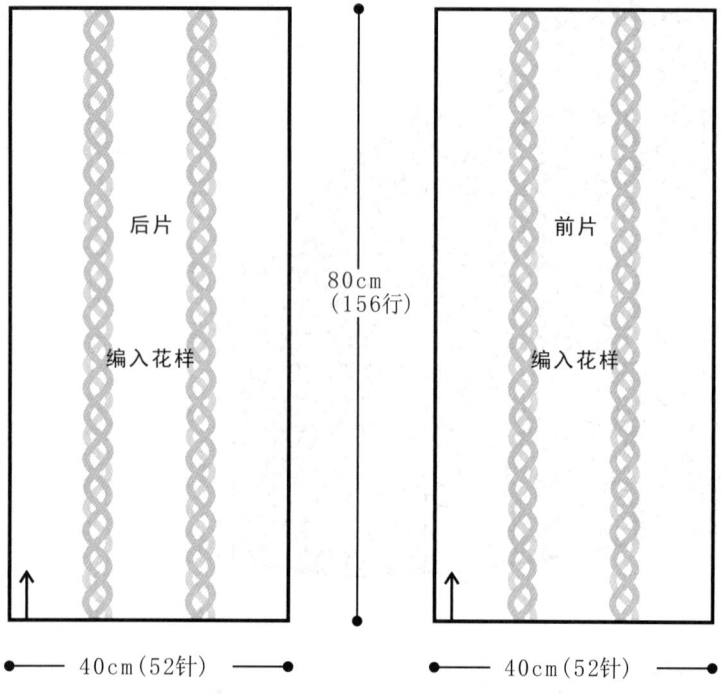

后片
编入花样

80cm
（156行）

前片
编入花样

40cm（52针）　　40cm（52针）

前后片拼接示意图

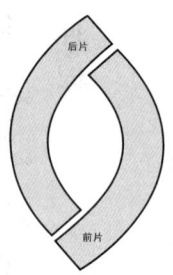

后片
前片

流苏制作示意图

花样针法图

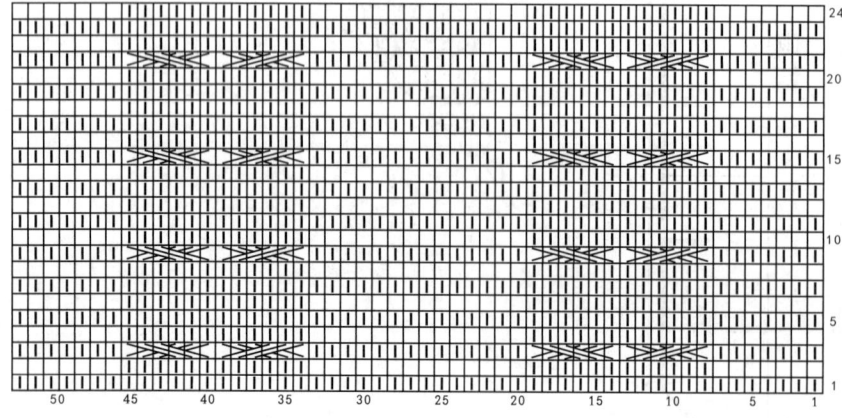

10cm

结粒流苏披肩

【成品规格】 披肩长69cm，衣摆98cm
袖长70cm

【工 具】 11号棒针

【编织密度】 20针×22行=10cm²

【材 料】 黑色段染线600g

编织要点：
1.棒针编织法，从上往下环织完成。织片较大，可采用环形针编织。
2.起织衣领，单罗纹针起针法，起88针起织，起织花样A，织4行后，将织片分成四片，各取22针，在四条中心骨两侧加针，方法为2-1-59，织至122行，织片变成560针，收针断线。
3.沿衣服下摆绑系一圈长约12cm的流苏。

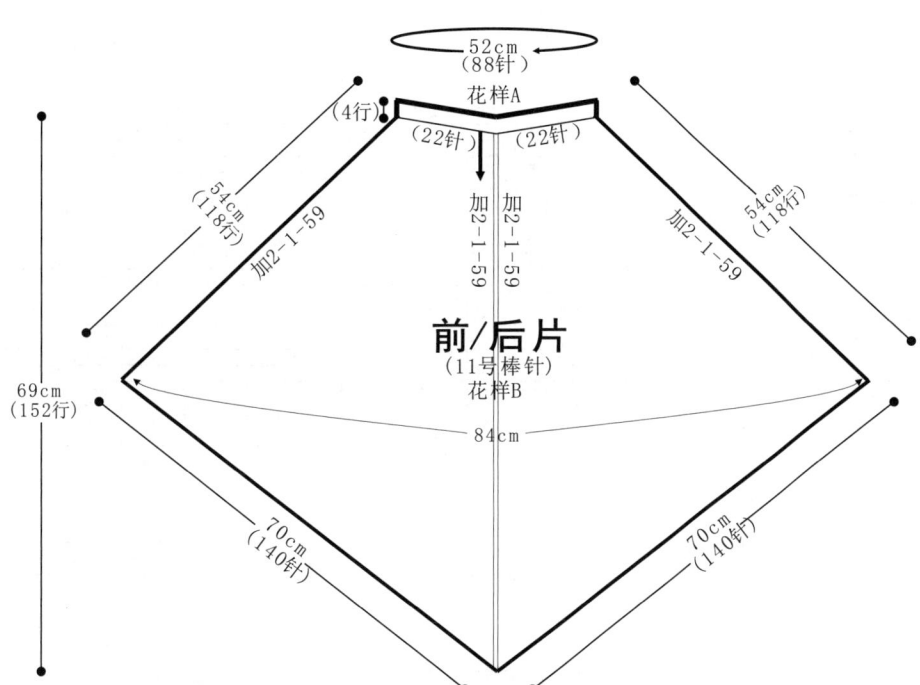

52cm
(88针)

花样A

(4行)

(22针) (22针)

加2-1-59 加2-1-59 加2-1-59 加2-1-59

54cm
(118行)

54cm
(118行)

前/后片
(11号棒针)
花样B

69cm
(152行)

84cm

70cm
(140针)

70cm
(140行)

花样A

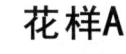

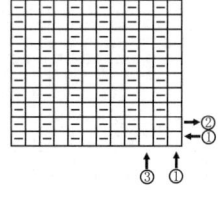

花样B

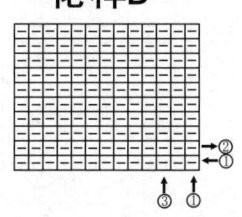

符号说明：

▢ 上针

▢=⊡ 下针

2-1-3 行-针-次

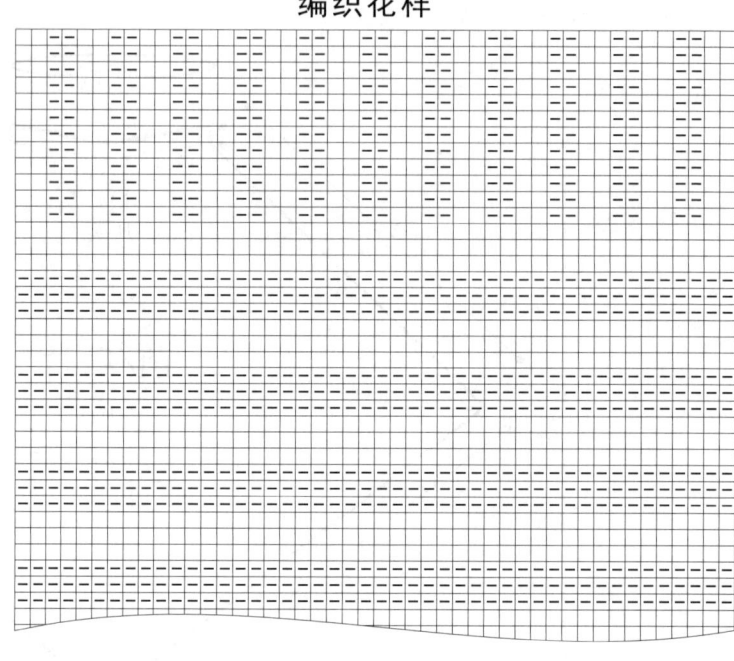

优雅纽扣披肩

【成品规格】 披肩长140cm，40宽cm
【工　　具】 4号、6号棒针
【编织密度】 9针×12行=10cm²
【材　　料】 花式线350g，
　　　　　　纽扣12粒

编织要点：
用6号棒针起46针，织20cm双罗纹；换4号棒针织弹性花样100cm；再换6号棒针织20cm双罗纹；两侧的双罗纹分别开6个扣洞，在相对的位置钉6粒纽扣；可以变换背心、披肩、围巾……

6号针织双罗纹　　　　20cm
　　　　　　　　　　24行

4号针织花样　　　　　100cm
　　　　　　　　　　120行

6号针织双罗纹　　　　20cm
} = 3.5cm　　　　　　24行
　28针 ↑

40cm
46针

编织花样

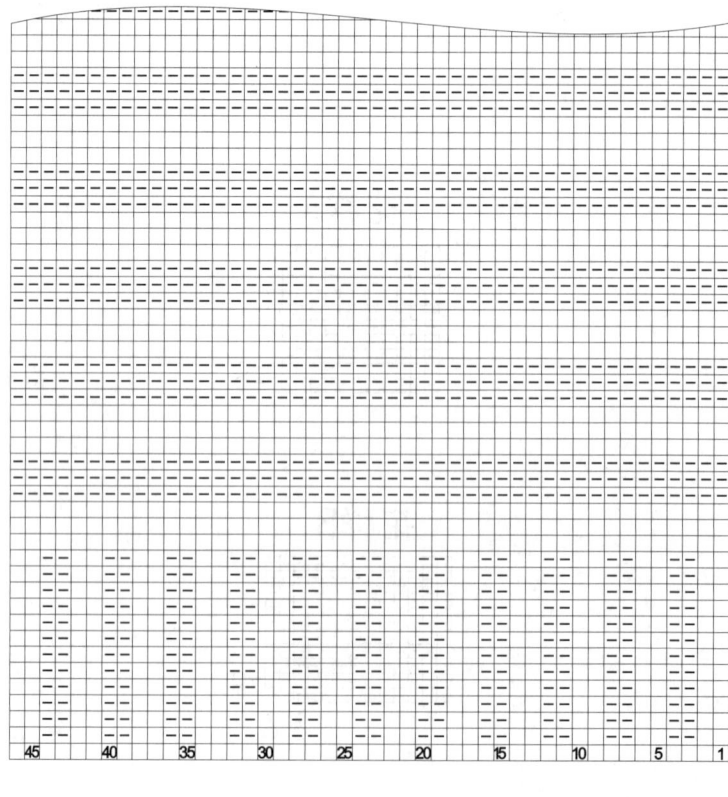

45　　40　　35　　30　　25　　20　　15　　10　　5　　1

□=[1]

136

清新钩花披肩

【成品规格】 披肩长40cm，胸围90cm

【工　　具】 1.75mm钩针

【材　　料】 白色毛线500g

编织要点：
1.参照图1，披肩从领口起针，每行48组花样，钩编1片，在前幅领口中央对折。
2.参照图1，钩编10行，圈状134组花样。
3.参照图2，继续钩编下摆28组花样。
4.参照图3，钩16个单元花，并拼接完成。
5.用网针，参照结构图，将2片钩片拼接完成。

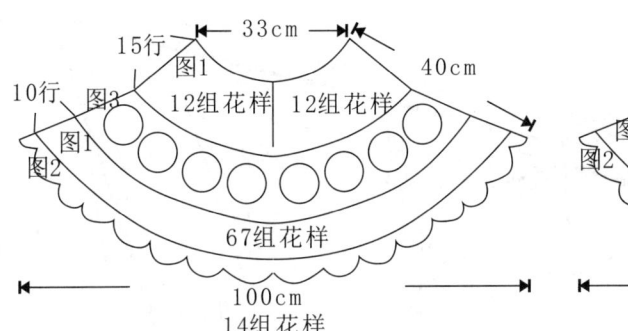

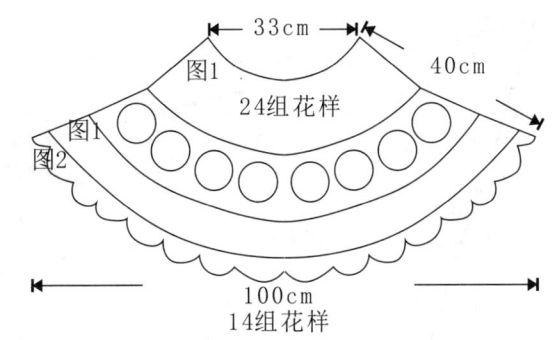

图1图解

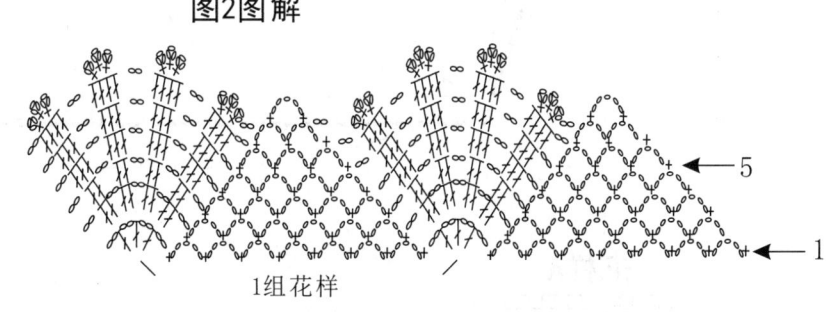

图2图解

图3图解

古典钩花披肩

【成品规格】 披肩长77cm

【工　　具】 8号棒针，3mm钩针

【编织密度】 16针×21行=10cm²

【材　　料】 编格尔浅蓝马海毛银丝毛线 300g，蒂伊丝彩貂绒100g

编织要点：

1. 这件披肩按编织结构图所示，从编织起点开始编织。

2. 起5针，第1针织下针，加1针空针，织第2针，加1针空针，织第3针，加1针空针，织第4针，加1针空针，最后织第5针，这样一行共9针，从第1行起织，返回织上针成第2行。第3行起至结束，第2针与第4针的两侧各加1针空针，加62次，第3行往上全织下针，第1针与第5针的内侧加空针加针，共加62次，织成108行后，分配花样编织花样A心形图案，织16行后，将披肩所有的针收针断线。

3. 用钩针依照结构图所示的位置上钩织各个花样。

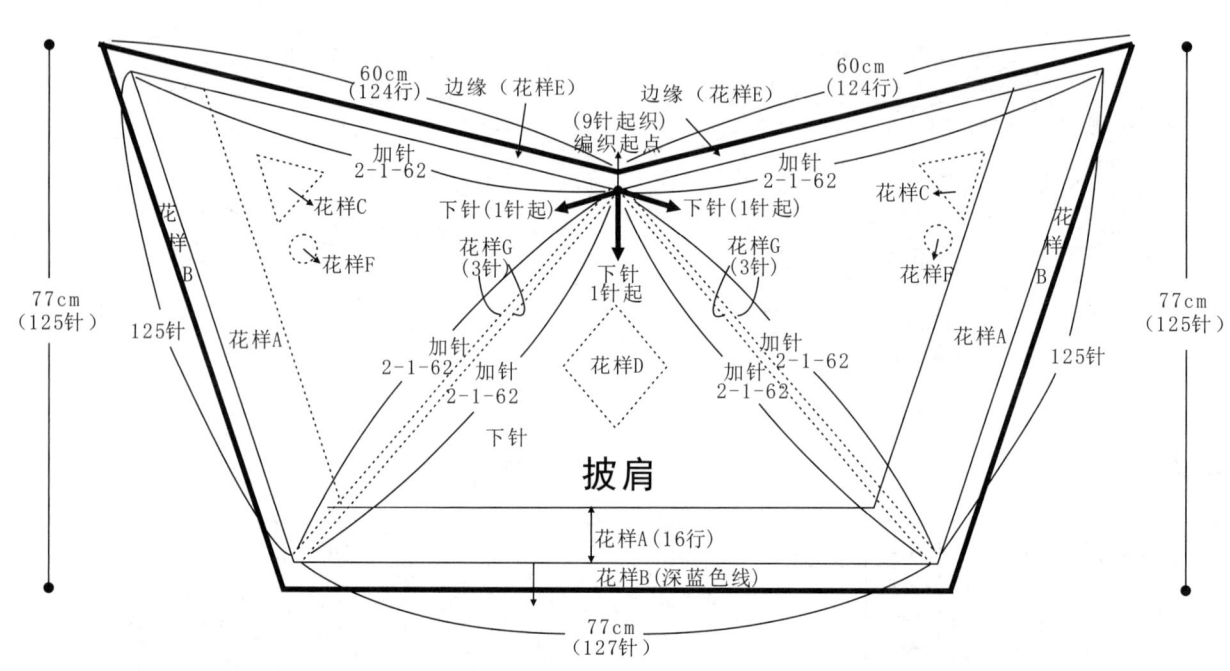

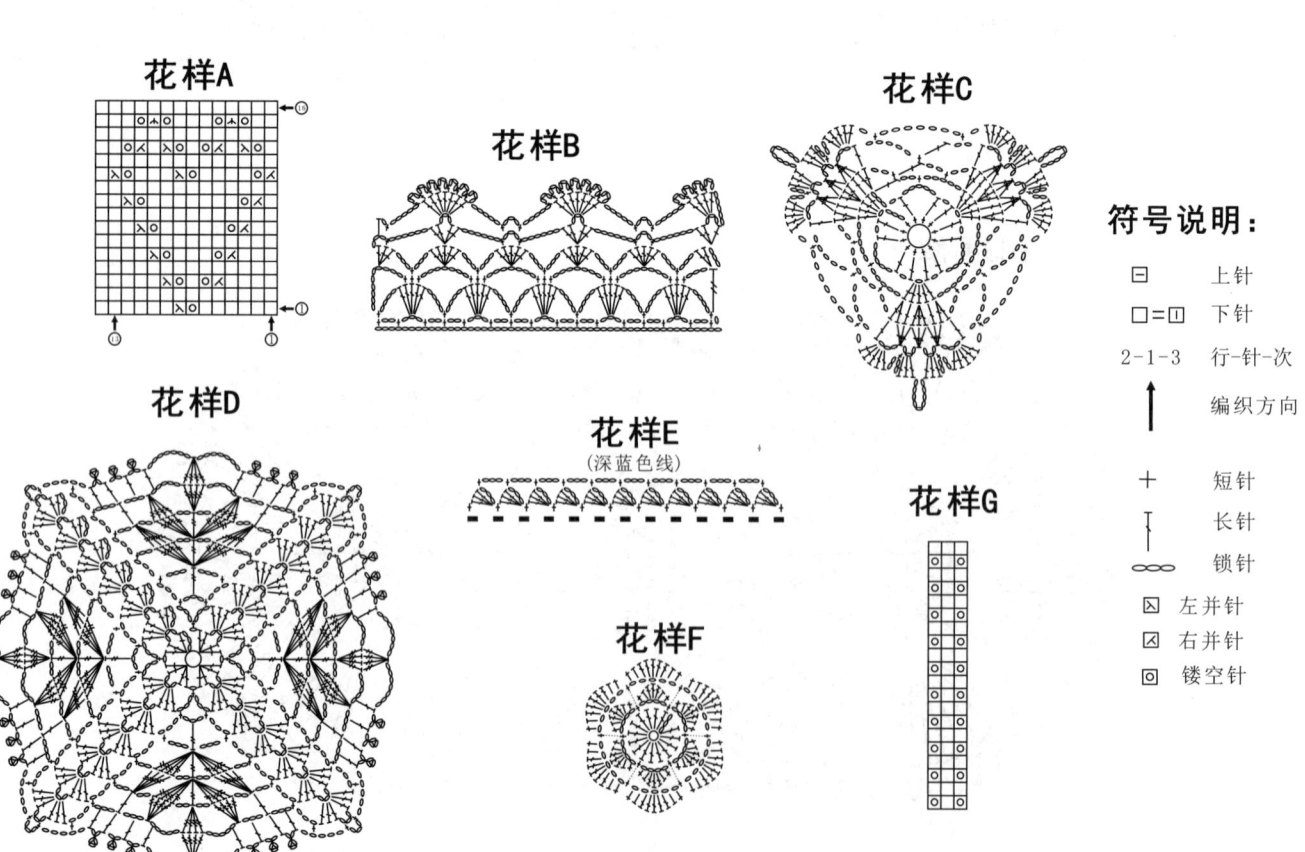

钩花长方形披肩

【成品规格】 披肩长200cm，宽60cm

【工　　具】 2.5mm钩针

【材　　料】 冰山雪绒花式绒线中粗全毛线
2500g

编织要点：
1.参照单元花图解，钩编单元花48个，参照拼花图解，每钩1个单元花与前1个单元花拼合。
2.参照补花图解，单元花与单元花之间补洞，在披肩的边缘用半花补平。
3.最后参照花边图解在披肩外围钩1行花边。

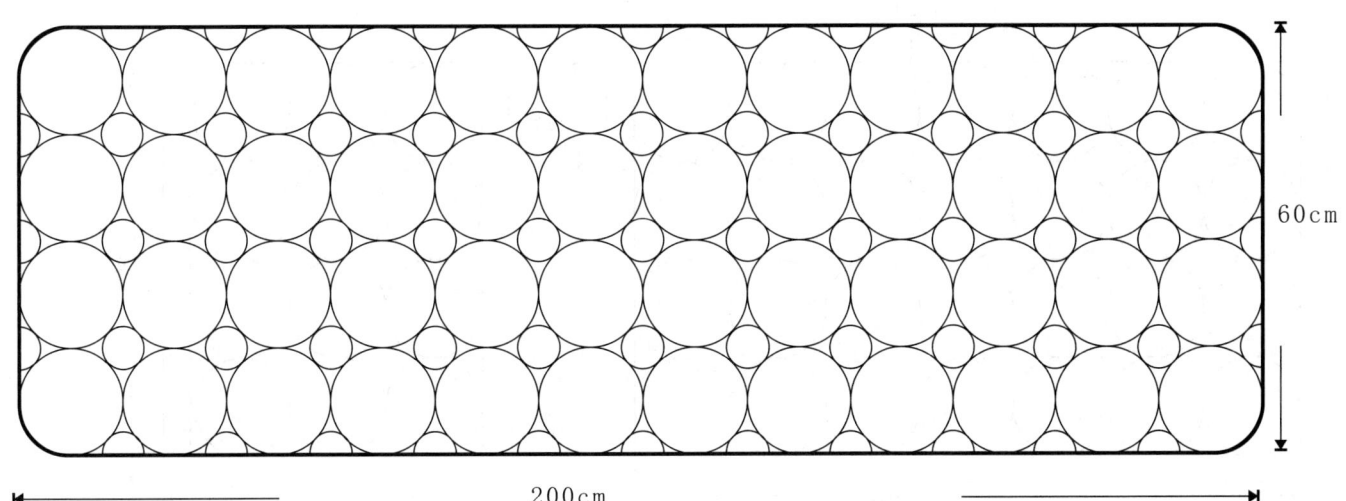

60cm

200cm

单元花图解

48个

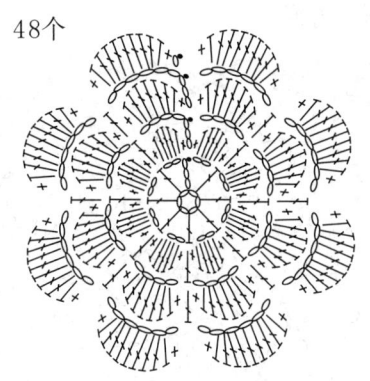

拼花图解

补花图解

33个

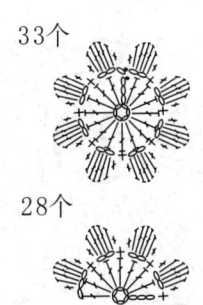

28个

花边图解

高贵钩花大披肩

【成品规格】 披肩长71cm，胸围90cm

【工　　具】 2.0mm钩针

【材　　料】 黑色毛线500g，红色毛线少许

编织要点：
1.此披肩由单元花拼花而成。
2.参照单元花图解钩单元花52个，参照拼花图解和结构图拼花。后幅1片28个拼花，前幅2片各12个拼花。
3.在衣服外围钩花边5行，参照袖口和衣服外围花边图解。袖口1圈钩花边10组花样。衣服外围钩花边90组花样。

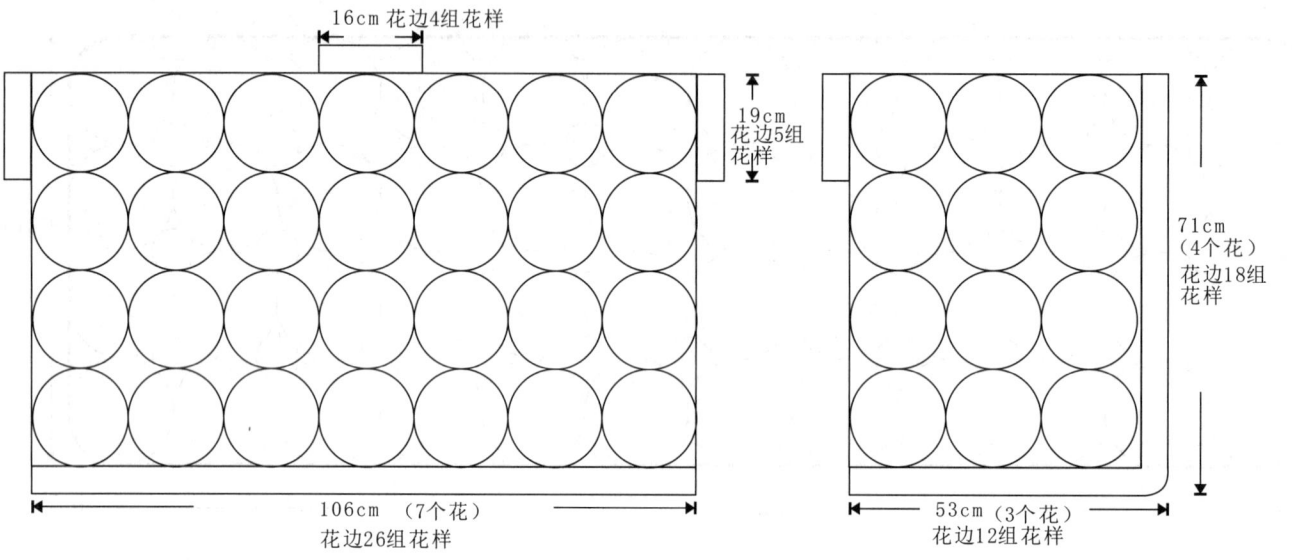

16cm 花边4组花样

19cm
花边5组
花样

106cm （7个花）
花边26组花样

71cm
（4个花）
花边18组
花样

53cm（3个花）
花边12组花样

单元花图解　　52个

拼花图解

袖口和衣服外围花边图解

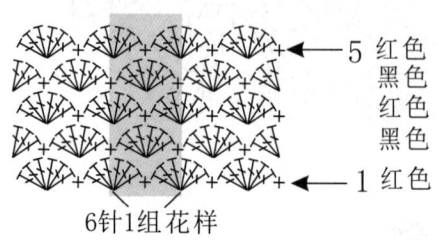

5 红色
黑色
红色
黑色
1 红色

6针1组花样

140

紫色钩花大披肩

【成品规格】 披肩长240cm，宽70cm

【工　　具】 6号可乐钩针

【材　　料】 织美绘彩貂绒500g

编织要点：

1. 参照结构图，按照披肩基本图解，编织披肩一条。参照花边图解，在披肩的三条边钩花边15行。

2. 最后在披肩的外围，参照外围花边图解，钩1行花边。

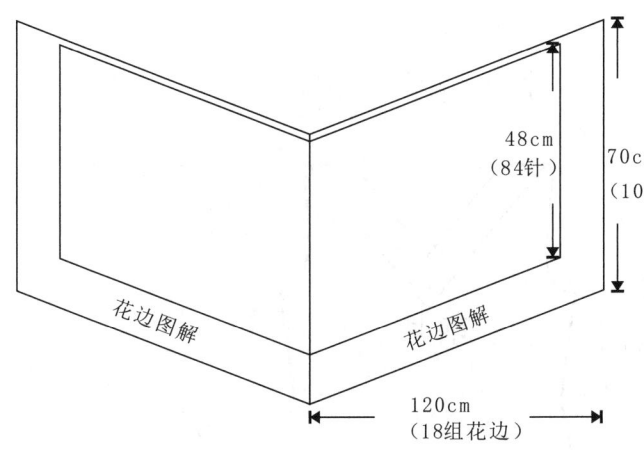

48cm
（84针）

70cm
（10组花边）

花边图解

花边图解

120cm
（18组花边）

花边图解

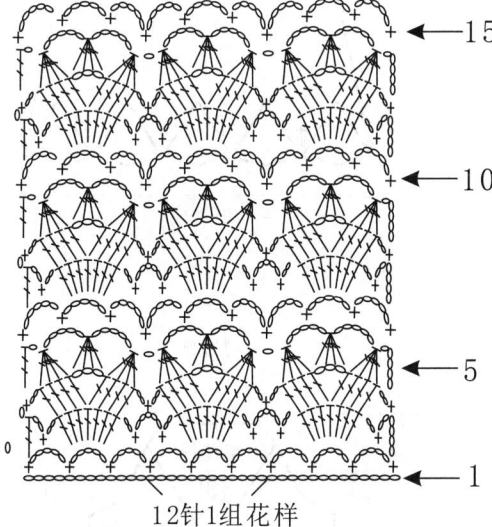

15

10

5

1

12针1组花样

披肩基本图解

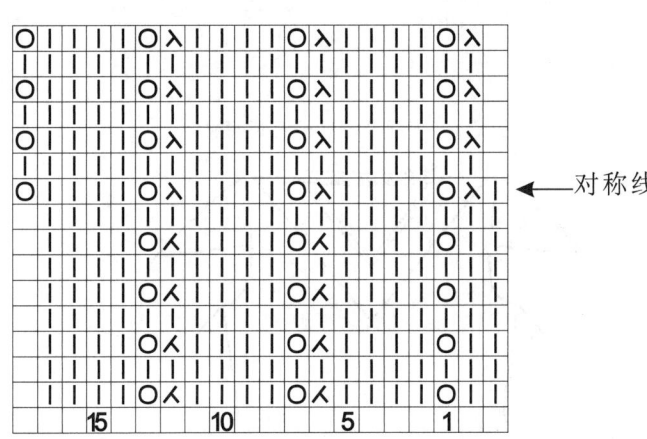

对称线

15　　10　　5　　1

外围花边图解

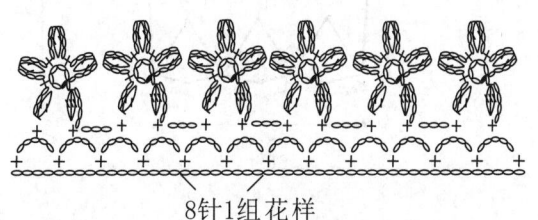

8针1组花样

纯白V领长袖衫

【成品规格】 衣长58cm，胸围80cm
　　　　　　袖长52cm
【工　　具】 12号棒针，2mm钩针
【编织密度】 22针×34行=10cm²
【材　　料】 白色竹棉600g合双股织

编织要点：

1. 圈织。起220针排10个花样，分别在两侧加减针织出腰线。后片肩平收；前片织132行时开始在中心线织花样。

2. 袖起66针，排3个花样往上织，两侧按图示加针，织120行开始织花样，织132行时开始收袖山；织好后缝合。

3. 分别在衣服的领口、袖口及下摆钩一圈逆短针。完成。

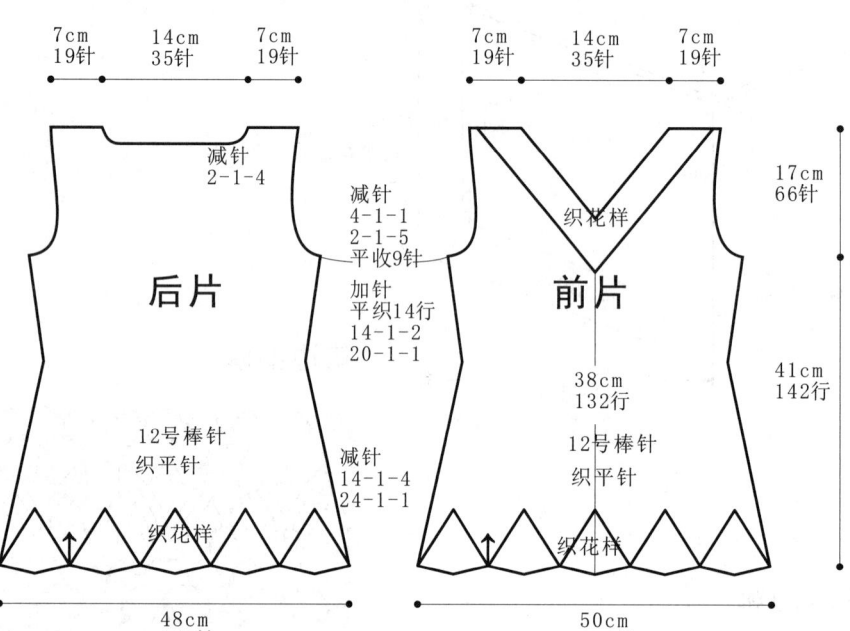

后片

7cm 19针　14cm 35针　7cm 19针

减针 2-1-4

减针 4-1-1 2-1-5 平收9针

加针 平织14行 14-1-2 20-1-1

12号棒针 织平针

减针 14-1-4 24-1-1

织花样

48cm 110针

前片

7cm 19针　14cm 35针　7cm 19针

17cm 66针

织花样

38cm 132行

12号棒针 织平针

41cm 142行

织花样

50cm 110针

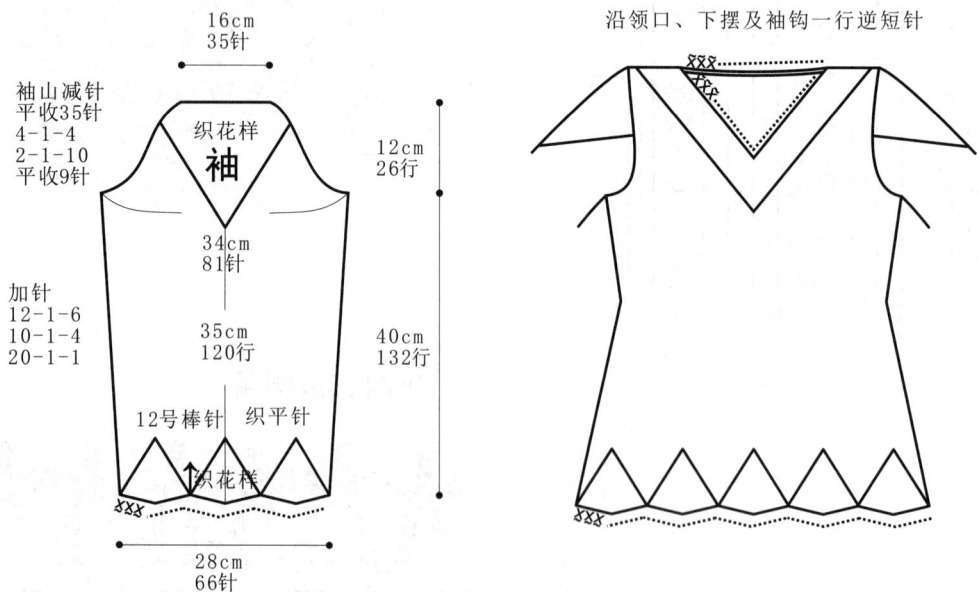

16cm 35针

袖山减针 平收35针 4-1-4 2-1-10 平收9针

织花样
袖

12cm 26行

加针 12-1-6 10-1-4 20-1-1

34cm 81针

35cm 120行

40cm 132行

12号棒针 织平针

织花样

28cm 66针

沿领口、下摆及袖钩一行逆短针

142

⋈ 逆短针针法图：

1.织物保持上一行的方向不变，将钩针插入倒数第1、2针之间

2.如图绕线并带出线圈

3.绕线并将线圈从前两针中带出

逆短针
⋈⋈⋈⋈⋈⋈⋈⋈⋈⋈⋈⋈

4.第一针完成

5.第二针开始（按前四步）进行

6.由左向右倒退着行进，故得名"逆短针"

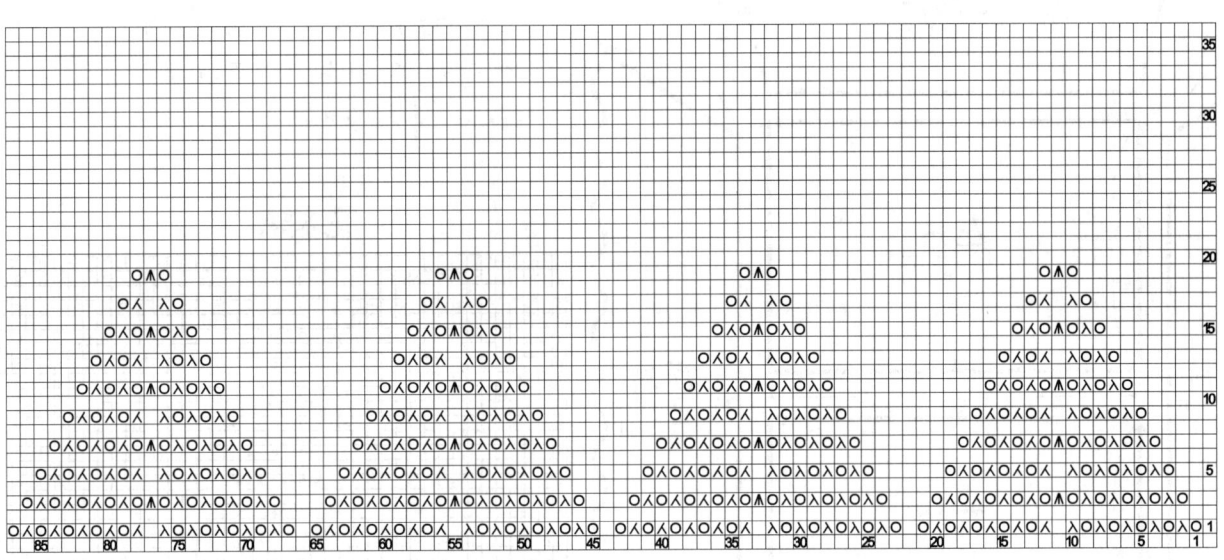

编织花样

□ =⊡

⊙ = 加针

⋋ = 右上2针并1针

⋀ = 中上3针并1针

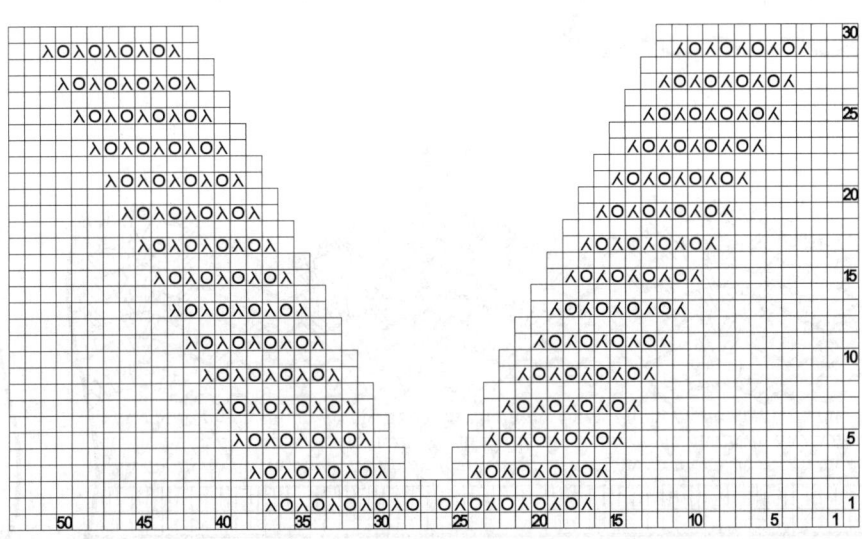

领织法

甜美糖果小外套

【成品规格】	披肩长86cm，宽61cm
【工　　具】	12号棒针，1.25mm钩针
【编织密度】	31针×40行=10cm²
【材　　料】	黛尔妃段线双股线200g

编织要点：

1.棒针编织法。分为左右片编织，再进行缝合，最后沿边钩袖片、衣摆片及领片。
2.左右片的编织。左片与右片编织方法一样，但方向相反，以左片为例，下针起针法，起123针，花样A起织，不加减针，织128行，收针断线。
3.袖片的编织。分为左袖片和右袖片编织，左袖片与右袖片编织方法一样，但方向相反；以左袖片为例，按图示位置沿边钩6组花样B，钩12行，收针断线；用相同方法及相反方向按图示位置钩右袖片。
4.拼接。将左右片与袖片对应缝合。
5.衣摆片及领片的编织。衣摆片及领片的编织方向一样，但方向相反，以衣摆片为例，按图示位置沿边钩11组花样B，钩12行，收针断线；用相同方法及相反方向按图示位置钩领片。衣服完成。

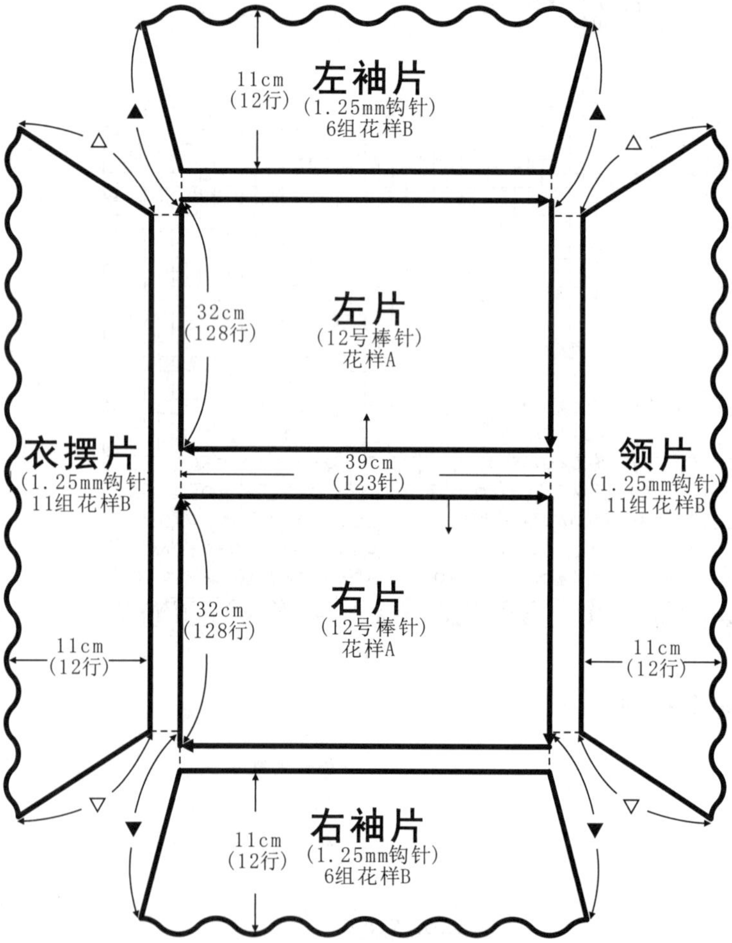

符号说明：

□	上针	⊠	左并针
□=ⅠⅠ	下针	⊠	右并针
4-1-2	行-针-次	⊡	镂空针
↑	编织方向		

左袖片
(1.25mm钩针)
6组花样B
11cm（12行）

左片
(12号棒针)
花样A
32cm（128行）

39cm（123针）

衣摆片
(1.25mm钩针)
11组花样B

领片
(1.25mm钩针)
11组花样B

11cm（12行）

右片
(12号棒针)
花样A
32cm（128行）

11cm（12行）

右袖片
(1.25mm钩针)
6组花样B
11cm（12行）

花样A

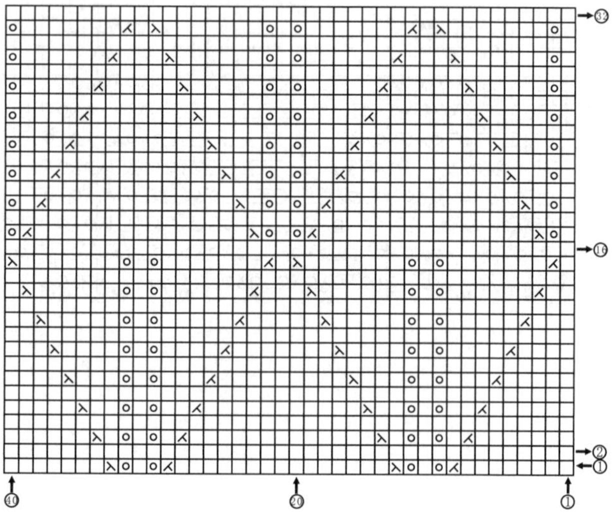

花样B

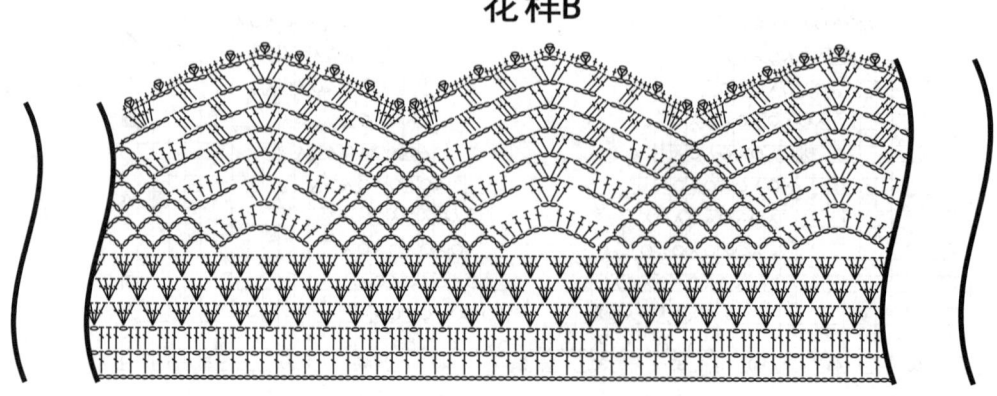

144

玫红短袖开衫

【成品规格】 衣长48cm，胸围88cm，
肩宽40cm，袖长20cm

【工　　具】 2.5mm钩针

【编织密度】 4个花×6个花=10cm²

【材　　料】 品红丝光棉线350g

编织要点：
1.由前后片及袖片组成。前后片及袖片均是按结构图从下往上编织。
2.前片要注意下摆底边圆弧形的编织部分的加针。袖口、下摆及门襟在编织完成后的前后片的周围编织花边。

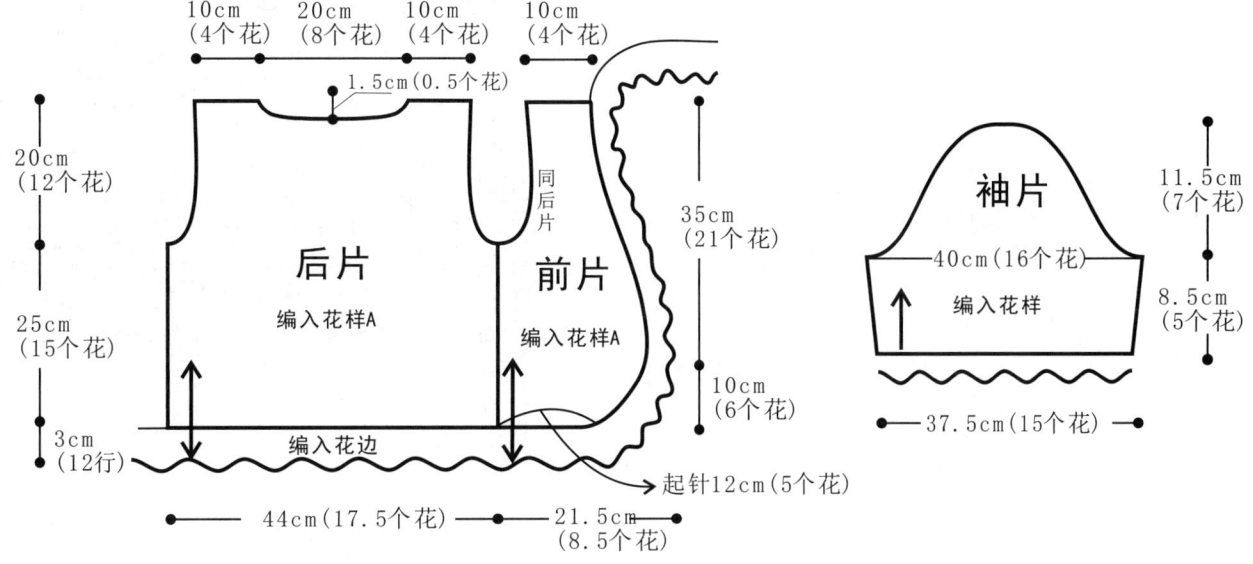

花样针法图

下摆、袖口、领围花边针法图

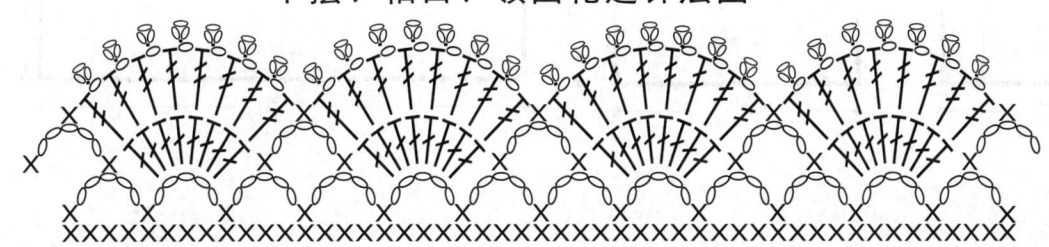

气质钩边长开衫

【成品规格】 衣长85cm，胸宽47cm，
肩宽36cm，袖长53cm

【工　　具】 10号棒针，1.25mm钩针

【编织密度】 23.5针×31.8行=10cm²

【材　　料】 羊绒线700g

编织要点：

1.棒针编织法，用10号棒针编织，衣边用1.25mm钩针钩织。袖窿以下一片编织而成，袖窿以上分成左右前片和后片各自编织。袖片单独编织再缝合。最后钩织衣边。

2.起织。下针起针法，起269针，两侧一边留2针，一边留3针作边。中间分配22个花样A，每个花12针，起织花样A，不加减针，织4层花，共56行，下一行起分配花样，两侧各选24针编织花样B。中间的针编织下针，在第70针和第71针的位置上进行减针，10-1-6，在第199针与第200针的位置上进行减针，10-1-6，织成60行后，再织10行，前片针数为64针，后片针数为117针。下一行起，将下针花样改为织花样C，并在第1针上进行收针，前片分散收8针，后片分散收16针，前片的针数减为56针，后片为101针，起织花样C，织34行，下一行起，花样B继续编织。将花样C改为织花样D，照此分配织至肩部。起织花样D，在原来减针的针上进行加针，即腋下加针，14-1-2，不加减再织16行至袖窿。前片针数加成58针，后片加成105针。下一步分片编织。

3.将前片58针挑出编织右前片。袖窿起收针5针，往上2-1-6，衣襟织成22行，织前衣领，减针起次依次是，平收15针，1-1-11，不加减织33行至肩部。肩部织21针，收针断线。相同的方法，相反的减针方向去编织左前片。

4.将后片105针挑出起织，两袖窿收针，各收5针，然后2-1-6，当织成60行高度时，下一行起织后衣领，中间收针32针，两侧减针，1-1-5，肩留21针，收针断线。将前后片的肩部对应缝合。

5.袖片的编织。下针起针法，起84针，首尾连接，环织。花样A起织，不加减针，织4层花样A，下一行里，分散收12针，针数减少为72针，起织花样C，不加减针，织34行，下一行起，起织花样D，并选择首一针与尾一针进行加针，10-1-3，再织10行至袖山减针。针数加成78针，袖山减针，两侧各收5针，然后2-1-20，2-5-1，织成42行，余下18针，收针断线。相同的方法去编织另一只袖片。再将两袖片与衣身的袖窿边线对应缝合。

6.领襟、袖口的编织。用1.25mm钩针按图示位置沿边钩一组花样E，衣服完成。

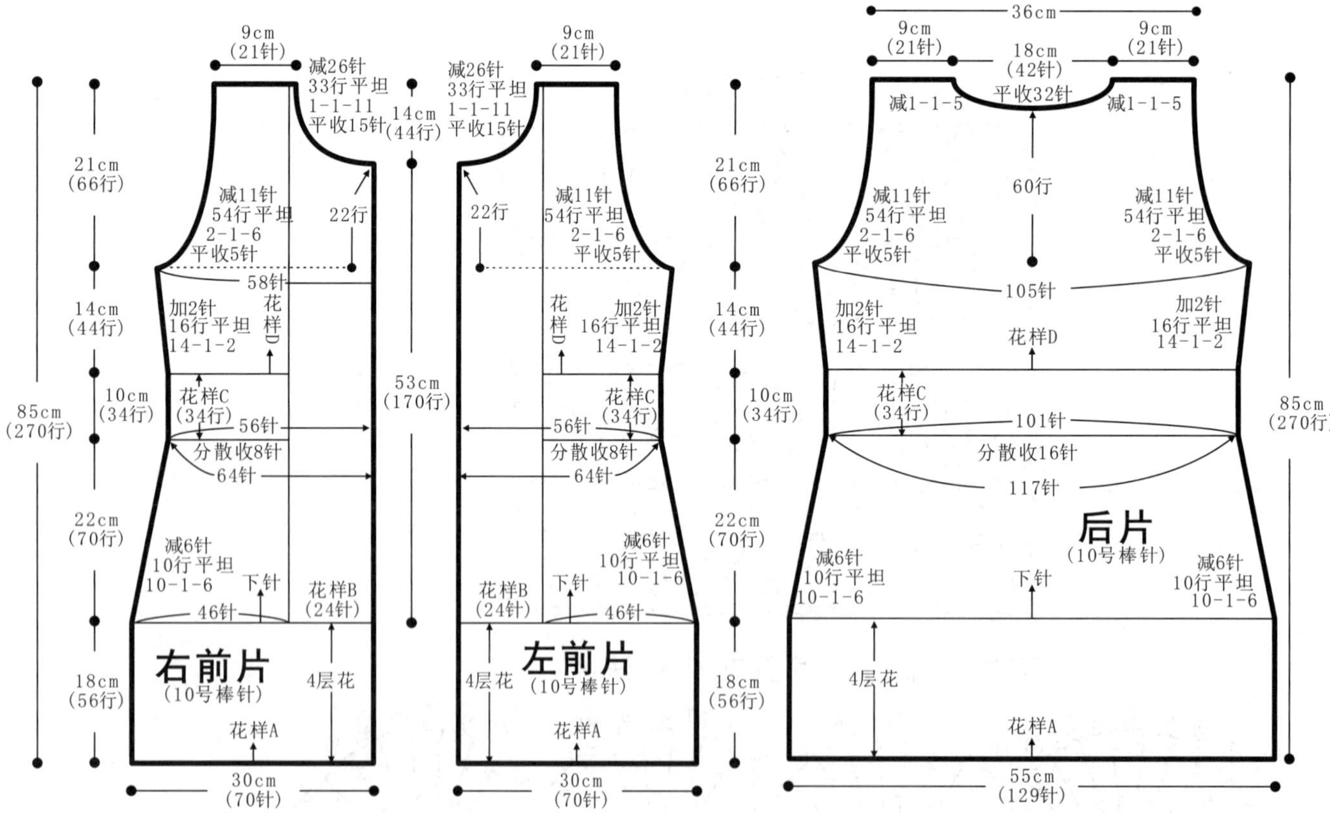

右前片

9cm（21针）
减26针 33行平坦 1-1-11 平收15针
14cm（44行）
减11针 54行平坦 2-1-6 平收5针
22行
58针 花样D
加2针 16行平坦 14-1-2
21cm（66行）
14cm（44行）
花样C（34行）
56针
分散收8针
64针
10cm（34行）
85cm（270行）
减6针 10行平坦 10-1-6
46针
下针 花样B（24针）
22cm（70行）
18cm（56行）
右前片（10号棒针）
4层花
花样A
30cm（70针）

左前片

9cm（21针）
减26针 33行平坦 1-1-11 平收15针
14cm（44行）
22行
减11针 54行平坦 2-1-6 平收5针
花样D
花样C（34行）
加2针 16行平坦 14-1-2
56针
分散收8针
64针
53cm（170行）
花样B（24针）下针
46针
减6针 10行平坦 10-1-6
21cm（66行）
14cm（44行）
10cm（34行）
22cm（70行）
18cm（56行）
左前片（10号棒针）
4层花
花样A
30cm（70针）

后片

36cm
9cm（21针） 18cm（42针） 9cm（21针）
减1-1-5 平收32针 减1-1-5
60行
减11针 54行平坦 2-1-6 平收5针
105针
加2针 16行平坦 14-1-2 花样D
花样C（34行）
101针
分散收16针
117针
减11针 54行平坦 2-1-6 平收5针
加2针 16行平坦 14-1-2
21cm（66行）
14cm（44行）
10cm（34行）
后片（10号棒针）
减6针 10行平坦 10-1-6
下针
减6针 10行平坦 10-1-6
22cm（70行）
18cm（56行）
85cm（270行）
4层花
花样A
55cm（129针）

146

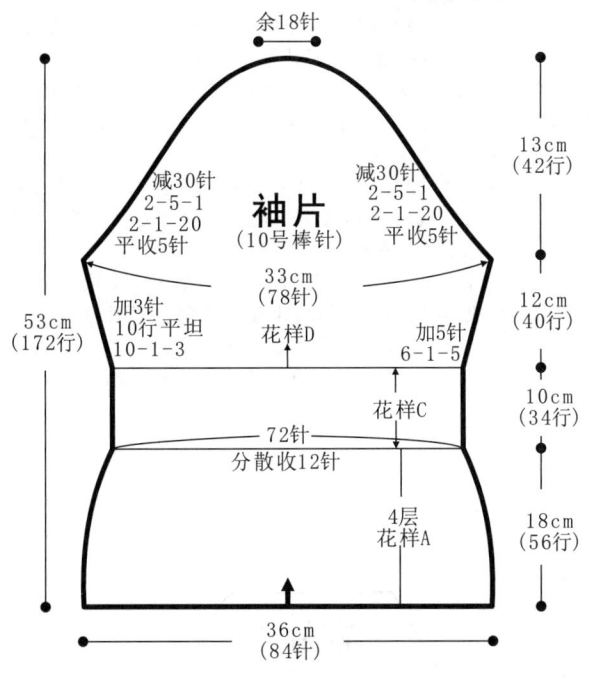

余18针

减30针
2-5-1
2-1-20
平收5针

袖片
（10号棒针）

减30针
2-5-1
2-1-20
平收5针

13cm
（42行）

53cm
（172行）

加3针
10行平坦
10-1-3

33cm
（78针）

花样D

加5针
6-1-5

12cm
（40行）

花样C

10cm
（34行）

72针
分散收12针

4层
花样A

18cm
（56行）

36cm
（84针）

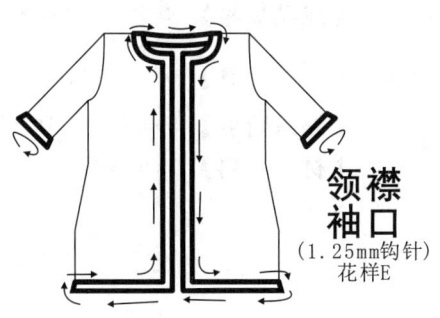

领襟
袖口
（1.25mm钩针）
花样E

符号说明：

⊟	上针	⊡	镂空针
□=⊡	下针	⊠	中上3针并1针
4-1-2	行-针-次	⊠	左并针
↑	编织方向	⊠	右并针
		✛	短针
		┃	长针
		∞	锁针

花样A

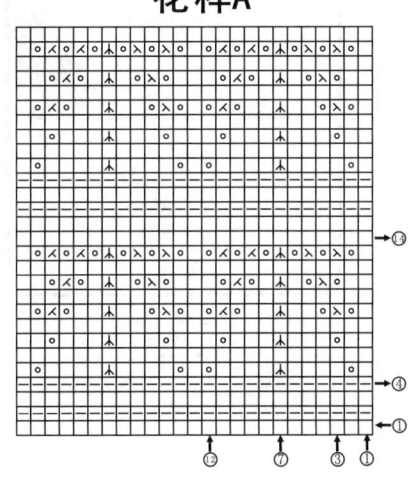

花样B

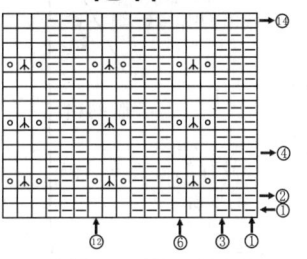

花样E

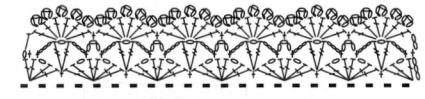

花样C

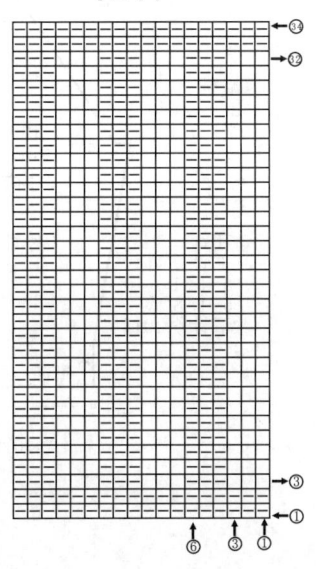

花样D

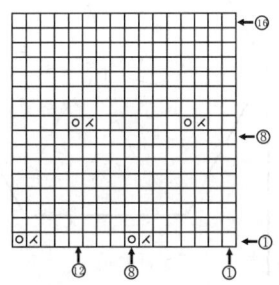

147

古典高领长袖衫

【成品规格】 衣长64cm, 胸围84cm,
　　　　　　 袖长64cm
【工　　具】 9号、11号、12号棒针, 2.5mm钩针
【编织密度】 23针×25行=10cm²
【材　　料】 段染线450g

编织要点:

1. 织两块六边形, 分别在下边补角, 并织够想要的长度即可; 另按插肩袖织两片袖子缝上。

2. 六边形从中心往外织; 用钩针起头钩18个短针, 分成6份开始织叶子花, 1～14行用11号针织, 15～26行用12号针织, 以后都用9号针织。

3. 前后片相同, 叶子花织完后, 按图示在下左右两侧补角, 补角完成后分别挑出下侧针数并穿起中间的针同织下边的下针, 下摆织花样。

4. 袖片从下往上织, 起40针织花样, 上面织下针, 挂肩两侧平织7针后, 每2行收1针直到结束, 然后与六边形的一条边对应缝合。

5. 领沿六边形领口的一条边直接往上织下针, 织13cm花样, 完成。

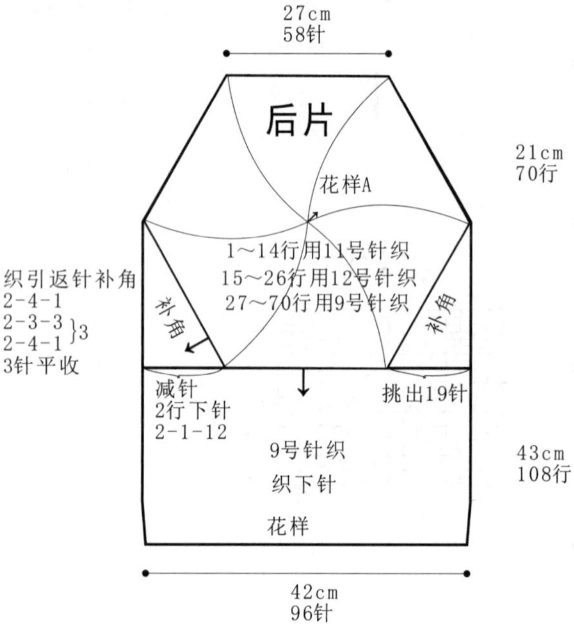

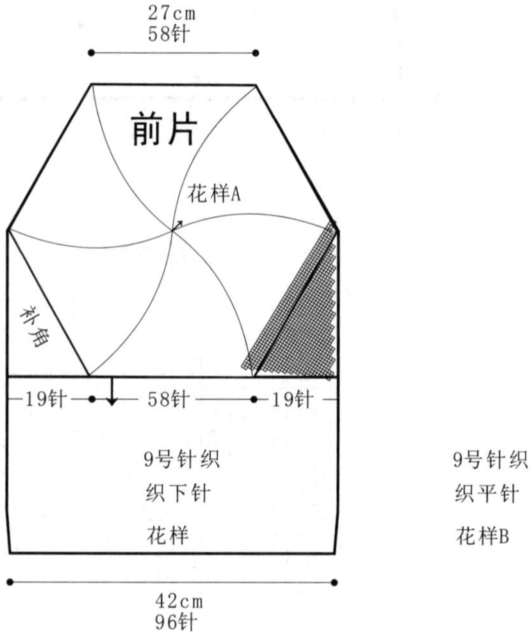

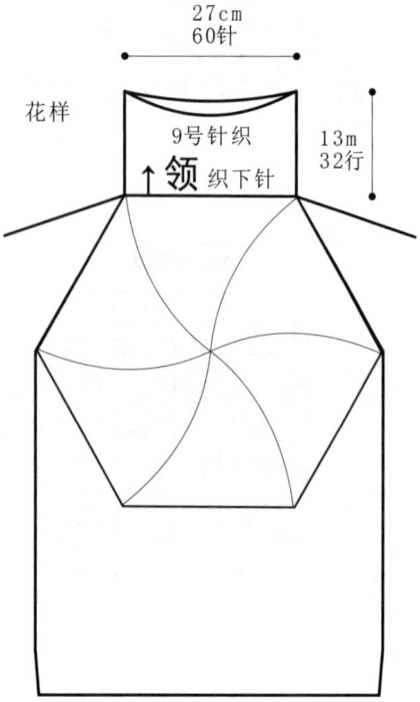

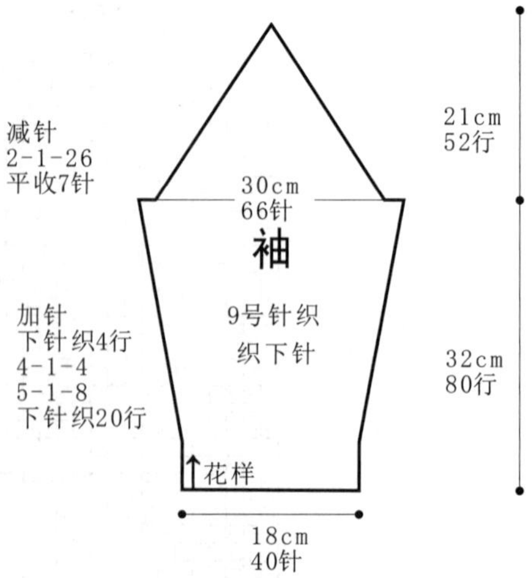

后片

27cm / 58针

21cm / 70行

花样A

1～14行用11号针织
15～26行用12号针织
27～70行用9号针织

补角　补角

织引返针补角
2-4-1
2-3-3 } 3
2-4-1
3针平收

减针
2行下针
2-1-12

挑出19针

43cm / 108行

9号针织
织下针

花样

42cm / 96针

前片

27cm / 58针

花样A

补角

19针　58针　19针

9号针织
织平针

9号针织
织平针

花样　花样B

42cm / 96针

领

27cm / 60针

花样

↑领　9号针织
织下针

13m / 32行

袖

减针
2-1-26
平收7针

30cm / 66针

21cm / 52行

9号针织
织下针

加针
下针织4行
4-1-4
5-1-8
下针织20行

32cm / 80行

↑花样

18cm / 40针

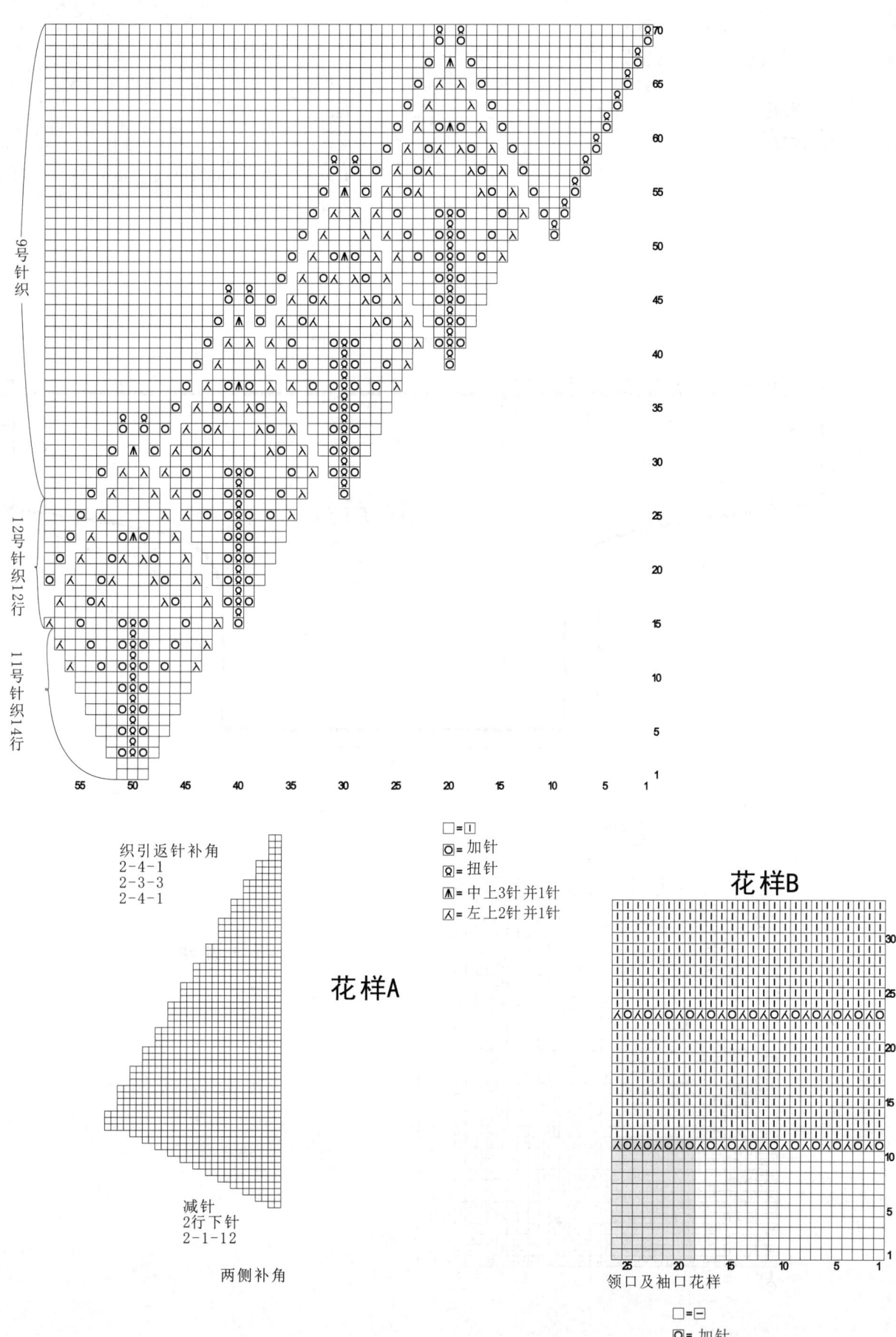

9号针织

12号针织12行

11号针织14行

织引返针补角
2-4-1
2-3-3
2-4-1

花样A

减针
2行下针
2-1-12

两侧补角

□=Ⅰ
Ⓞ= 加针
Ⓠ= 扭针
⋀= 中上3针并1针
⋋= 左上2针并1针

花样B

领口及袖口花样

□=⊟
Ⓞ= 加针
⋋= 左上2针并1针

紫色一字领蝙蝠衫

【成品规格】 衣长50cm，半胸围39cm，袖长31cm

【工　　具】 9号棒针

【编织密度】 25针×33行=10cm²

【材　　料】 淡紫色棉线400g

编织要点：

1.棒针编织法，由结构完全相同的前后两片组成。从下往上织起。

2.以前片的编织为例。一片织成。起针，下针起针法，起99针，起织花样A中的a部分花样，不加减针，编织28行的高度后，下一行起，分配成4组花样A中的b花样，不加减针，编织48行后，开始在两侧加针，起织袖片，袖片花样编织上针，织片b部分花样继续编织不变，两侧加针方法为：2-1-6，4-1-4，2-10-5，将两侧加出60针的长度，织成42行的高度，继续再织30行后，中间的b部分花样改织a部分花样，不加减针，再织18行后，将所有的针数收针断线。用相同的方法去编织后片。

3.拼接。将前片的侧缝与后片的侧缝对应缝合。将袖中轴线对应，花样A部分选18针的宽度进行缝合，中间留下63针的宽度不缝合。作衣领开口。

4.最后织袖口。沿着袖口边，挑出78针，起织花样A中的a部分花样，不加减针，编织20行的高度后，收针断线。相同的方法去编织另一边袖口。衣服完成。

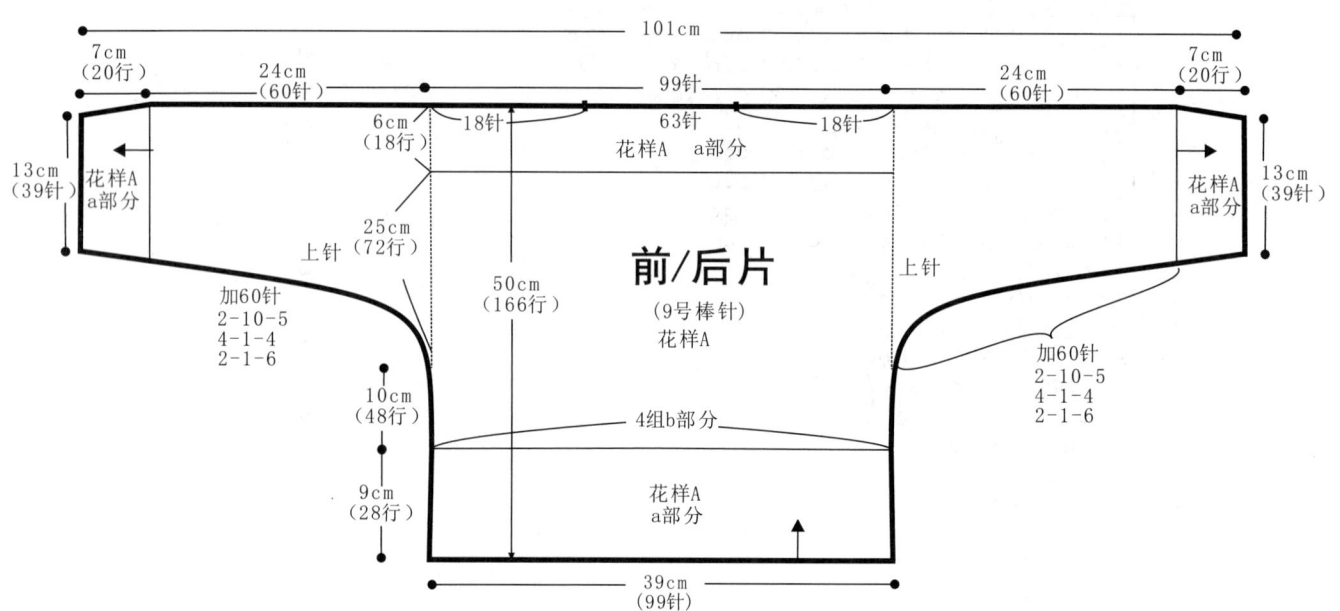

101cm

7cm（20行）　24cm（60针）　99针　24cm（60针）　7cm（20行）

6cm（18行）　18针　63针　18针

花样A a部分

13cm（39针）　花样A a部分　花样A a部分　13cm（39针）

25cm 上针（72行）

上针

50cm（166行）

前/后片

（9号棒针）

花样A

加60针 2-10-5 4-1-4 2-1-6

加60针 2-10-5 4-1-4 2-1-6

10cm（48行）

4组b部分

9cm（28行）

花样A a部分

39cm（99针）

花样

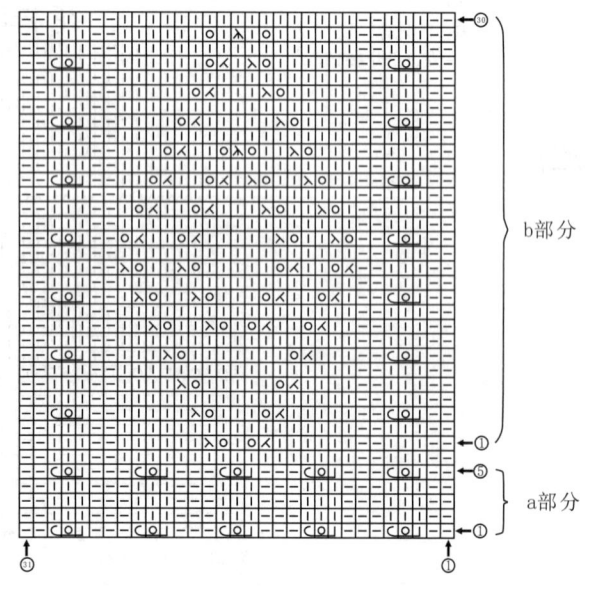

b部分

a部分

符号说明：

□　上针

□=回　下针

回　镂空针

⊠　左上2针并1针

⊠　右上2针并1针

2-1-3　行-针-次

粗棒针翻领外套

【成品规格】 衣长75.5cm，胸宽47cm，袖长46cm

【工　　具】 8号、5号棒针

【编织密度】 17针×21行=10cm²

【材　　料】 进口马海毛600g，全毛细毛线300g合股，5个纽扣

编织要点：

1. 棒针编织法，从上往下编织。织成肩片，再分片编织前片与后片、袖片。

2. 从领口起织，下针起针法，起72针，分四个地方做插肩缝加针，每处选2针，左右前片各选12针，肩片选8针，后片选24针，前片依照花样A编织，12针内挖领窝，加针方法依次为：2-1-4，2-2-4，后片起织8针麻花，8针上针，8针麻花，肩部织8针麻花，插肩缝上加针，2-1-22，织成44行，进入下一步分片编织。前后片加起来的针数为140针，在腋下一次性加10针，衣身针数共160针，依照原来的花样分配继续编织，不加减针，织20行，下一行，改织花样B，不加减针，织32针的高度。下一行起，编织花样A花样组，织8行后，每组的上针两侧加针，各加1针，此后每织一层麻花加一次针，共加6次，织成56行。全织改花样D单罗纹针，完成后收针断线。

3. 袖片的编织。袖片挑出54针，在前后片的腋下加出的针上挑出10针，环织，仍照花样编织，选腋下最中心的2针进行减针，先2-1-5，将挑出的10针收掉，然后8-1-10，再织2行后，改织花样E双罗纹针，织6行后，收针断线。相同的方法去编织另一侧袖片。

4. 领片的编织。沿着前后衣领边，挑出73针，起织2针下针上的花样，即花样F图解，不加减针，织20行后，再在上针上加出1针，起织双罗纹针，不加减针，织20行的高度后，收针断线。

5. 衣襟的编织。沿着左右衣襟边和衣领两侧边，各挑出156针，起织花样E双罗纹针，不加减针，织14行的高度后，收针断线。左衣襟制作5个扣眼。对侧衣襟钉上5个纽扣。衣服完成。

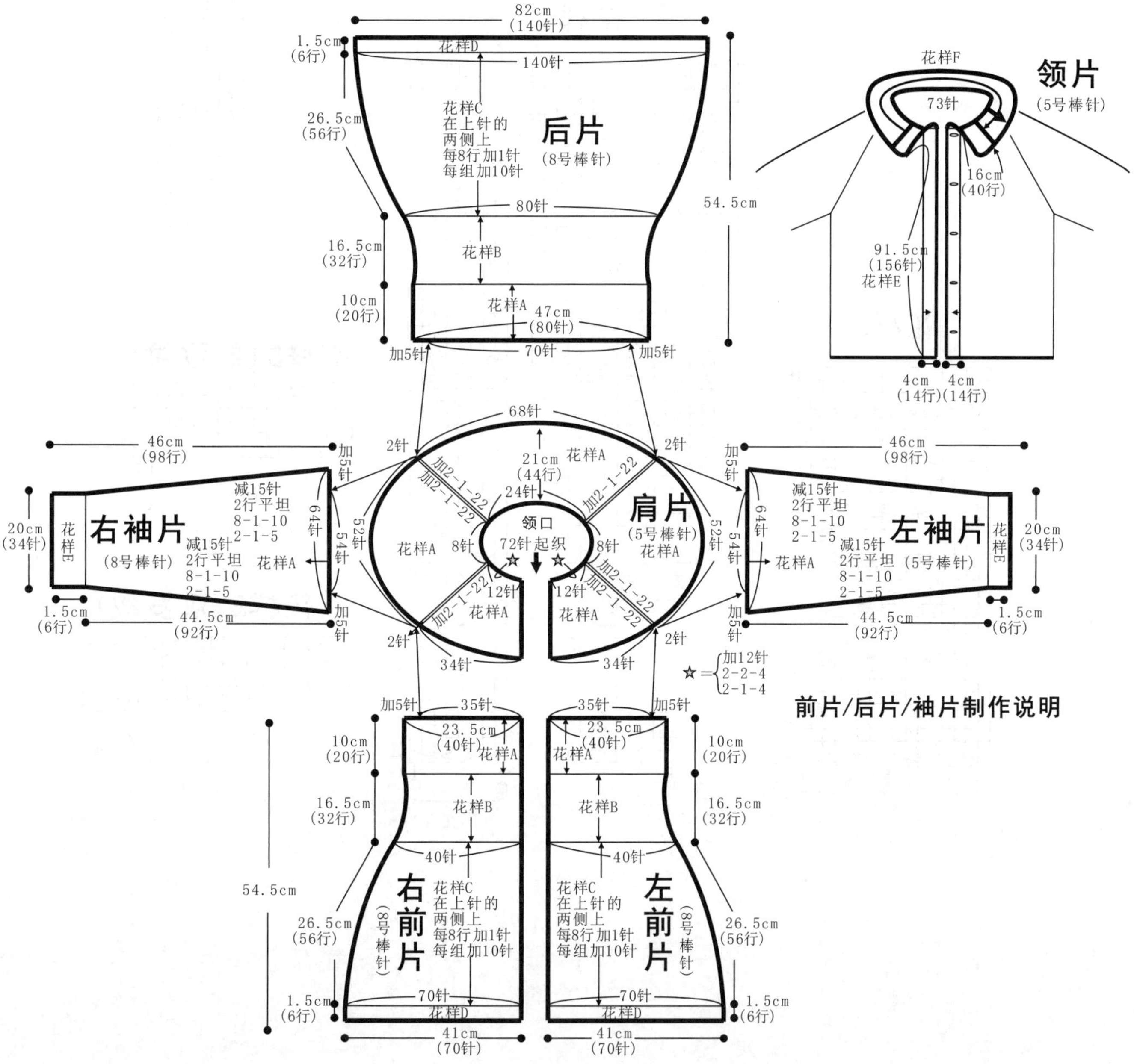

领片

花样F

73针 (5号棒针)

16cm (40行)

91.5cm (156针) 花样E

4cm (14行)　4cm (14行)

后片 (8号棒针)

82cm (140针)

1.5cm (6行)　花样D　140针

26.5cm (56行)

花样C 在上针的两侧上 每8行加1针 每组加10针

54.5cm

80针

16.5cm (32行)　花样B

10cm (20行)　花样A　47cm (80针)

加5针　70针　加5针

肩片 (5号棒针) 花样A

68针

2针　加2-1-22　21cm (44行) 花样A　2针

24针

加2-1-22　花样A　领口 72针起织　加2-1-22

8针　8针

加2-1-22　12针　12针　加2-1-22 花样A　花样A

34针　34针

2针　2针

☆ { 加12针 2-2-4 2-1-4

前片/后片/袖片制作说明

右袖片 (8号棒针) 花样E

46cm (98行)

加5针

20cm (34针)　减15针 2行平坦 8-1-10 2-1-5

64针

减15针 2行平坦 花样A 8-1-10 2-1-5

52针 54针

1.5cm (6行)　44.5cm (92行)　加5针

左袖片 (5号棒针) 花样E

46cm (98行)

加5针

减15针 2行平坦 8-1-10 2-1-5

64针　20cm (34针)

减15针 2行平坦 花样A 8-1-10 2-1-5

52针 54针

44.5cm (92行)　1.5cm (6行)

右前片 (8号棒针)

加5针　35针

10cm (20行)　23.5cm (40针)　花样A

16.5cm (32行)　花样B

40针

54.5cm

26.5cm (56行)　花样C 在上针的两侧上 每8行加1针 每组加10针

1.5cm (6行)　70针　花样D

41cm (70针)

左前片 (8号棒针)

35针　加5针

23.5cm (40针)　花样A　10cm (20行)

花样B　16.5cm (32行)

40针

花样C 在上针的两侧上 每8行加1针 每组加10针　26.5cm (56行)

70针　1.5cm (6行) 花样D

41cm (70针)

符号说明：

　　□　　上针

　　□=[[]]　　下针

　　2-1-3 行-针-次

　　↑　编织方向

　　[[XX]]　左上2针与右下2针交叉

花样A

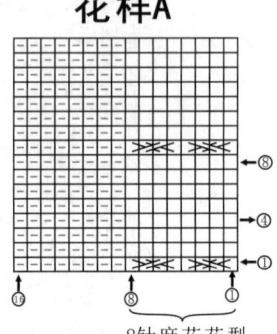

8针麻花花型

花样F
(衣领图解)

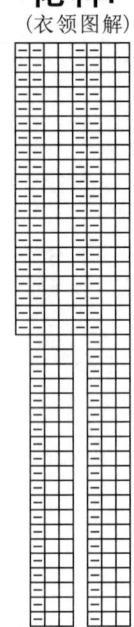

花样C

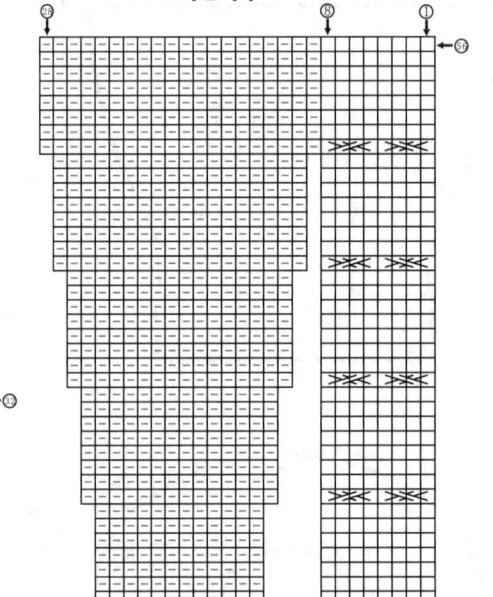

8针麻花花型

花样B

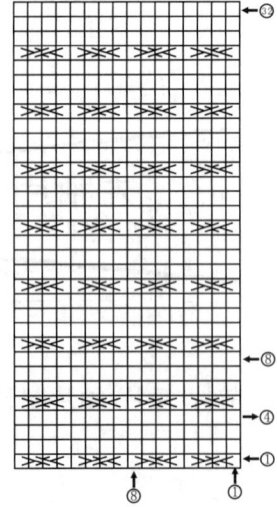

花样D（单罗纹）

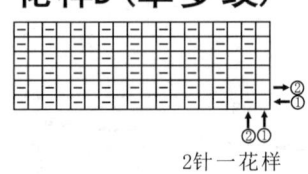

2针一花样

花样E（双罗纹）

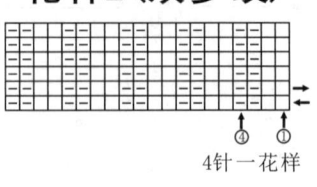

4针一花样

152

花样G

领口及袖口花样

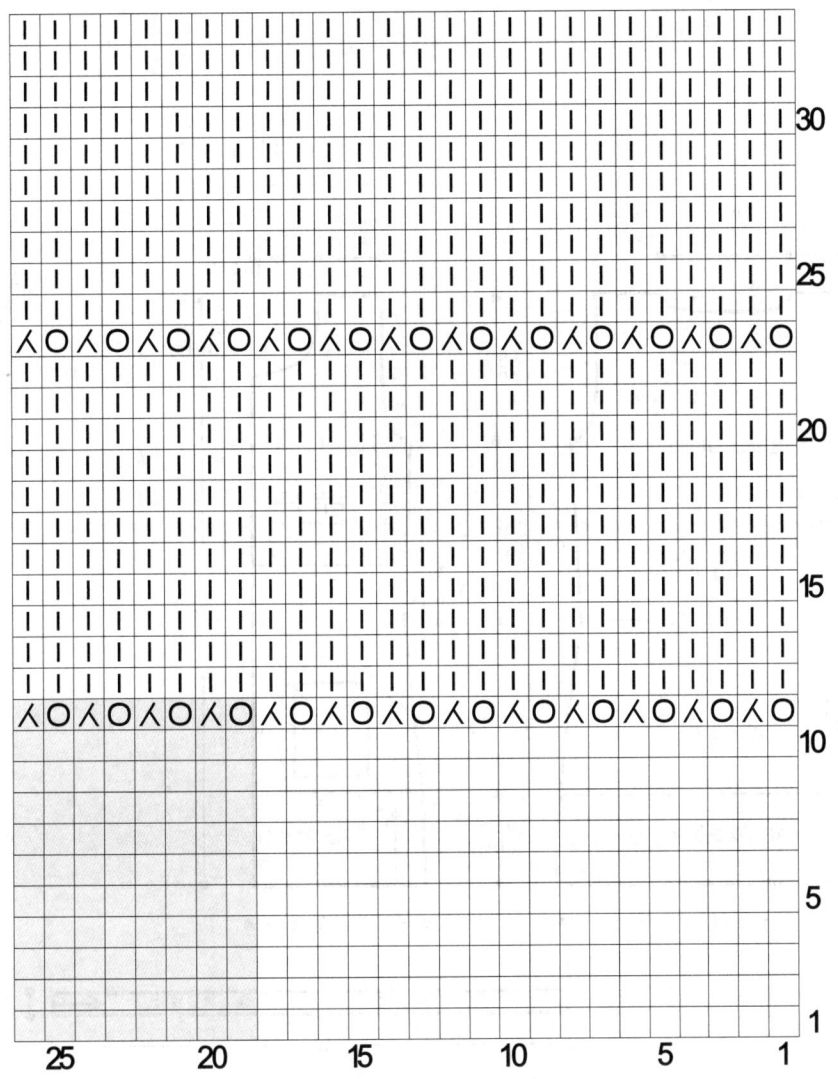

□ = ─

Ｏ = 加针

人 = 左上2针并1针

休闲口袋长外套

【成品规格】 衣长88cm，胸围84cm，
肩宽36cm，袖长53cm

【工　　具】 4mm棒针

【编织密度】 21针×30行=10cm²

【材　　料】 紫色羊毛线1200g

编织要点：
1.由前后片及袖片组成。前后片及袖片是按结构图从下往上编织。
2.前片要注意在合适位置变换花样针法。最后编织门襟，到合适位置后和衣领同时一起完成衣领的编织。零部件有口袋和腰带。

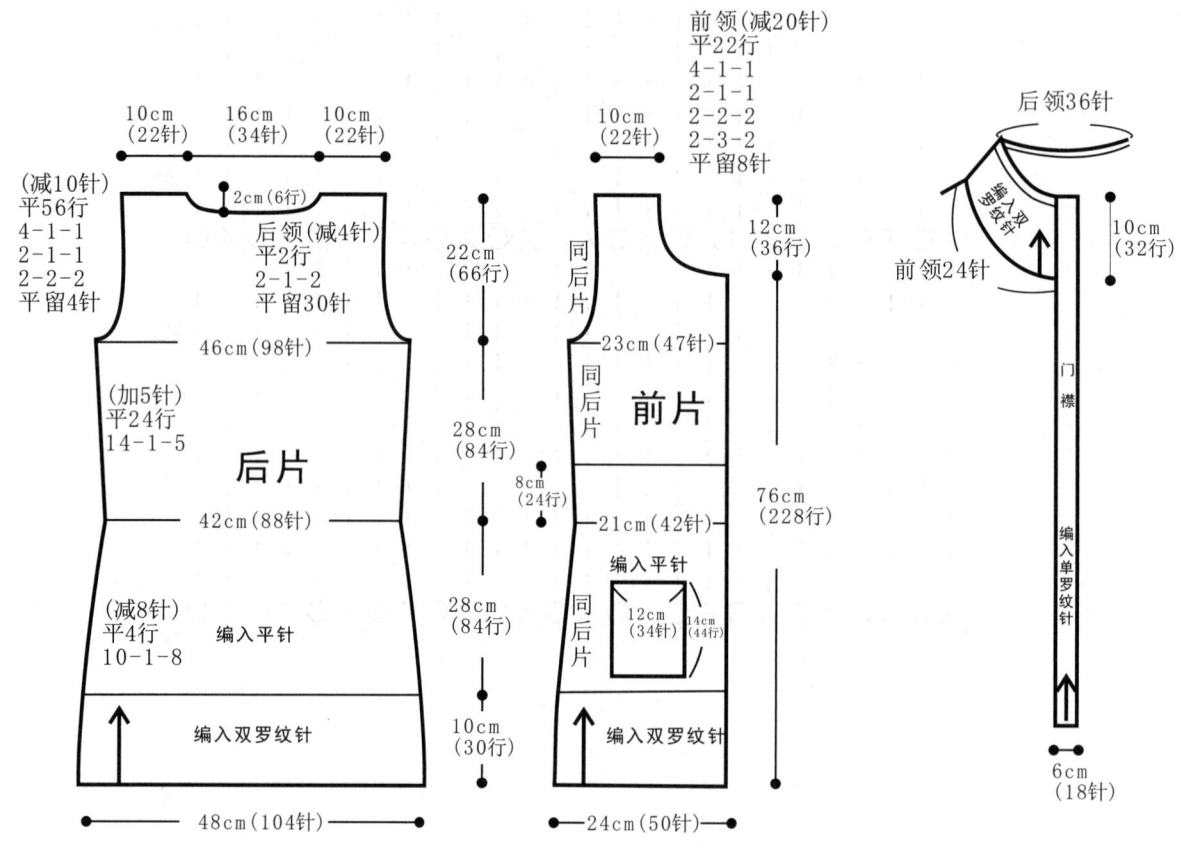

前领(减20针)
平22行
4-1-1
2-1-1
2-2-2
2-3-2
平留8针

后领36针

10cm
(22针)　16cm
(34针)　10cm
(22针)

2cm(6行)

(减10针)
平56行
4-1-1
2-1-1
2-2-2
平留4针

后领(减4针)
平2行
2-1-2
平留30针

10cm
(22针)

12cm
(36行)

22cm
(66行)

46cm(98针)

23cm(47针)

后片

前片

同后片

(加5针)
平24行
14-1-5

28cm
(84行)

42cm(88针)

21cm(42针)

编入平针

12cm
(34针)　14cm
(44行)

门襟

编入单罗纹针

10cm
(32行)

前领24针

76cm
(228行)

(减8针)
平4行
10-1-8

编入平针

同后片

28cm
(84行)

编入双罗纹针

10cm
(30行)

编入双罗纹针

48cm(104针)

24cm(50针)

6cm
(18针)

腰带　　编入单罗纹针

6cm
(18针)

150cm(450行)

花样针法图

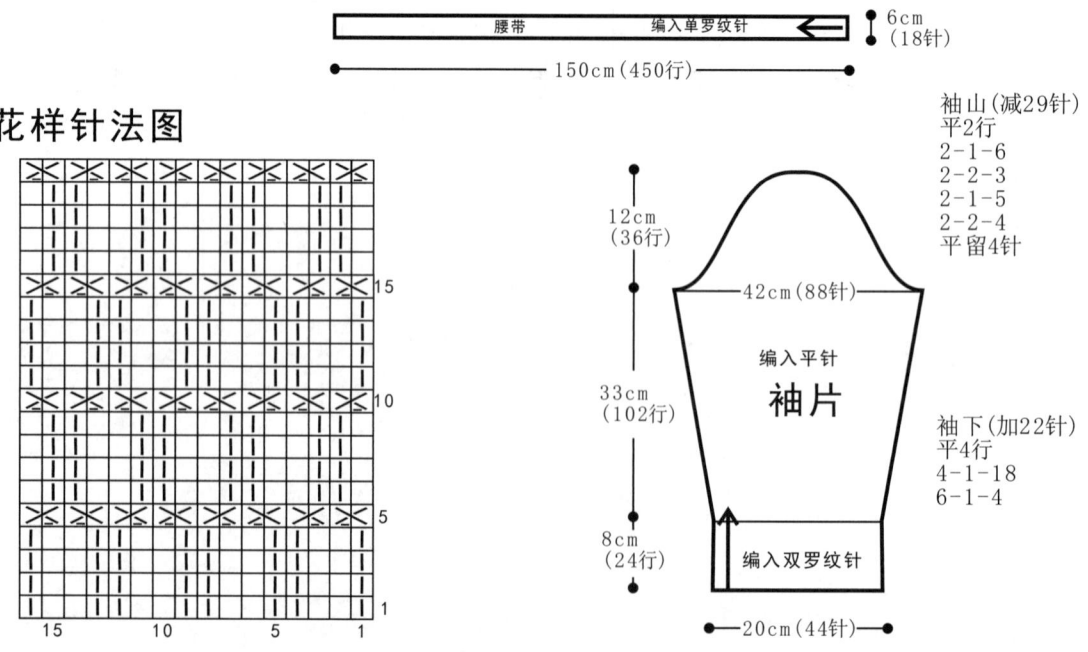

15

10

5

15　　10　　5　　1

袖山(减29针)
平2行
2-1-6
2-2-3
2-1-5
2-2-4
平留4针

12cm
(36行)

42cm(88针)

编入平针

袖片

33cm
(102行)

袖下(加22针)
平4行
4-1-18
6-1-4

8cm
(24行)

编入双罗纹针

20cm(44针)

绿色短袖衫

【成品规格】 衣长50cm，胸围84cm，
肩袖长23cm

【工　　具】 2.75mm棒针

【编织密度】 30针×42行=10cm²

【材　　料】 绿色丝光线300g

编织要点：

衣服从衣领起针按结构图往下编织。留8针作为四根"茎"。
在茎的两侧加针。每隔一行加一次，共加34针。到腋下再平加
4针。

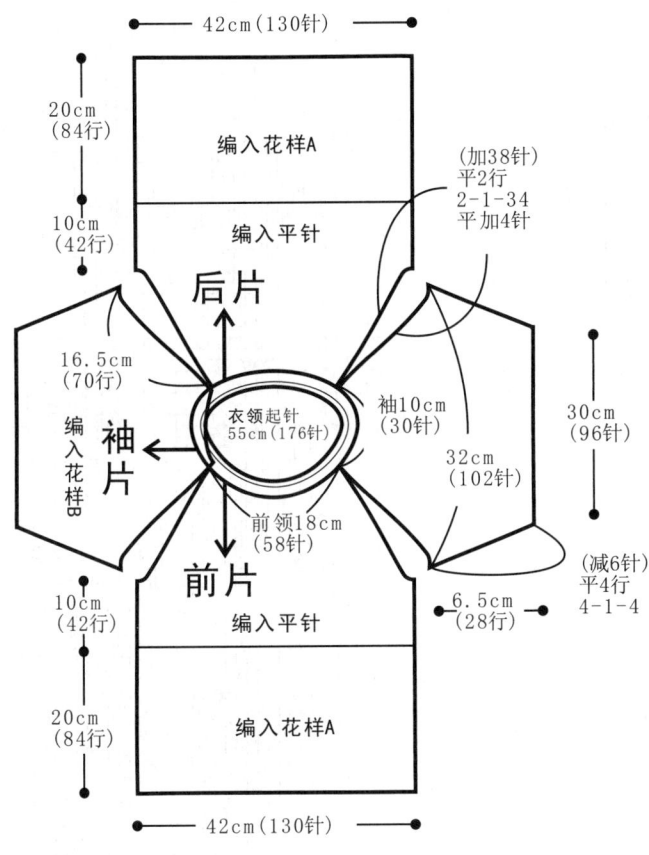

42cm(130针)

20cm
(84行)

编入花样A

10cm
(42行)

编入平针

(加38针)
平2行
2-1-34
平加4针

后片

16.5cm
(70行)

衣领起针
55cm(176针)

袖10cm
(30针)

编入花样B

袖片

32cm
(102针)

30cm
(96针)

前领18cm
(58针)

前片

10cm
(42行)

编入平针

(减6针)
平4行
4-1-4

20cm
(84行)

编入花样A

6.5cm
(28行)

42cm(130针)

下摆、袖口及领围花边

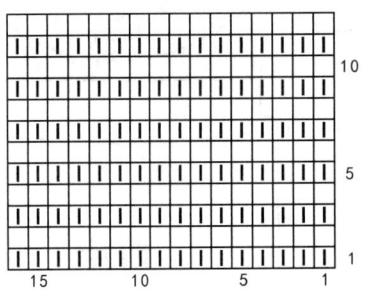

10

5

1

15　　10　　　5　　1

花样A

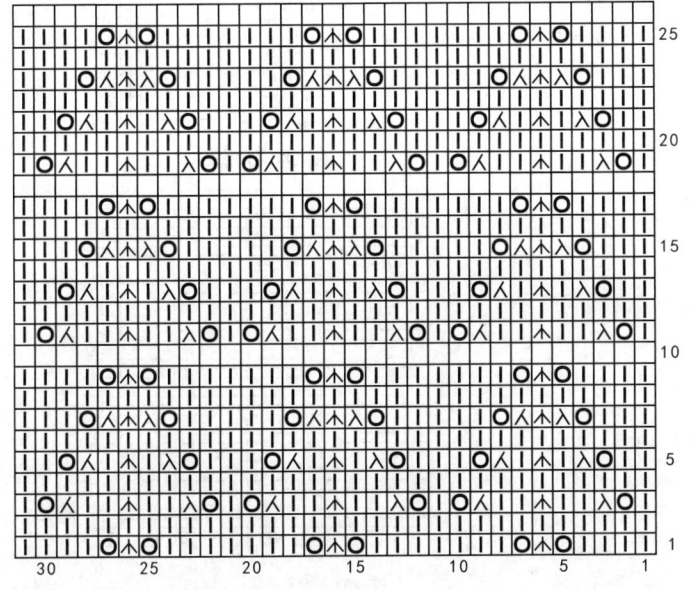

25

20

15

10

5

1

30　　25　　　20　　　15　　　10　　　5　　1

花样B

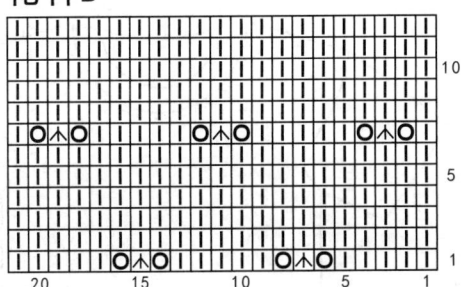

10

5

1

20　　　15　　　10　　　5　　1

155

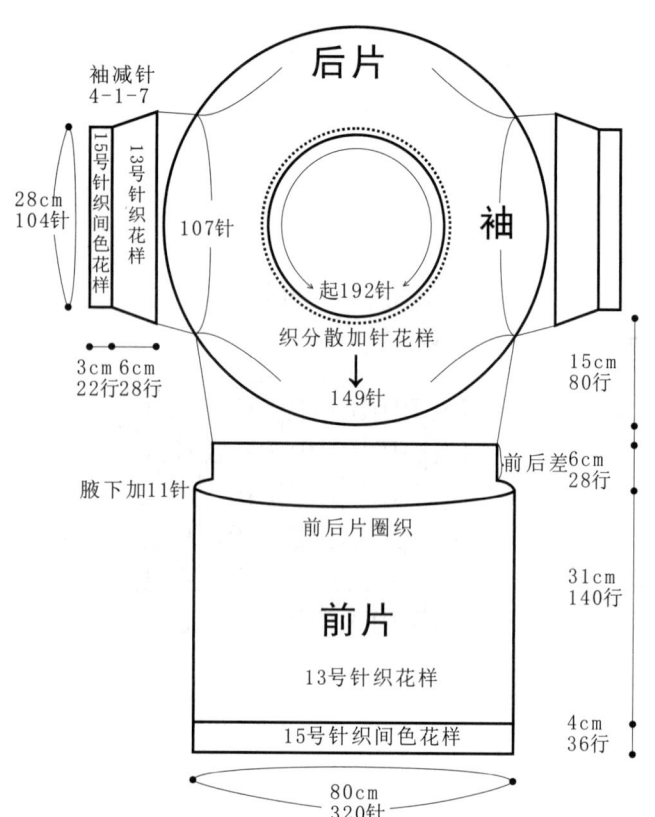

橘色短袖装

【成品规格】 衣长56cm，胸围80cm，连肩袖长28cm

【工 具】 13号、15号棒针

【编织密度】 40针×46行=10cm²

【材 料】 橘色羊绒线200g，烟灰色少许

编织要点：
1. 从上往下织。
2. 领台。用13号棒针起192针织3行平针，1行上针，再织4行平针，折过来合并成双层开始织衣身。
3. 每花6针共48个花，织分散加针花样共加5次，也可按调节宽度多加1次；织80行分出前后片和袖，后片单独织6cm，和前片连起来织；腋下各加11针，边缘用15号针织间色花样。

后片

袖减针
4-1-7

28cm
104针

15号针织间色花样

13号针织花样

107针

起192针

织分散加针花样

149针

袖

15cm
80行

3cm 6cm
22行 28行

腋下加11针

前后差6cm
28行

前后片圈织

前片

13号针织花样

15号针织间色花样

31cm
140行

4cm
36行

80cm
320针

领

环挑192针
15号针织间色花样

4cm
22行

编织花样

衣身花样

分散加针花样

90
85
80
65
60
55
50
45
40
35
30
25
20
15
10
5
1

30 25 20 15 10 5 1

□ = 〓
○ = 加针
人 = 右上2针并1针
木 = 中上3针并1针

间色花样

15
10
5
1

烟灰色
橘色

15 10 5 1

□=〓

156

酷雅长袖衫

【成品规格】 衣长58cm，胸围88cm，
肩袖长62cm

【工　　具】 2.75mm棒针

【编织密度】 36针×42行=10cm²

【材　　料】 天蓝色细毛线600g

编织要点：

1.由前后片及袖片组成。前后片及袖片均是按结构图从下往上编织。

2.各单元片织好后，合在一起往上织衣领4cm下针作为衣领。让其形成自然卷曲的状态。

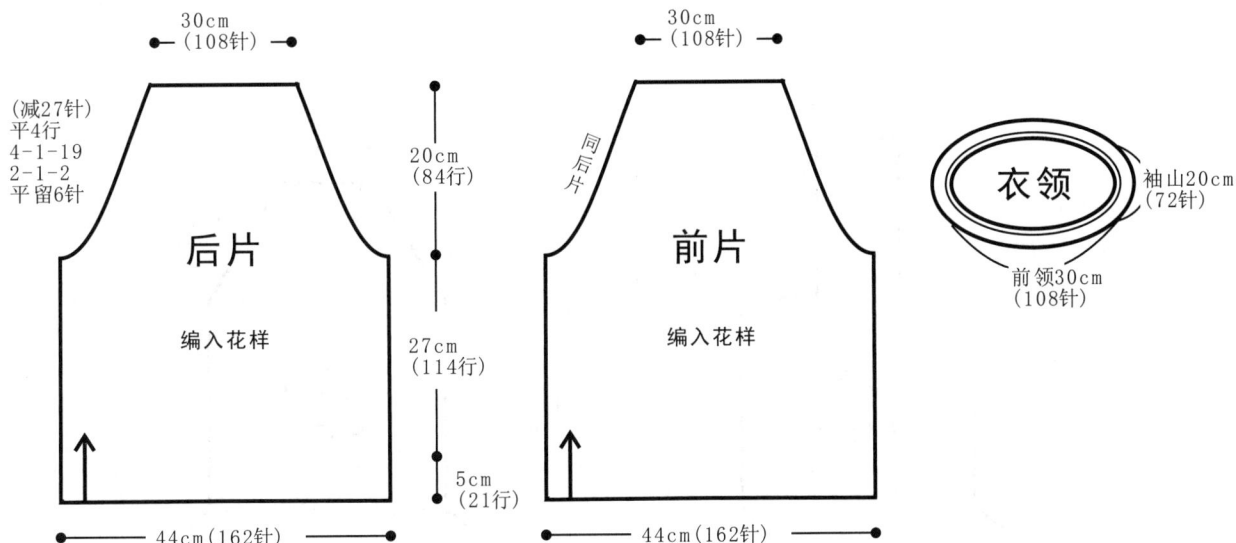

30cm
（108针）

（减27针）
平4行
4-1-19
2-1-2
平留6针

后片

编入花样

20cm
（84行）

27cm
（114行）

5cm
（21行）

44cm（162针）

30cm
（108针）

同后片

前片

编入花样

44cm（162针）

衣领

袖山20cm
（72针）

前领30cm
（108针）

花样针法图

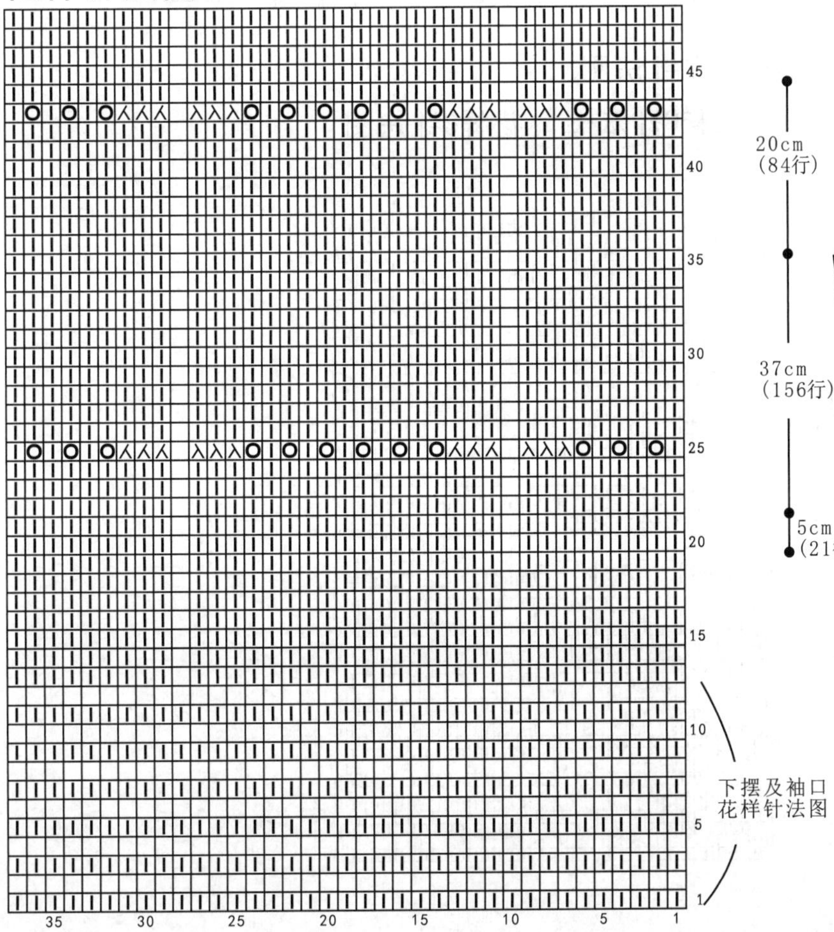

45

40

35

30

25

20

15

10

5

1

35　　30　　25　　20　　15　　10　　5　　1

下摆及袖口
花样针法图

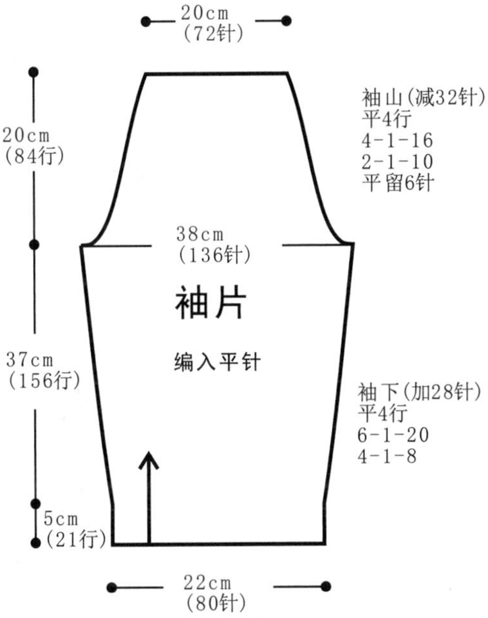

20cm
（72针）

20cm
（84行）

37cm
（156行）

5cm
（21行）

袖山（减32针）
平4行
4-1-16
2-1-10
平留6针

38cm
（136针）

袖片

编入平针

袖下（加28针）
平4行
6-1-20
4-1-8

22cm
（80针）

个性荷叶边短袖装

【成品规格】 衣长64cm, 胸围88cm, 肩袖长31cm

【工　　具】 3mm棒针

【编织密度】 38针×48行=10cm²

【材　　料】 白色羊毛线580g

编织要点：

1.由前后片及袖片组成。前后片按结构图从上端从领部起针分别往下编织。
2.开始起针就按花样针法图往下端编织前后片时，要注意加针位置。衣袖为横向编织，然后在两侧肩线部位按图示打褶并和前后片对位合并好，最后将衣领沿对折线合并成双层并与衣服缝合好。

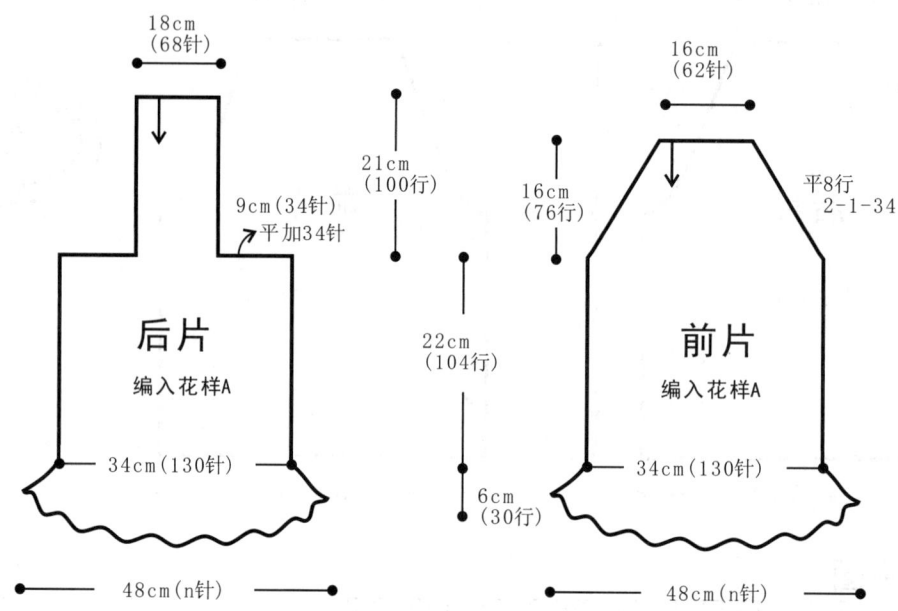

衣袖花样针法图

花样B针法图　　花样C针法图

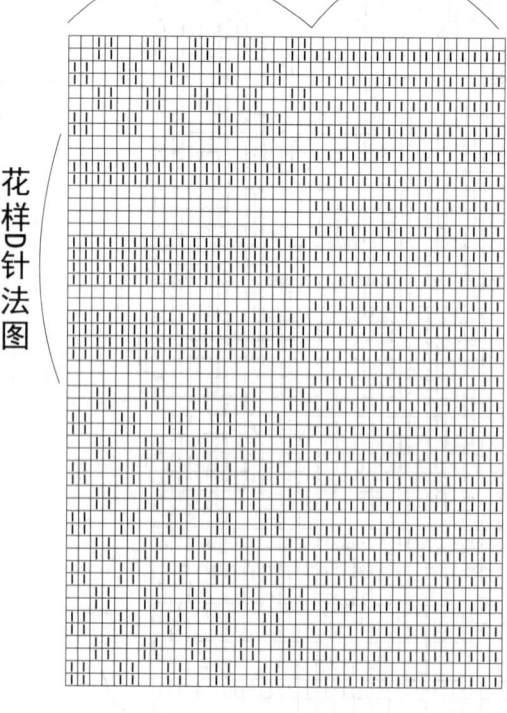

花样D针法图

袖片

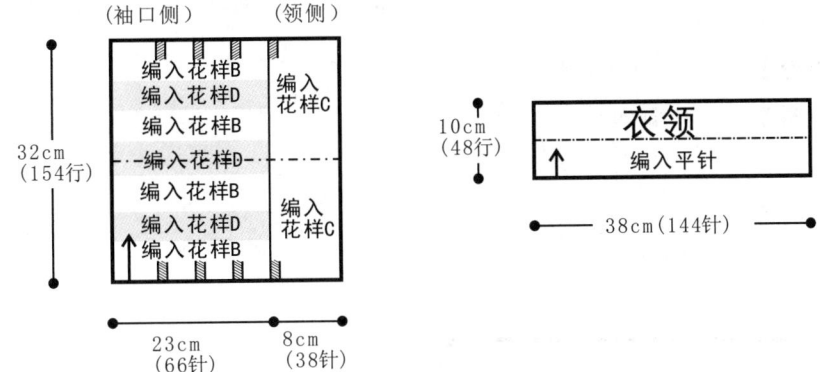

（袖口侧）　　（领侧）

| 编入花样B |
| 编入花样D |
| 编入花样B |
| 编入花样D |
| 编入花样B |
| 编入花样D |
| ↑ 编入花样B |

编入花样C

编入花样C

32cm（154行）

23cm（66针）　8cm（38针）

衣领

10cm（48行）

↑ 编入平针

38cm（144针）

下摆花样针法图

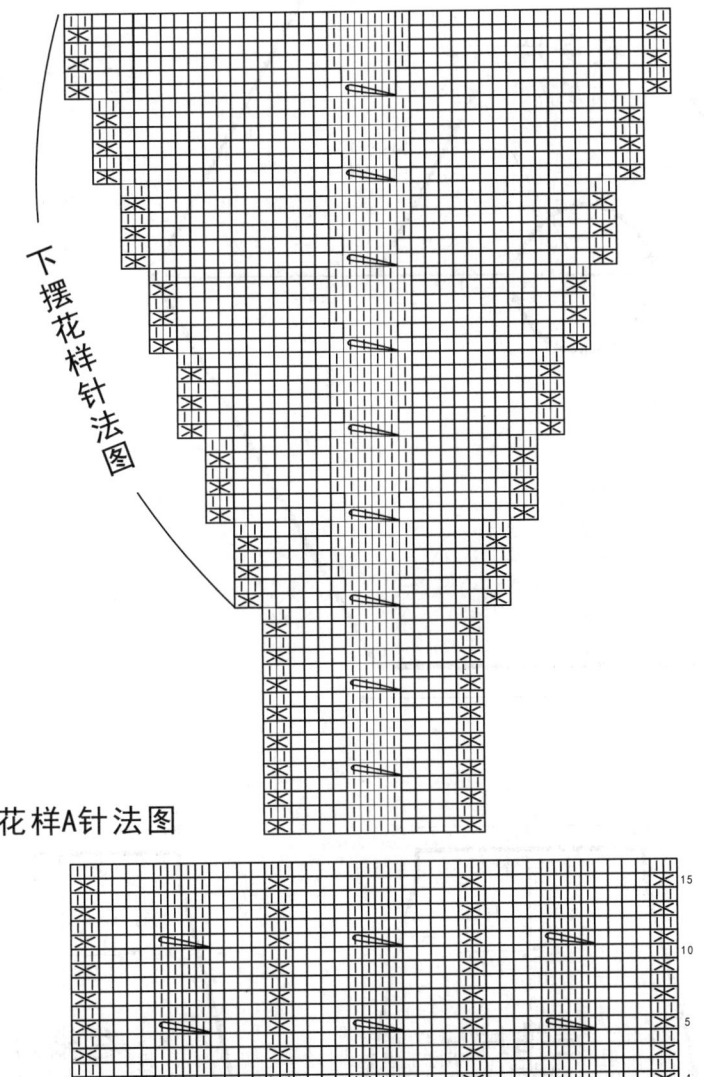

花样A针法图

15

10

5

44　40　35　30　25　20　15　10　5　1

大翻领外套

【成品规格】 衣宽114cm,袖长39cm

【工　　具】 12号棒针

【编织密度】 23针×26行=10cm²

【材　　料】 白色锦线600g

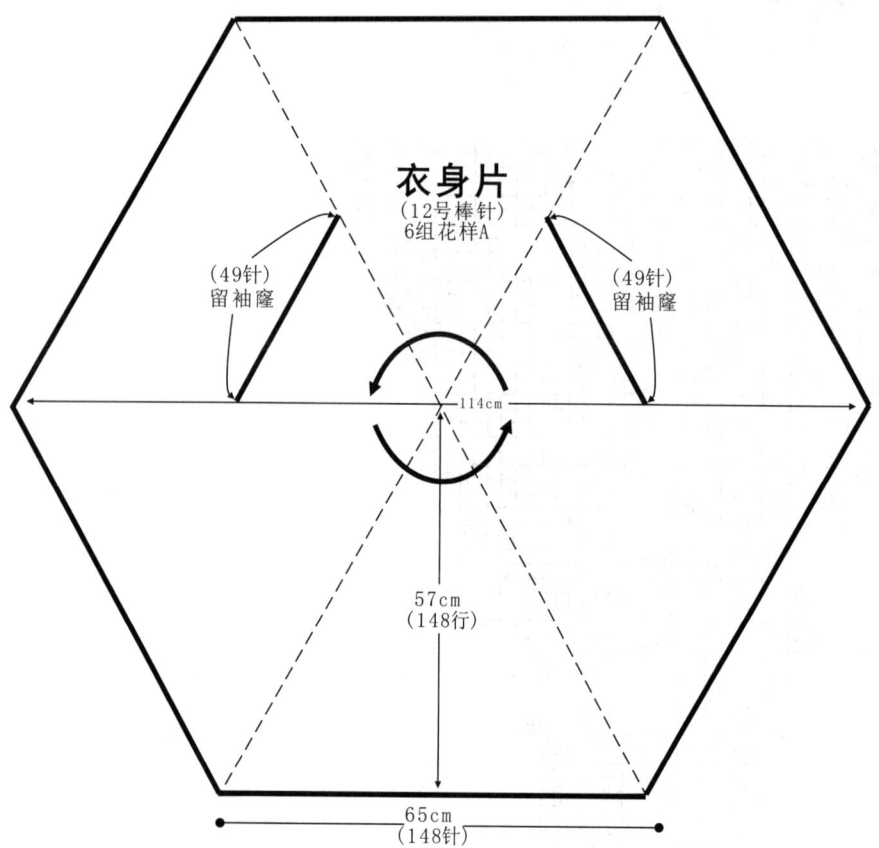

衣身片
(12号棒针)
6组花样A

(49针)留袖窿

(49针)留袖窿

114cm

57cm
(148行)

65cm
(148针)

符号说明:

⊟　　上针

□=⊡　　下针

⊡　　镂空针

◩　　中上3针并1针

◩　　左上2针并1针

◩　　右上2针并1针

2-1-3　　行-针-次

袖片制作说明

1.棒针编织法,沿两侧袖窿挑针起织,先织左袖片。
2.挑起98针织下针,一边织一边两侧减针,方法为4-1-22,织至66行,在织片右半部分织17针花样C,如图所示,织至96行,织片变成54针,改织花样B,织至102行,收针断线。
3.同样的方法相反的方向编织右袖片。
4.缝合方法。将两袖片袖窿和衣身对应缝合。

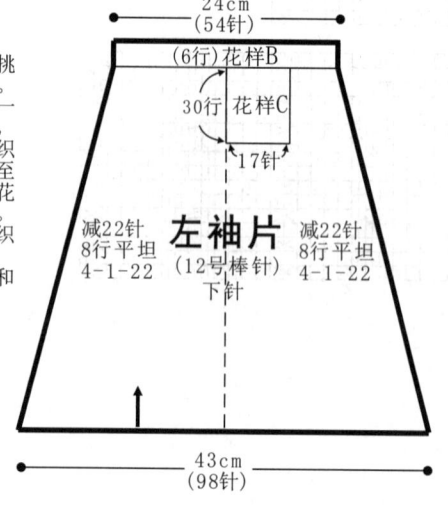

24cm
(54针)

(6行)花样B

30行　花样C

17针

减22针
8行平坦
4-1-22

左袖片
(12号棒针)
下针

减22针
8行平坦
4-1-22

43cm
(98针)

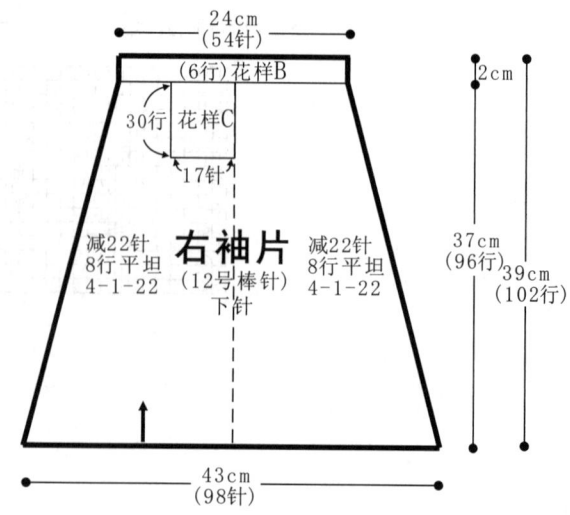

24cm
(54针)

(6行)花样B

30行　花样C

17针

减22针
8行平坦
4-1-22

右袖片
(12号棒针)
下针

减22针
8行平坦
4-1-22

43cm
(98针)

2cm

37cm
(96行)

39cm
(102行)

花样A

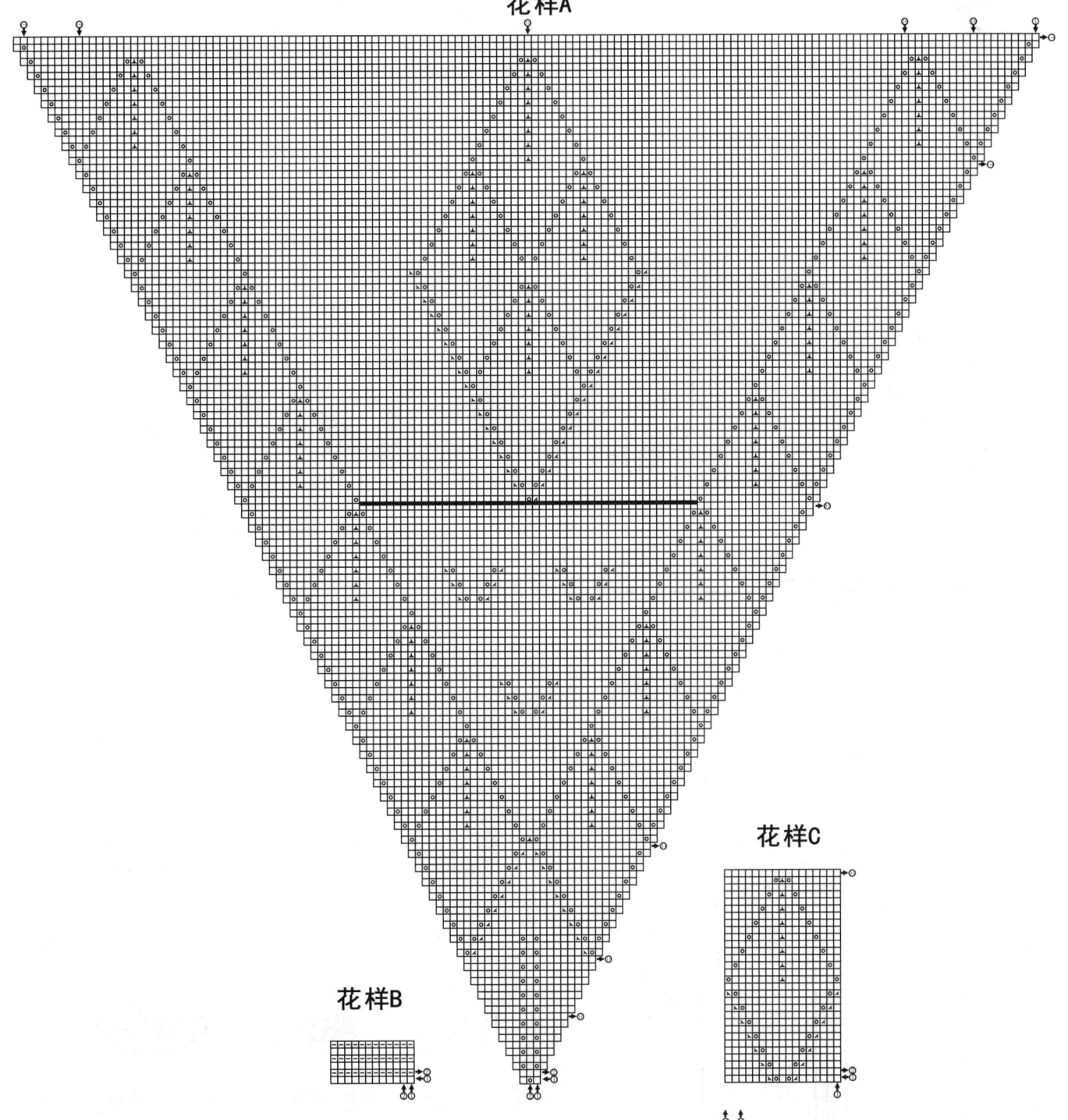

花样C

花样B

小清新中袖衫

【成品规格】 衣长44cm,胸围86cm,
袖长30cm

【工　　具】 10号、11号棒针

【编织密度】 20针×30行=10cm²

【材　　料】 淡紫色竹棉双股350g,
白色50g,
淡蓝色50g,
纽扣5粒

编织要点:

1.整件衣服一片织。用11号针起180针,织10行全平针;换10号针开始织间色花样,底色为淡紫色,用白色和蓝色线织提花,织24cm开挂肩,分别分出前后片,分开织各部分。

2.袖用11号针起61针织10行全平针,换10号针织提花。

3.门襟和领用11号针每5行挑4针,织10行全平针,最后全部用单股的蓝色线钩一圈逆短针,缝合纽扣,完成。

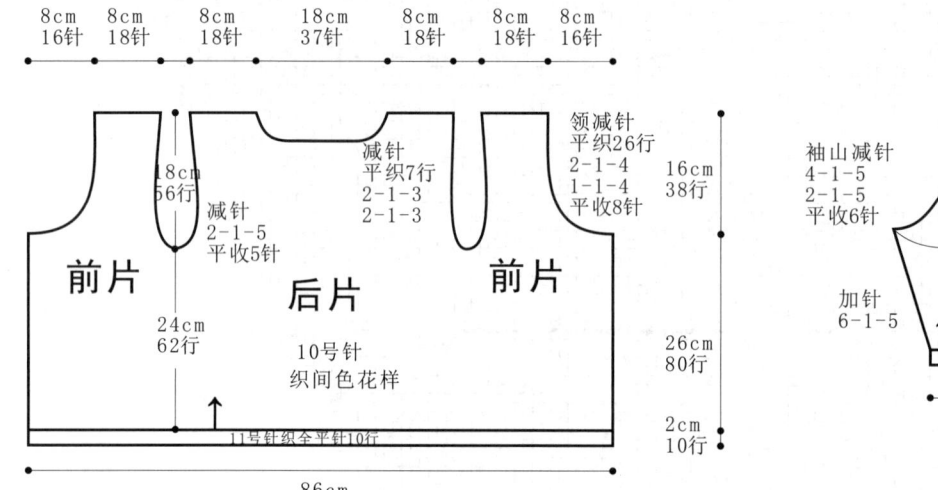

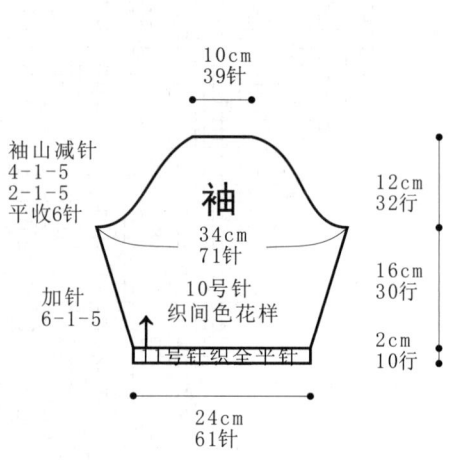

领、门襟

先沿领窝挑针织领,
再沿边缘挑针织门襟

11号针织全平针10行
所有边缘钩蓝色逆短针一圈

7cm
20针

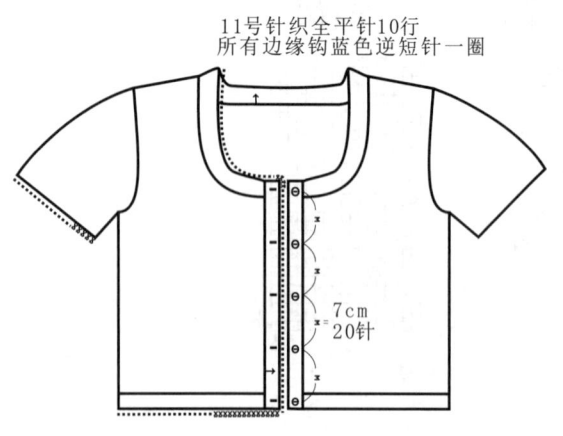

▽ 逆短针针法图:

1.织物保持上一行的方向不变,将钩针插入倒数第1、2针之间

2.如图绕线并带出线圈

3.绕线并将线圈从前两针中带出

4.第一针完成

5.第二针开始
(按前四步)
进行

6.由左向右倒退着行进,因故得名"逆短针"

逆短针

XXXXXXXXXXXX

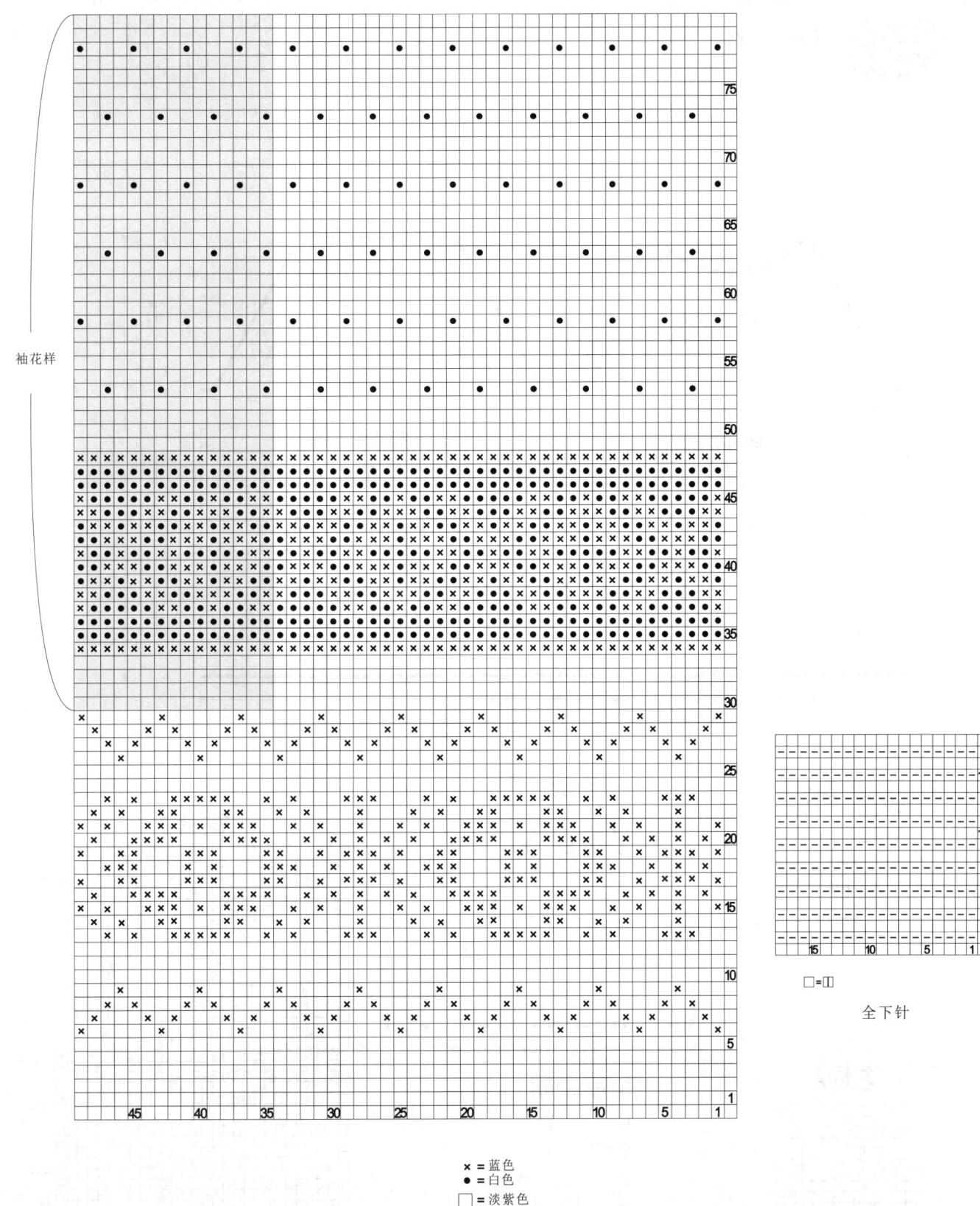

袖花样

75
70
65
60
55
50
45
40
35
30
25
20
15
10
5
1

45 40 35 30 25 20 15 10 5 1

15
10
5
1

15 10 5 1

□=□

全下针

× =蓝色
● =白色
□ =淡紫色

提花花样

163

蓝色树叶花短袖衫

【成品规格】 衣长49cm，半胸围41cm，袖连肩长26cm

【工　　具】 10号棒针

【编织密度】 花样A：28针×27行=10cm²
　　　　　　 花样B：19针×27行=10cm²

【材　　料】 浅蓝色棉线400g

编织要点：

1. 棒针编织法，袖窿以下一片环形编织，袖窿起与两袖片连起来环形编织。

2. 起织，双罗纹针起针法，起156针织花样A，织38行后，改织花样B，织至86行后，将织片分成前片和后片，两侧袖底各平收4针，前后片各取74针编织。

3. 分别编织两片袖片，双罗纹针起针法，起64针环织花样A，织24行后，将袖底平收4针，然后与衣身前后片对应连接起来，环织花样B，一边织一边织在四条插肩缝两侧减针，方法为4-2-10，织至120行，将织片从前片中间位置留起14针不织，改为往返编织，两侧前领减针，方法为2-2-4，2-1-1，织至130行，织片余下76针，开始编织衣领。

4. 衣领环形编织，沿前后领口挑起112针，织花样A，织6行后，收针断线。

5. 将袖片缝合。

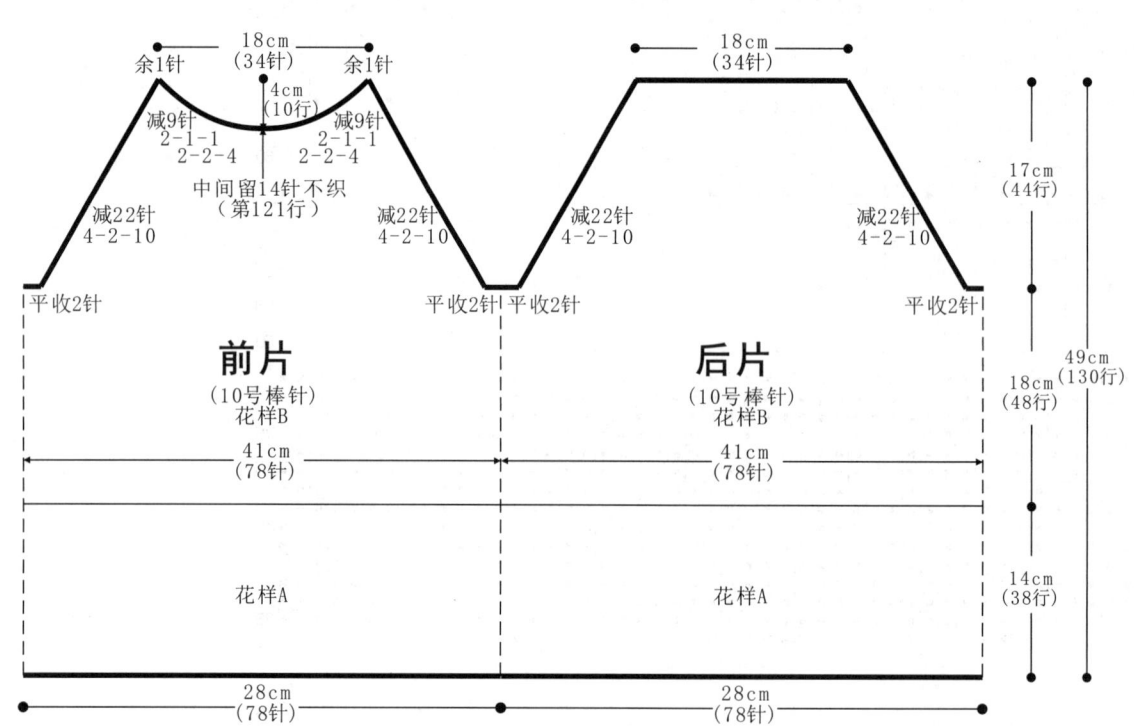

前片
(10号棒针)
花样B

后片
(10号棒针)
花样B

花样A

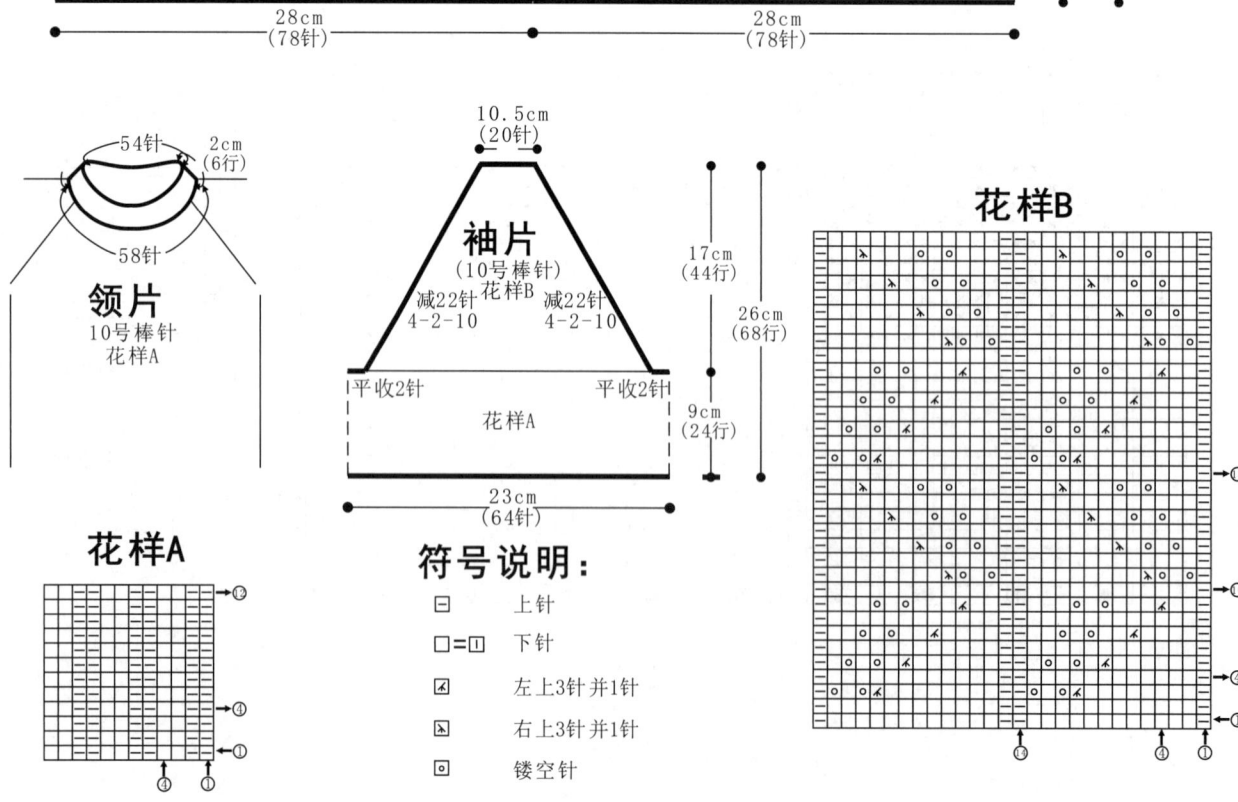

领片
10号棒针
花样A

袖片
(10号棒针)
花样B

花样A

花样B

花样A

符号说明：

符号	说明
□	上针
□=①	下针
☒	左上3针并1针
☒	右上3针并1针
⊙	镂空针
2-1-3	行-针-次

紫色潮流小外套

【成品规格】 衣长38cm,半胸围38cm

【工　　具】 9号棒针

【编织密度】 21针×23行=10cm²

【材　　料】 紫色棉线300g

编织要点:

1.棒针编织法,由前片2片,后片1片,从下往上织起。

2.前片的编织。由右前片和左前片组成,以右前片为例。起针,3针起织,起织花样A,右前片是在侧缝进行加针,衣襟进行减针编织,侧缝加针方法是2-1-51,衣襟减针方法是4-1-47,减针编织至肩部,加针织至102行时,不再加减针,不加减针织至肩部,织成49针,收针断线。相同的方法去编织左前片。

3.后片的编织。下针起针法,起78针,起织花样A,不加减针,编织46行后,下一行起,两侧加针,2-1-21,织成38行时,下一行从中间收针46针,两边相反方向减针,2-1-2,织成4行后,两肩部余下49针,收针断线。

4.拼接。将前片的侧缝与后片的侧缝对应缝合,将前后片的肩部对应缝合。最后根据花样B制作一朵小花别于胸前。

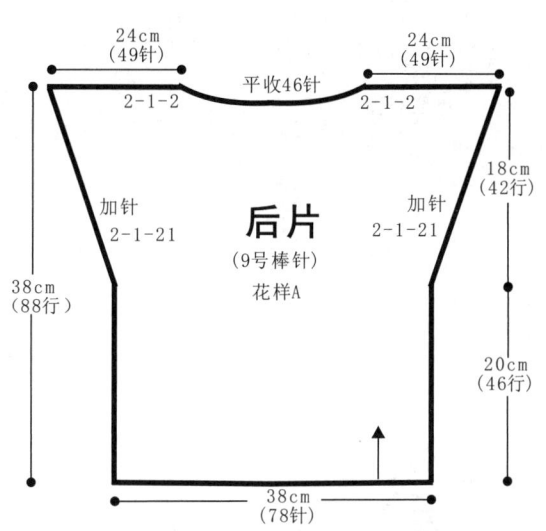

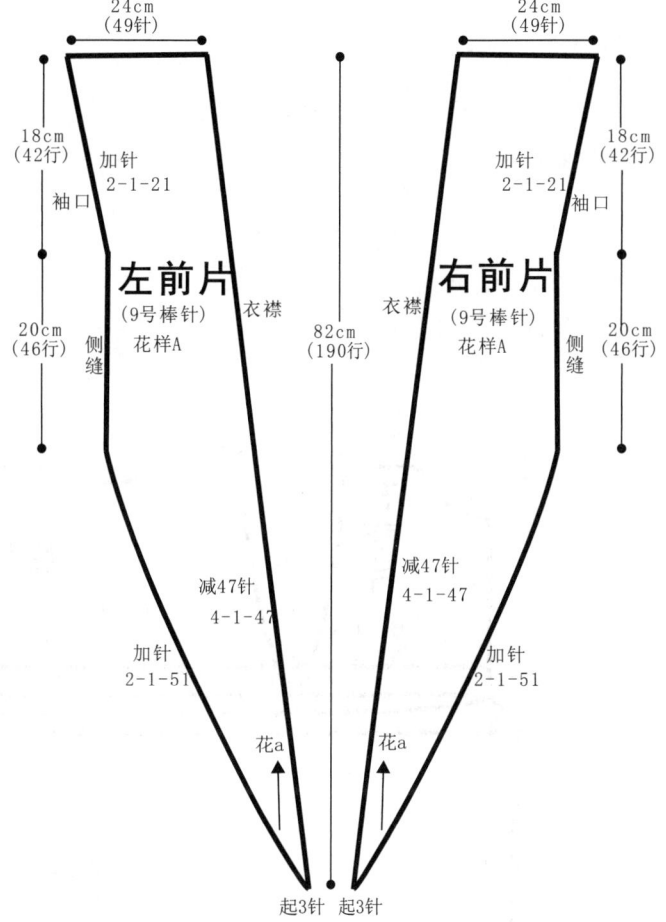

花样A

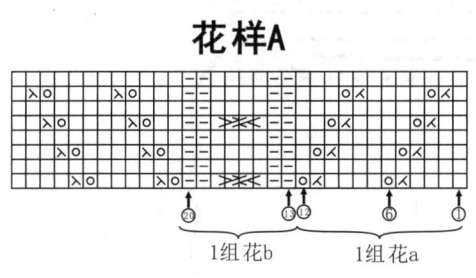

花样B

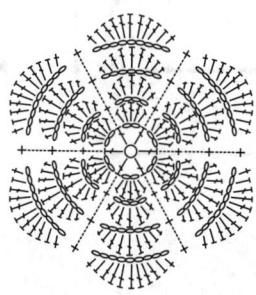

符号说明:

符号	说明
□	上针
□=□	下针
⊡	镂空针
⊠	左上2针并1针
⊠	右上2针并1针
▤	左上2针与右下2针交叉
2-1-3	行-针-次

165

华丽大翻领外套

【成品规格】 衣长80cm,胸宽46.5cm,
袖长62cm,袖宽16cm

【工　具】 8号棒针,9号可乐钩针

【编织密度】 23针×25行=10cm²

【材　料】 黛尔妃段染毛线1200g

编织要点:
1.棒针编织法,由衣摆片起织,再挑针织左右前片和后片,再
单独织两只袖片缝合。
2.衣摆片的编织。起105针,排成6个花样A。近下摆边这侧留
2针下针做边,近胸部这侧留1针做边,起织花样A,不加减针,
共织28层花样A。完成后收针断线。最后一针回到胸部这侧。
沿着衣摆片长边挑针,稍微收缩挑针。挑出214针,起织花样
B。不加减针,织4行。下一行起,分片编织。从衣襟算起织
47针,起织花样A,第48针起,收针13针,再织94针,再收针
13针,余下的47针编织完。返回起织右前片。袖隆这边减针,
2-1-8,衣襟侧不加减针,织成36行后,减针织前衣领边,方法
是平收6针,1-1-4、2-1-6,不加减再织2行至肩部,肩留23
针,收针断线。
3.将后片94针挑出,两侧减针,2-1-8,织成48行后,下一行
起织后衣领边,中间收针26针,两侧减针,2-1-3,肩留23
针,收针断线。最后是左前片的编织。织法与右前片相同,减
针方向相反。将前后片的肩部对应缝合。
4.袖片的编织。起54针,排成3个花样A,起织后两袖侧缝加针
编织,12-1-10,织成120行后,进入袖山减针编织。两侧收
针7针,然后2-1-8、4-1-4、2-2-5,织成36行,袖山肩部余下
16针,收针断线。
5.领片的编织,沿着前后衣领边,挑出102针,排成9组花样D,
每个花样11针,依照花样D加针,第2层花样上进行加针,将11针
一个花加成17针一个花,第三层花样不加减针。织成36行的衣
领。完成后,收针断线。
6.领襟的编织,从左右前片各挑160针,花样B起织,织12行,收针
断线,左衣襟依照图解制作7个扣眼,在织第5行起起织扣眼。
用钩针沿衣领边、左右衣襟边和衣身下摆边,钩1组花样C,收
针断线,衣服完成。

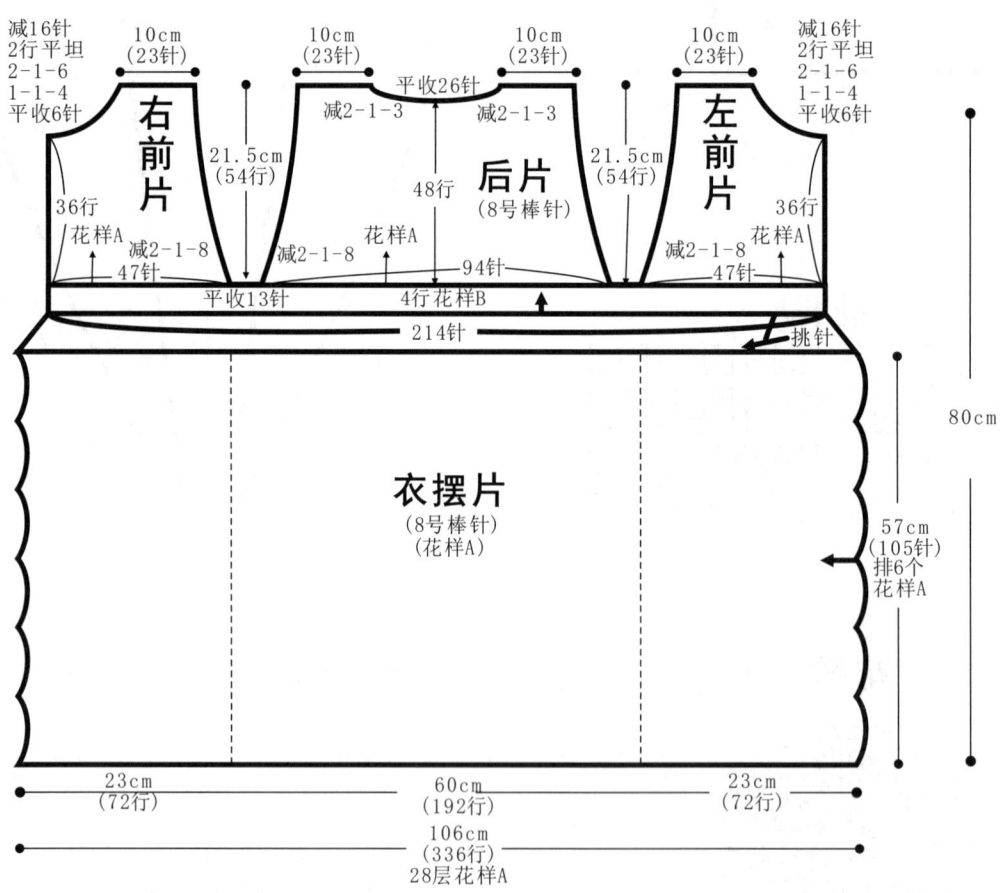

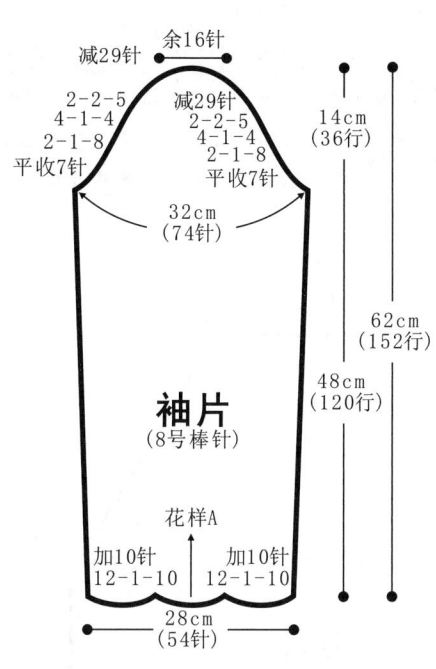

减29针　余16针
2-2-5
4-1-4
2-1-8
平收7针

减29针
2-2-5
4-1-4
2-1-8
平收7针

14cm
(36行)

32cm
(74针)

62cm
(152行)

48cm
(120行)

袖片
(8号棒针)

花样A

加10针
12-1-10
加10针
12-1-10

28cm
(54针)

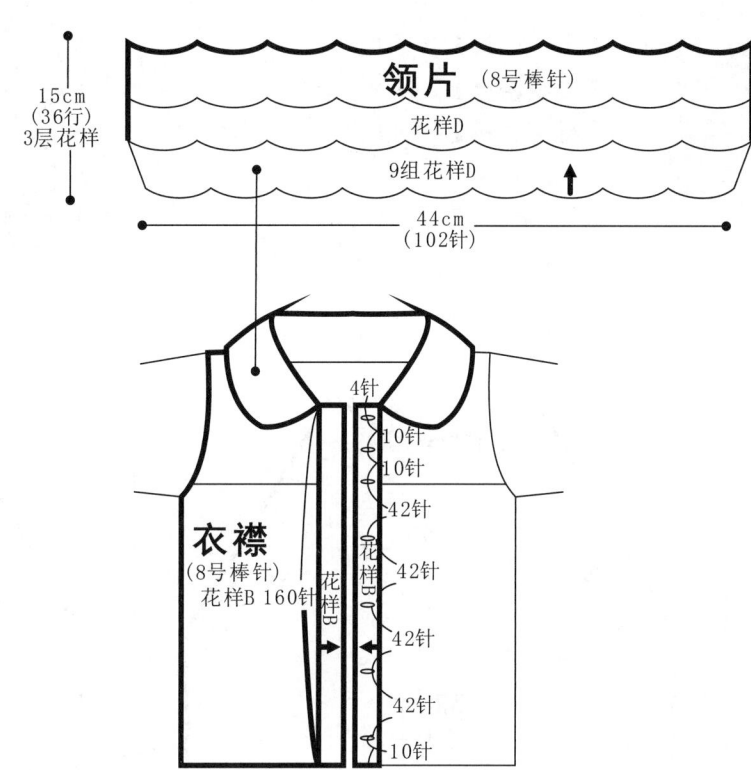

15cm
(36行)
3层花样

领片 (8号棒针)

花样D

9组花样D

44cm
(102针)

4针
10针
10针
42针
42针
42针
42针
10针

衣襟
(8号棒针)
花样B 160针

花样B

花样A

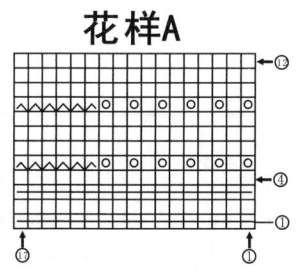

花样B

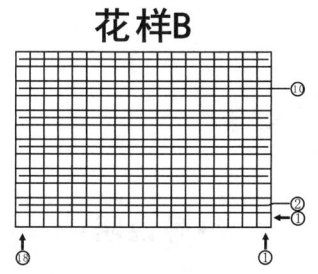

花样D

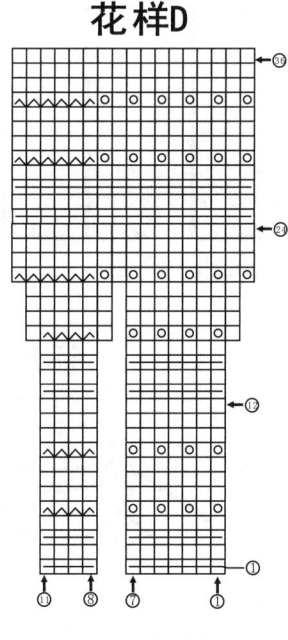

符号说明：

□　　上针

□=回　下针

2-1-2　行-针-次

↑　　编织方向

☒　左并针

☒　右并针

回　镂空针

☒　中上3针并1针

十　　短针

長针

锁针

花样C

167

靓丽针织打底衫

【成品规格】 衣长75cm,胸围96cm,袖长60cm,肩宽32cm

【工 具】 12号棒针

【编织密度】 30针×32行=10cm²

【材 料】 羊毛线700g

编织要点:

1.这件衣服从下向上编织,由前后片和袖片组成。

2.后片起120针编织花样A48行,之后开始编织全下针,织134行后开始收斜肩,减针方法为平收4针,4-2-13,减30针,左右边减法相同,编织58行后,余60针,收针断线。

3.前片起120针编织花样A48行,编织全下针,织134行后开始收斜肩,减针方法与后片相同,织30行开始留前领窝,减针方法为正中平收30针,左右两边各减2-1-11。

4.袖片单独编织。袖口起72针编织花样A20行,开始下针编织,两侧同时加针编织,加针方法为8-1-10,10行平坦,两侧各加10针。开始编织袖山,两侧同时减针,减针方法为平收4针,4-2-13,两侧各减30针,最后余下32针,收针断线。同样的方法再编织另一衣袖片。

5.将袖窿侧缝与衣片袖窿侧缝缝合,然后从底边开始缝合衣片侧缝及袖底侧缝,一直缝合到袖口。

6.挑织衣领,从前领窝挑98针,后领窝挑92针,编织花样A14行,收针结束。

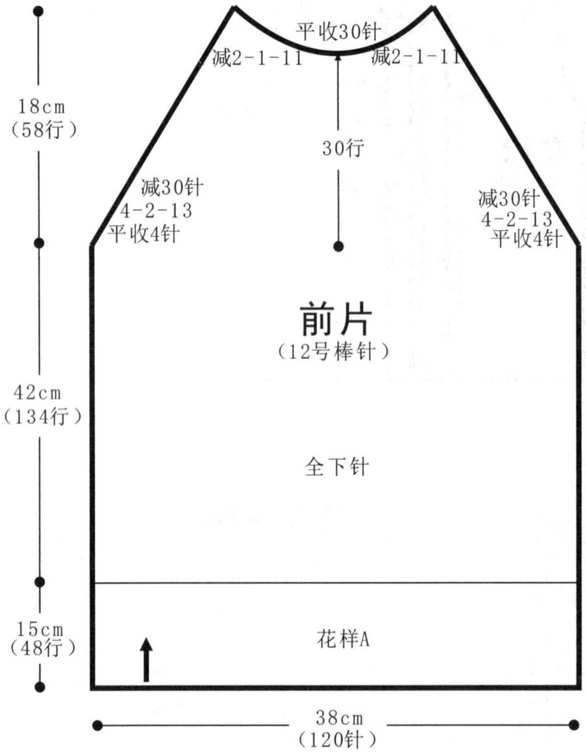

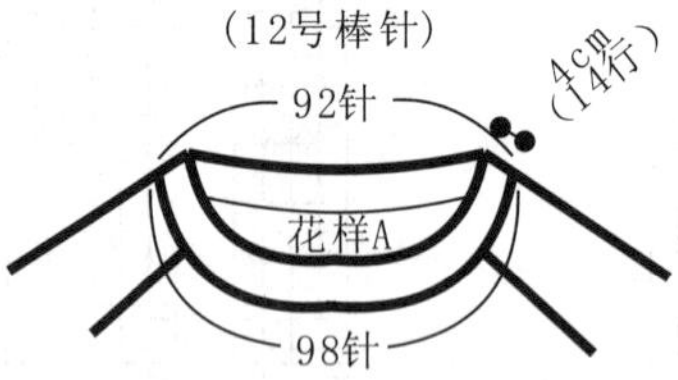

前片
（12号棒针）

平收30针
减2-1-11   减2-1-11
30行
减30针 4-2-13 平收4针
全下针
花样A

18cm（58行）
42cm（134行）
15cm（48行）
38cm（120针）
75cm（240行）

后片
（12号棒针）

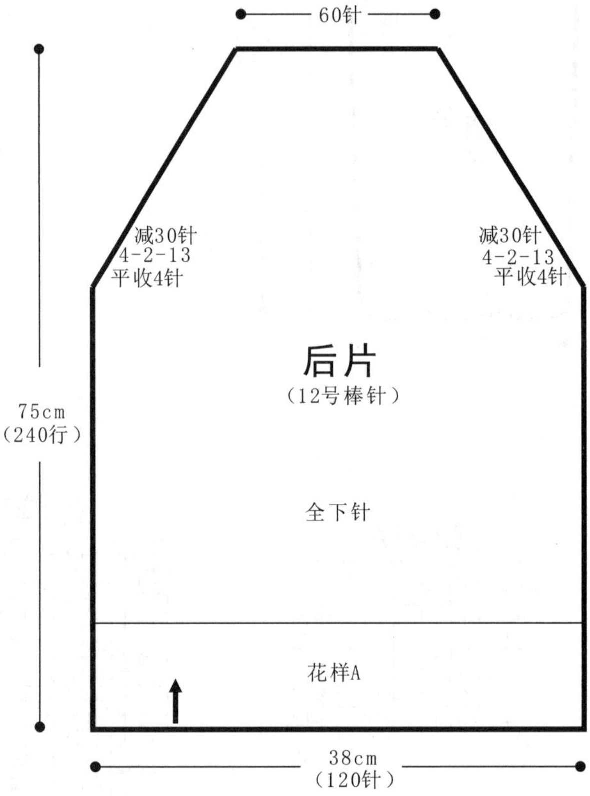

60针
减30针 4-2-13 平收4针
全下针
花样A

38cm（120针）

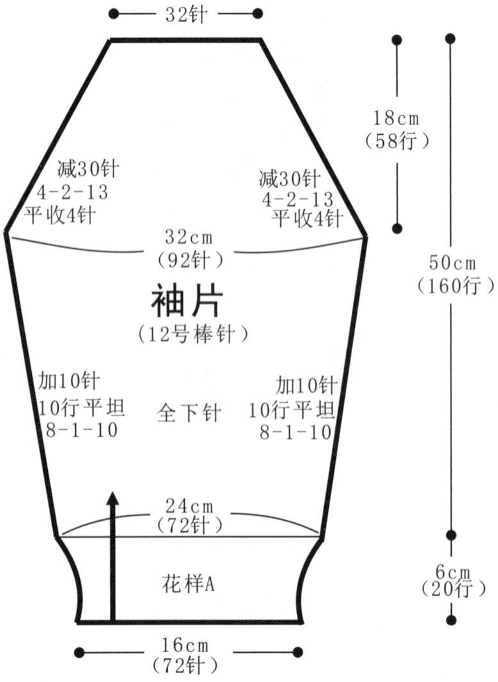

袖片
（12号棒针）

32针
减30针 4-2-13 平收4针
32cm（92针）
加10针 10行平坦 8-1-10
全下针
24cm（72针）
花样A
16cm（72针）
18cm（58行）
50cm（160行）
6cm（20行）

领片
（12号棒针）

92针
花样A
98针
4cm（14行）

符号说明:

□　上针
□=回　下针
2-1-3　行-针-次
回　镂空针
☒　左上2针并1针
⬆　编织方向
☒　右上2针并1针

花样A

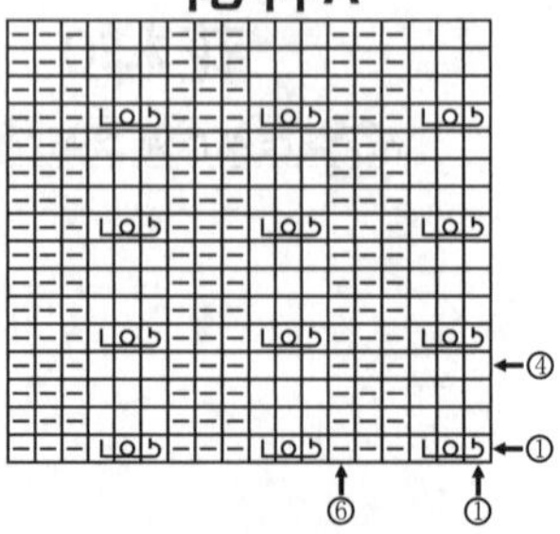

优雅钩花开衫

【成品规格】 衣长80cm,胸围90cm

【工　具】 9号钩针

【材　料】 编格尔时装线800g

编织要点:
1.参照单元花图解,钩单元花16个,参照结构图,衣身需要12个单元花,排列2行。
2.参照结构图的袖子图解,需要2组各2个圈拼的单元花。
3.参照衣身图解,在衣身6个单元花延伸1行长针186针,每个单元花钩31针长针。
4.在长针上,钩衣身图解62组花样。先钩6行后分前幅2片,袖子2个和后幅1片,分别是10组花样,11组花样,20组花样,11组花样,10组花样。
5.钩28组花样,前幅和后幅减针到肩线是5组花样。后领窝是10组花样。
6.参照花边图解,钩衣服外围1圈。袖口各钩6组花样。

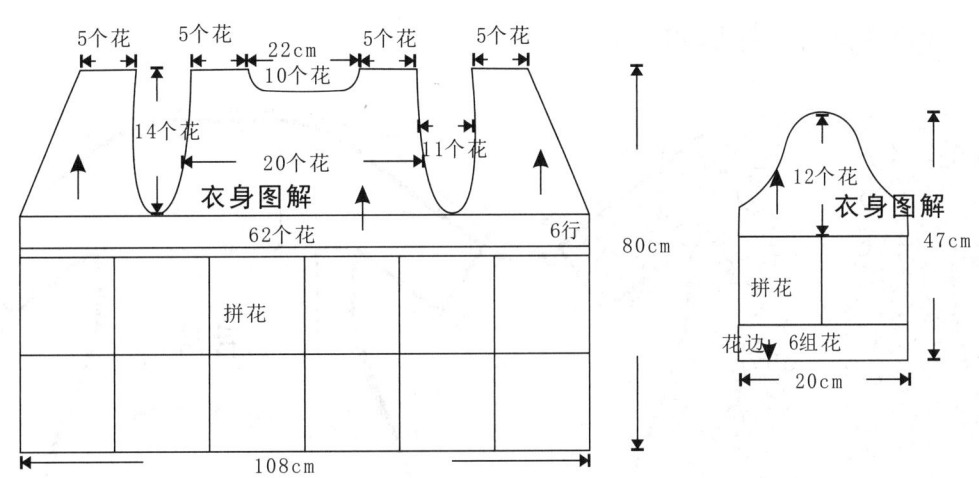

5个花　　5个花　　22cm　　5个花　　5个花
　　　　　　　　10个花

14个花

20个花　　11个花

12个花

衣身图解　　　　　　　　衣身图解

62个花　　　6行　　80cm　　47cm

拼花　　　　拼花

花边　6组花

108cm　　　20cm

单元花图解

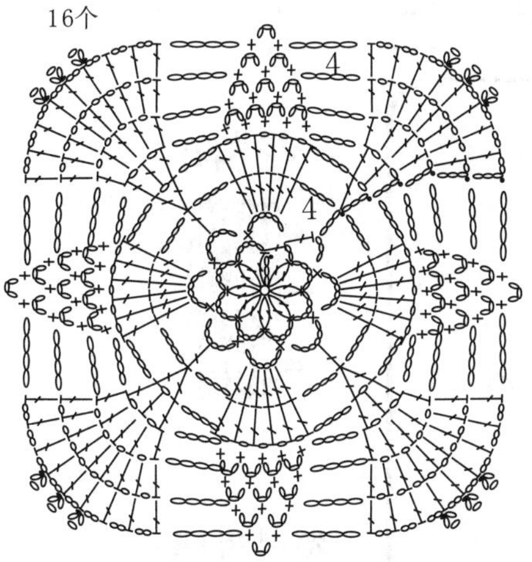

16个

4

4

拼花图解

衣身图解

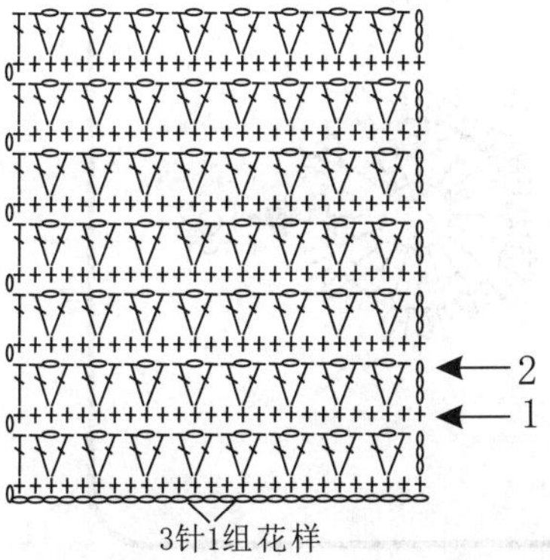

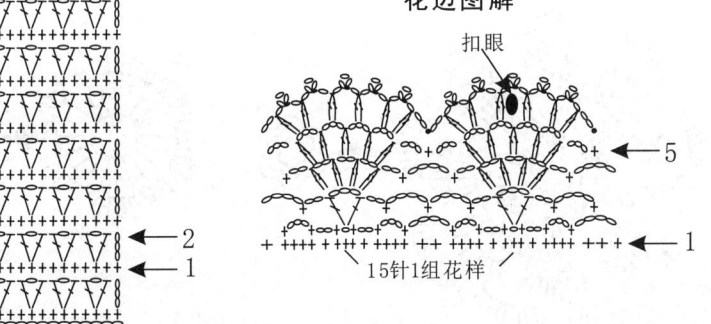

←2
←1

3针1组花样

花边图解

扣眼

←5

←1

15针1组花样

169

玫红拼花开衫

【成品规格】 衣长86cm,胸宽46cm,
肩宽35cm

【工　　具】 3号可乐钩针

【材　　料】 马海毛加2股羊毛钩织:
细羊毛250g,
蒂伊丝亮丝马海毛600g

编织要点:

1.钩针编织法,由多个不同的单元花拼接而成。
2.依照花样A中各种单元花。每种钩织数个,依照结构图排列
方法,将左右前片排列匀称,在衣襟边钩织圆圈花样锁边,而
衣身侧缝钩织花样B锁边。后片依照左右前片一起的宽度和长
度进行不规则排列,花样排列随意。袖片的排列亦同,可随便
变化。

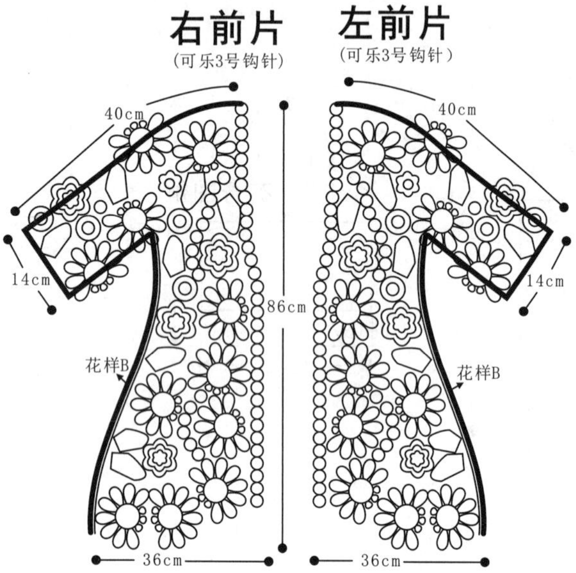

右前片
(可乐3号钩针)

左前片
(可乐3号钩针)

40cm

40cm

14cm

14cm

86cm

花样B

花样B

36cm

36cm

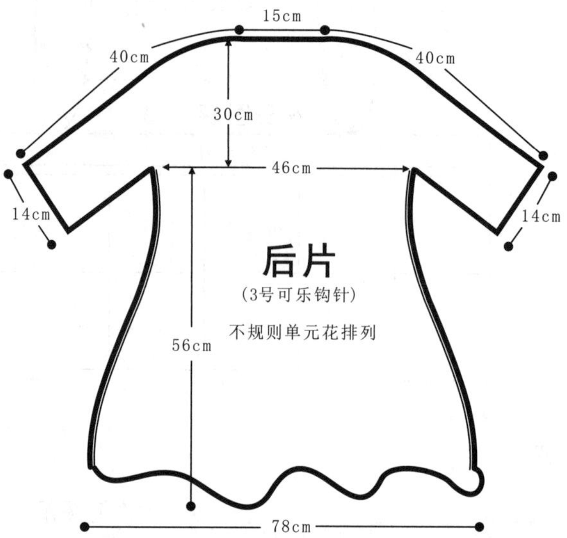

15cm

40cm

40cm

30cm

14cm

14cm

46cm

后片
(3号可乐钩针)

不规则单元花排列

56cm

78cm

花样A

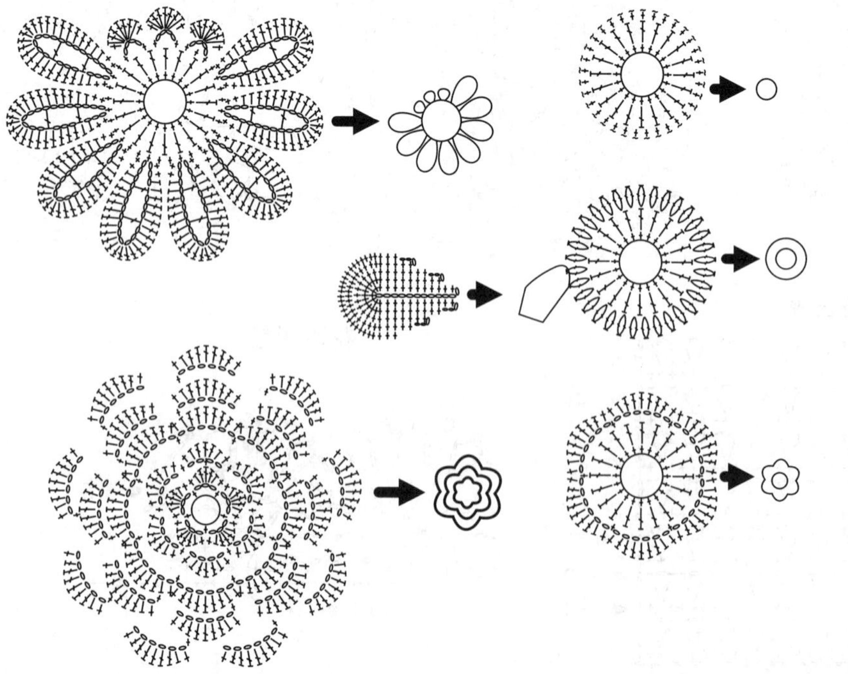

花样B

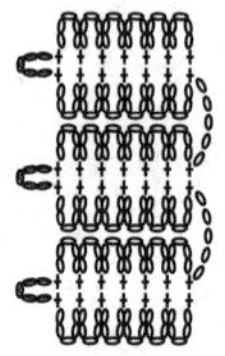

符号说明:

口	上针
口=口	下针
2-1-3	行-针-次
↑	编织方向
十	短针
┃	长针
∞∞	锁针
┬	立短针

粉色可人小外套

【成品规格】 衣长36cm,胸围90cm

【工　　具】 2.0mm钩针

【材　　料】 毛编格尔棉线200g, 丝带2米

编织要点:
1.此衣服由拼花组成。
2.参照结构图,需要10个单元花,参照单元花图解,钩编10个单元花。参照拼花图解拼花,在结构图中第1和第9个单元花拼合,第3和第10个单元花拼合。
3.袖口位置不拼合。结构图中灰色部分为花边,参照花边图解钩编花边。

灰色部分为花边, A与A处连接, B与B处连接

54cm

A	1	2	3	B
袖口	4	5	6	袖口
	7		8	
A	9		10	B

72cm

单元花图解

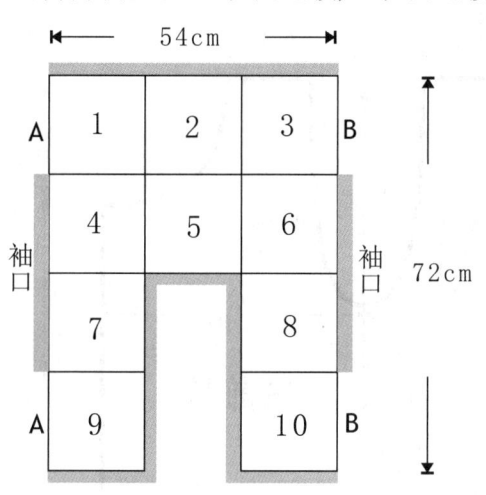

花边图解

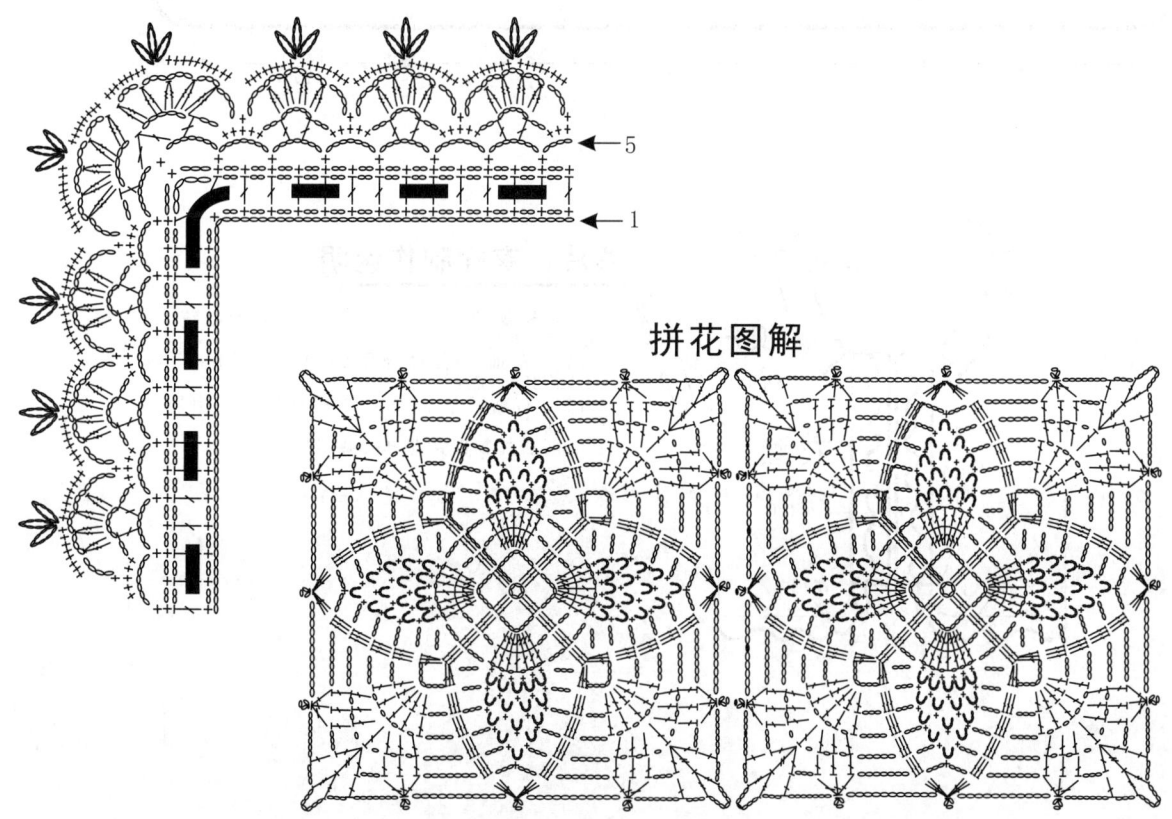

←5

←1

拼花图解

171

浅色荷叶边小外套

【成品规格】 衣长41cm,胸围82cm,
肩宽6cm,袖长22cm

【工　　具】 11号棒针,1.25mm钩针

【编织密度】 27针×40行=10cm²

【材　　料】 白色棉线400g

编织要点:

1.棒针编织法,袖窿以下一片编织,袖窿起分为左前、右前片,后片来编织。

2.起织,下针起针法,起196针织花样A,起织至两侧加针,方法为2-2-2、2-1-4、4-1-2,织至80行后,将织片分成左前片、后片和右前片分别编织,左右前片各取52针,后片取112针编织。

3.分配后片的针数到棒针上,起织时两侧减针织成袖窿,方法为1-4-1、2-1-9,织至149行,中间平收50针,两侧减针,方法为2-1-2,织至152行,两侧肩部各余下16针,收针断线。

4.分配左前片的针数到棒针上,起织时左侧减针织成袖窿,方法为1-4-1、2-1-9,织至109行,右侧减针织成前领,方法为1-6-1、2-2-2、2-1-13,织至152行,肩部各下16针,收针断线。

5.同样的方法相反的方向编织右前片,完成后将两肩部对应缝合。

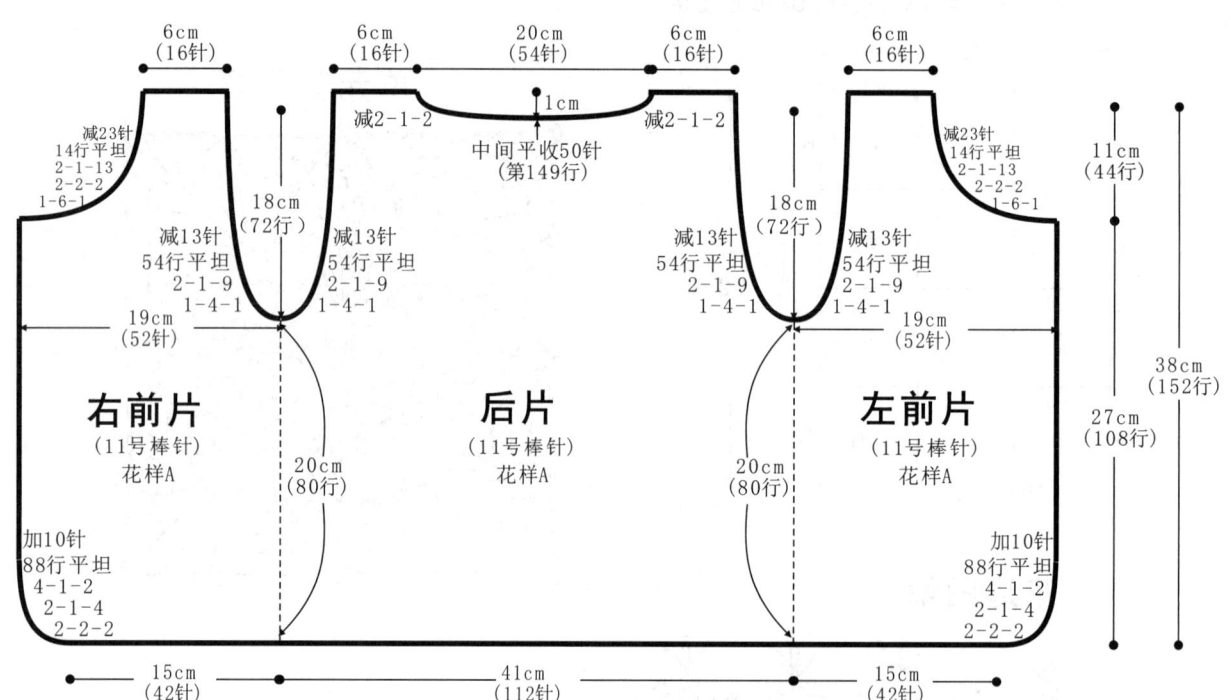

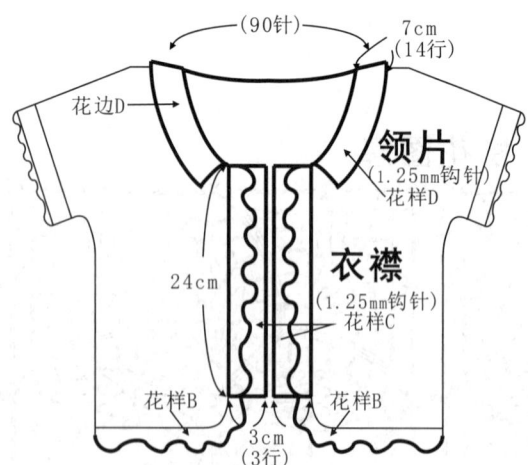

领片、衣襟制作说明

1.钩针钩织,先织衣襟,再织衣襟及衣摆花边,再织衣领。

2.沿左右前片衣襟分别钩24cm宽度花样C,共钩3行。断线。

3.沿左右前片衣襟及衣摆钩花样B,共钩3行。断线。

4.沿前后片领口钩花样D,共钩14行后断线。

袖片制作说明 ✍

1. 棒针编织法,编织两片袖片。从袖口起织。
2. 下针起针法,起70针织花样A,一边织一边两侧加针,方法为8-1-3,织至24行,两侧减针织袖山,方法为1-4-1、2-1-27,织至78行,织片余下14针,收针断线。
3. 同样的方法再编织另一袖片。
4. 缝合方法:将袖山对应前片与后片的袖窿线,用线缝合,再将两袖侧缝对应缝合。
5. 沿袖口钩织花样B作为袖口花边。

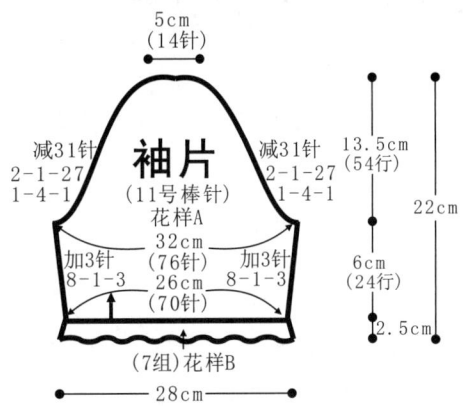

5cm
(14针)

减31针   减31针   13.5cm
2-1-27   2-1-27   (54行)
1-4-1   1-4-1

袖片

(11号棒针)

花样A

22cm

32cm
(76针)

加3针   加3针   6cm
8-1-3   8-1-3   (24行)

26cm
(70针)

2.5cm

(7组)花样B

28cm

花样A

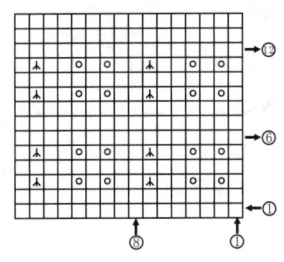

花样B

花样C

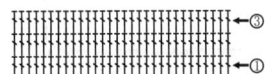

花样D

符号说明:

□	上针	┃	长针
□=回	下针	╋	短针
⊙	镂空针	‿	锁针
⋀	中上3针并1针		

2-1-3 行-针-次

173

韩版条纹V领衫

【成品规格】 衣长56cm，下摆宽50cm

【工　　具】 10号棒针

【编织密度】 25针×55行=10cm²

【材　　料】 织美绘牛奶丝绒：
白色380g，
灰色370g

编织要点：

1.棒针编织法，一片编织而成，再将袖侧缝与腋下侧缝缝合成形。

2.从袖口起织。下针起针法，用灰色线起织，起75针，起织花样A元宝针，不加减针，织18行，再用白色线织花样B搓板针，不加减针，织16行，这时织片织成34行高度。下一行起，重复18行灰色、16行白色的配色顺序排列，并在两侧同时加针编织，方法顺序是：10-1-5、8-1-5、2-2-10、2-3-5，两侧各加出45针，织片针数一共为165针，再用单起针法，往两侧再一次性加针，加出56针，继续往上配色编织，织成126行后，下一行先织116针，将接下来的105针收针，返回编织116针，用单起针法，起105针，接上织片，将余下的116针织完，形成的孔作领口，不加减针，织126行。两侧将56针收针，中间165针继续编织，并在两侧减针编织，方法依次是：2-3-5、2-2-10、8-1-5、10-1-5，最后不加减针，织34行后，收针断线。将五星与五星对应缝合，将三角与三角对应缝合。

3.蝴蝶结的编织，下针起针法，起32针，先织8行白色搓板针，再用灰色线织6行搓板针，最后织8行白色搓板针，完成后收针断线，用灰色线，沿边钩织一圈逆短针。另一片长度长些，起40针，配色方法相同，织22行后，同样用灰色线沿边钩织逆短针。

4.用白色线分别沿着领口边和衣身下摆边钩织一圈逆短针。将两只蝴蝶结缝合后衣领和开口的上下位置。衣服完成。

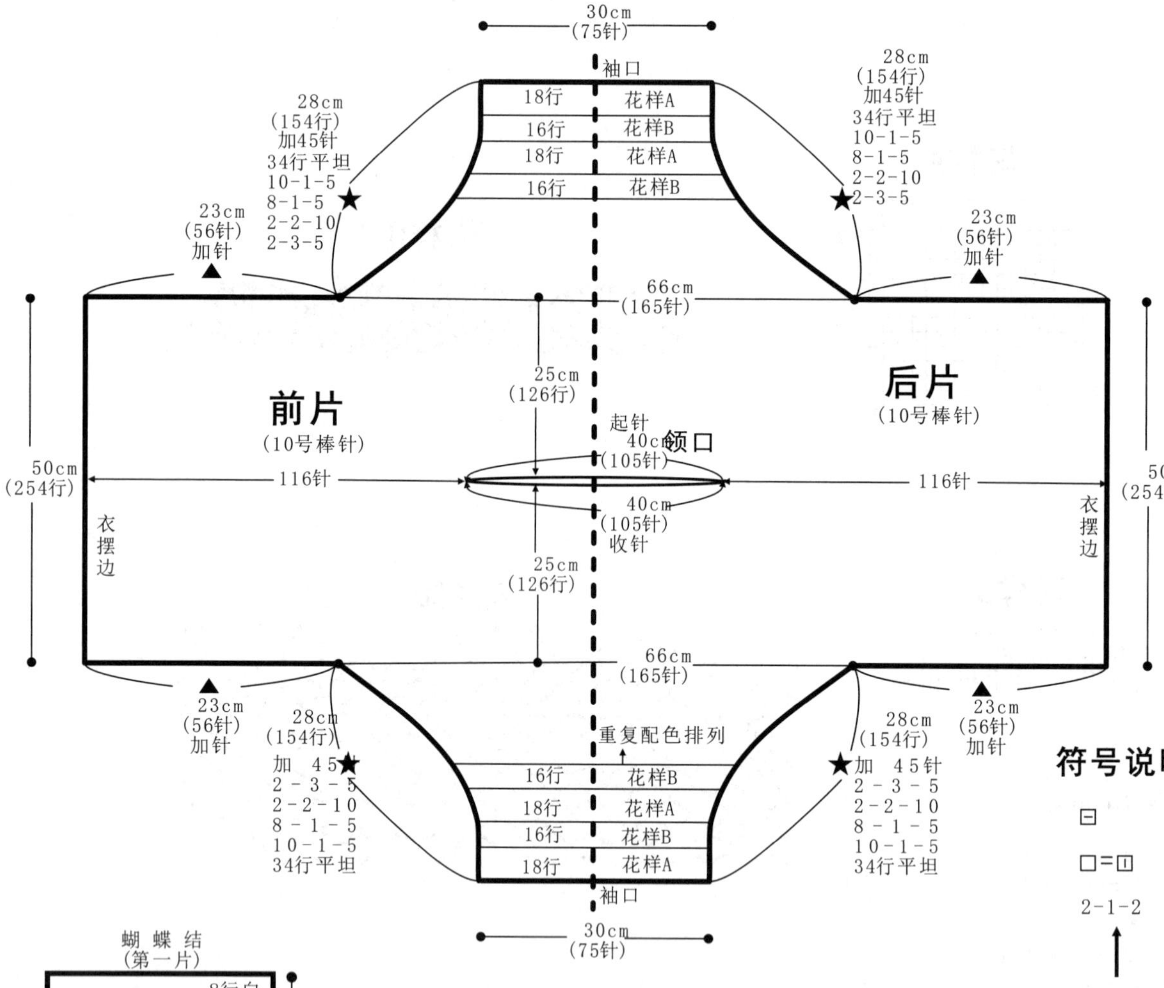

编织图

袖口 30cm（75针）

| 28cm（154行）加45针 34行平坦 10-1-5 8-1-5 2-2-10 2-3-5 | 18行 花样A / 16行 花样B / 18行 花样A / 16行 花样B | 28cm（154行）加45针 34行平坦 10-1-5 8-1-5 2-2-10 2-3-5 |

23cm（56针）加针 ▲　　　　　　　　　　　23cm（56针）加针 ▲

66cm（165针）

前片（10号棒针）　　　　　**后片**（10号棒针）

25cm（126行）

50cm（254行）　116针　　　　　　　116针　　50cm（254行）

衣摆边　　　　　　　　　　　　　　　　　　衣摆边

起针 40cm 领口（105针）
40cm（105针）收针

25cm（126行）

66cm（165针）

重复配色排列

▲ 23cm（56针）加针　　　　　　　　▲ 23cm（56针）加针

| 加45针 2-3-5 2-2-10 8-1-5 10-1-5 34行平坦 28cm（154行） | 16行 花样B / 18行 花样A / 16行 花样B / 18行 花样A | 加45针 2-3-5 2-2-10 8-1-5 10-1-5 34行平坦 28cm（154行） |

袖口 30cm（75针）

符号说明：

□　上针

□=▣　下针

2-1-2　行-针-次

↑　编织方向

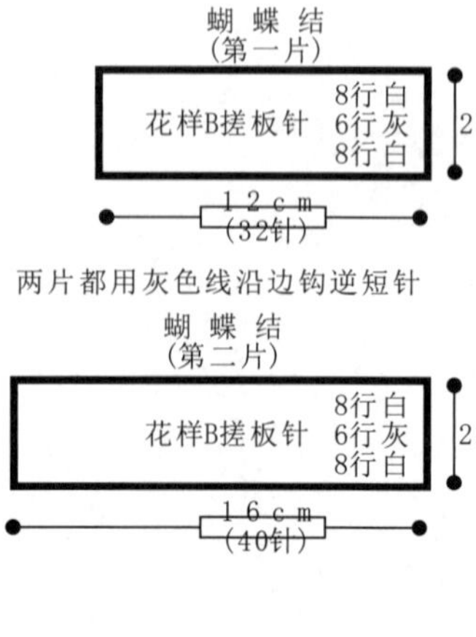

蝴蝶结

蝴蝶结（第一片）

| 8行白 |
| 花样B搓板针　6行灰 |
| 8行白 |

22行

12cm（32针）

两片都用灰色线沿边钩逆短针

蝴蝶结（第二片）

| 8行白 |
| 花样B搓板针　6行灰 |
| 8行白 |

22行

16cm（40针）

蝴蝶结（10号棒针）

后衣领开口

花样A

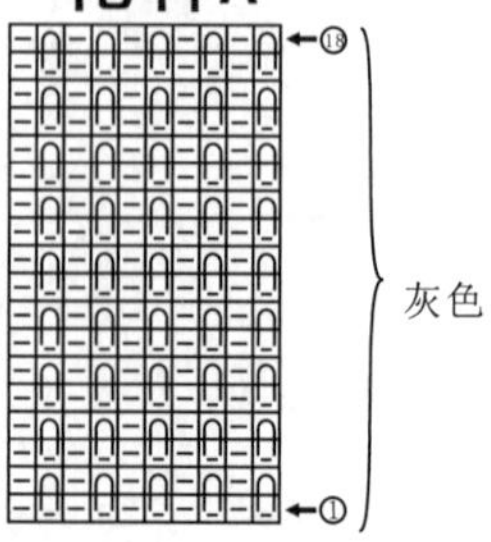

灰色

花样B

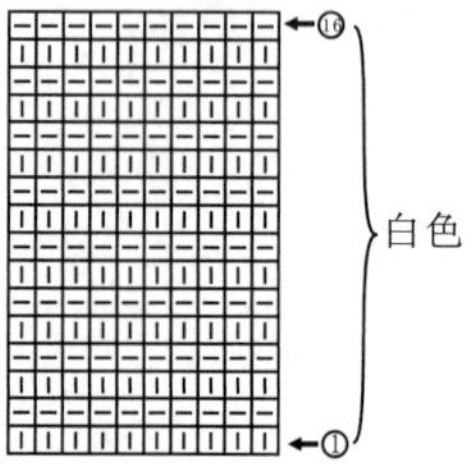

白色

亮丽冰丝线开衫

【成品规格】 衣长59cm,半胸围42cm,
肩宽34cm,袖长50cm

【工　具】 12号棒针,1.25mm钩针

【编织密度】 33针×32行=10cm²

【材　料】 红色冰丝线450g

编织要点:

1. 棒针编织法,袖窿以下一片编织,袖窿起分为左前、右前片,后片来编织。
2. 起织,下针起针法,起188针织花样A,起织至两侧加针,方法为2-2-4、2-1-16、4-1-2,织至48行,不加减针织32行后,将织片分成左前片、后片和右前片分别编织,左右前片各取50针,后片取140针编织。
3. 分配后片的针数到棒针上,起织时两侧减针织成袖窿,方法为1-4-1、2-1-10,织至149行,中间平收52针,两侧减针,方法为2-1-2,织至152行,两侧肩部各余下28针,收针断线。
4. 分配左前片的针数到棒针上,起织时左侧减针织成袖窿,方法为1-4-1、2-1-10,同时右侧按4-1-8的减针方法减针织成前领,织至152行,肩部余下28针,收针断线。
5. 同样的方法、相反的方向编织右前片,完成后将两肩部对应缝合。

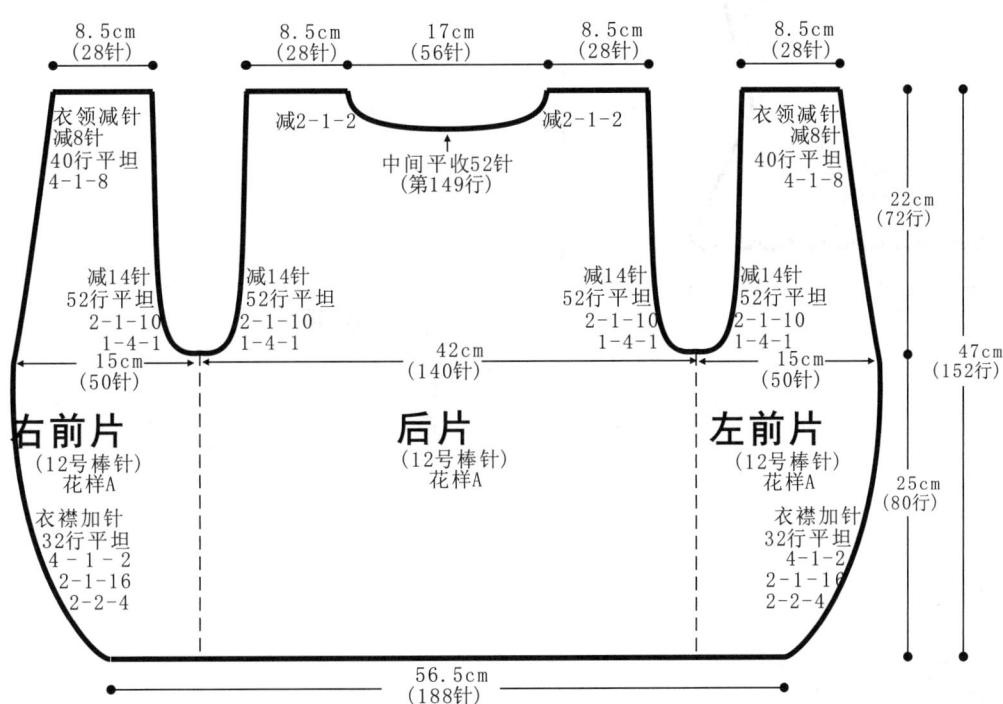

领片,衣襟制作说明

钩针钩织,沿左右前片衣襟衣摆及衣领边沿钩织花样B,共钩12行,断线。

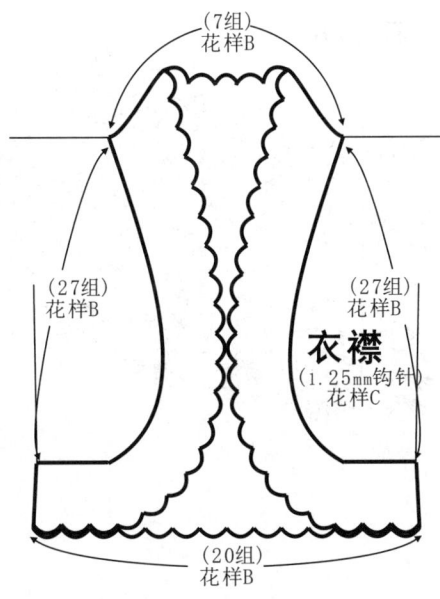

175

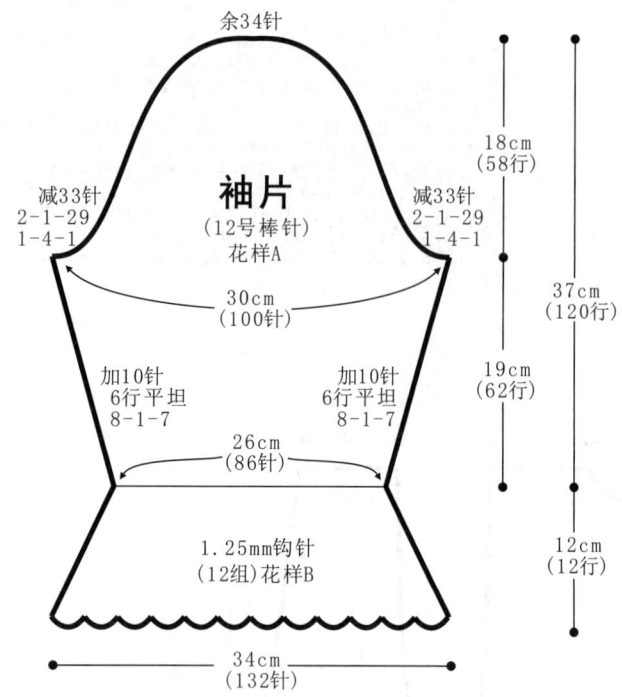

余34针

袖片
(12号棒针)
花样A

减33针
2-1-29
1-4-1

减33针
2-1-29
1-4-1

30cm
(100针)

加10针
6行平坦
8-1-7

加10针
6行平坦
8-1-7

26cm
(86针)

1.25mm钩针
(12组)花样B

34cm
(132针)

18cm
(58行)

37cm
(120行)

19cm
(62行)

12cm
(12行)

袖片制作说明

1. 棒针编织法,编织两片袖片。从袖口起织。
2. 下针起针法,起86针织花样A,一边织一边两侧加针,方法为8-1-7,织至62行,两侧减针织袖山,方法为1-4-1,2-1-29,织至120行,织片余下34针,收针断线。
3. 同样的方法再编织另一袖片。
4. 缝合方法。将袖山对应前片与后片的袖窿线,用线缝合,再将两袖侧缝对应缝合。
5. 沿袖口钩织12组花样B作为袖口花边。

符号说明:

符号	说明	符号	说明
□	上针	长针	
□=□	下针	短针	
⊡	镂空针	锁针	
中上3针并1针			

2-1-3　行-针-次

花样A

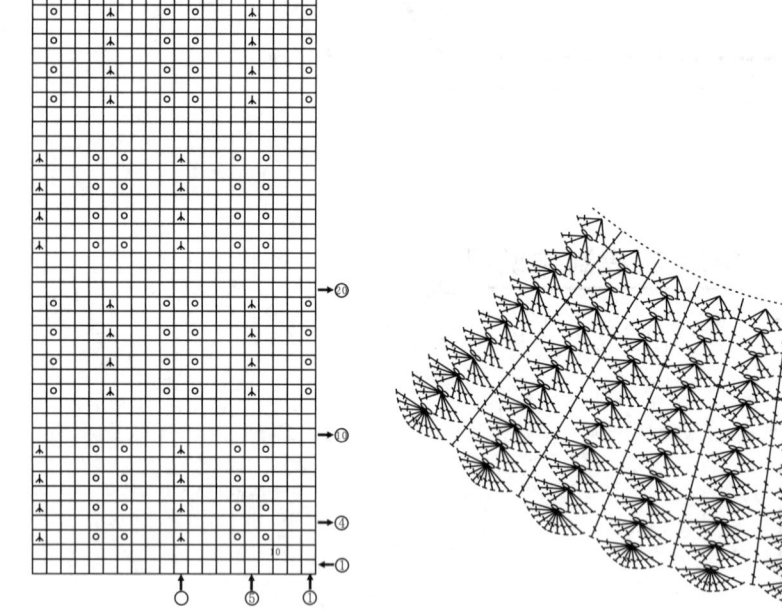

花样B

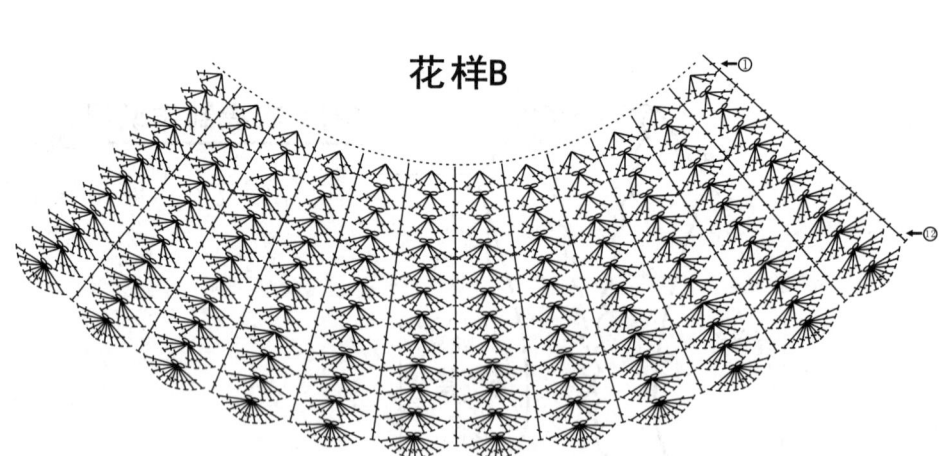

波浪花背心开衫

【成品规格】 衣长46cm,胸围92cm

【工　　具】 10号棒针

【编织密度】 19针×26行=10cm²

【材　　料】 黑色、深蓝色、浅蓝色、黄色棉线各100g

编织要点:

1.棒针编织法,衣身分为左片和右片编织,从衣襟横向编织至后背中心。

2.起织左片,下针起针法,起108针织花样A,织24行后,将织片右侧18针留起暂时不织,余下90针继续编织花样A,织至120行,收针断线。

3.另起线挑起右侧留起的18针编织衣领,织花样A,织24行后,收针断线。

4.同样的方法、相反的方向编织右片,完成后将左右片后背中心缝合,再将两肩部分别缝合,再将后领对应缝合。

5.沿衣身下摆及两侧袖窿分别钩织花样B,作为花边。

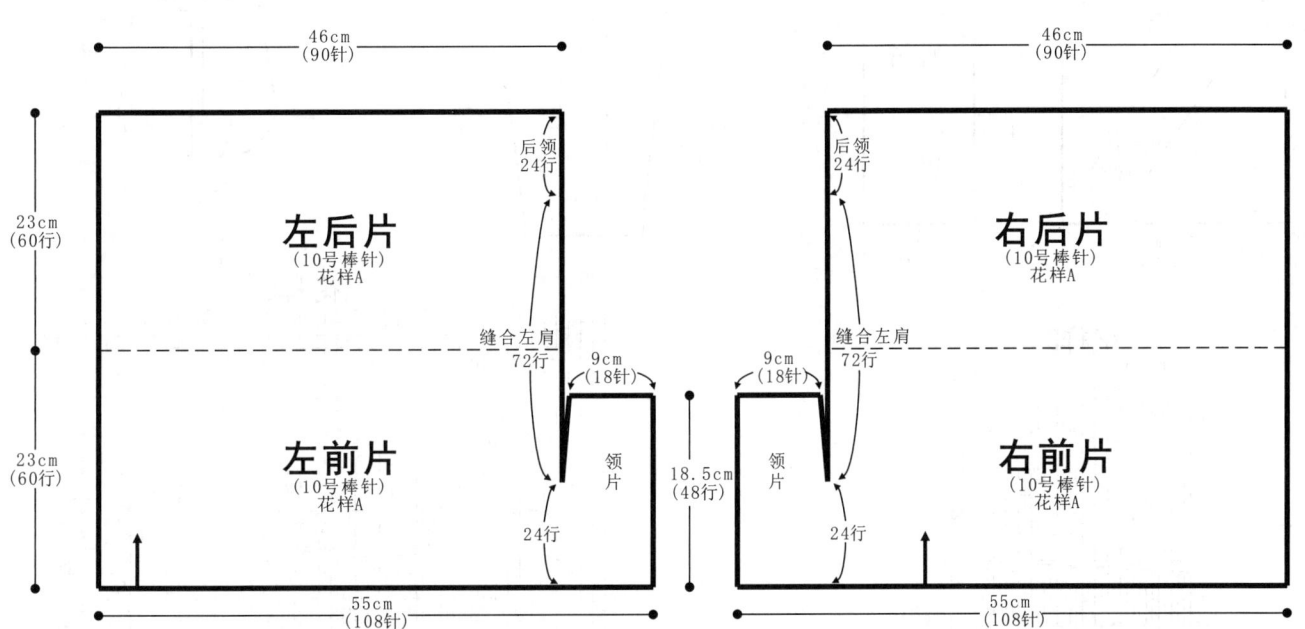

花样A

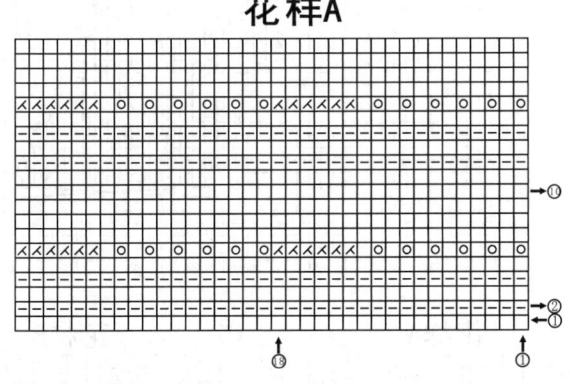

符号说明:

⊟　　上针

□=①　下针

⊙　　镂空针

⊠　　左上2针并1针

花样B

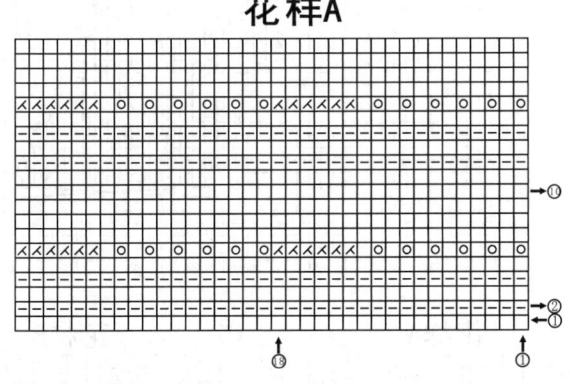

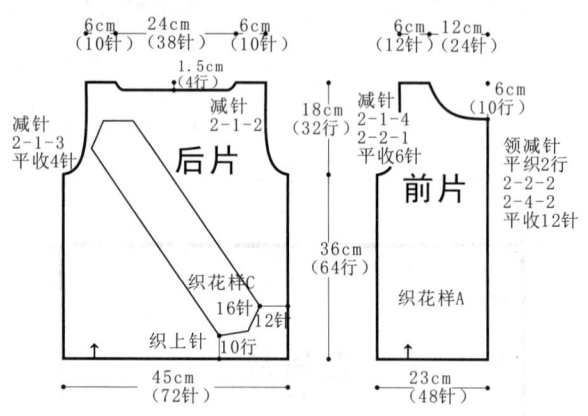

浅咖啡色大翻领外套

【成品规格】 衣长54cm，胸围90cm，袖长56cm

【工　　具】 8号棒针

【编织密度】 花样A20针×18行=10cm²

【材　　料】 浅咖啡色毛线500g

编织要点：

1.后片：起72针织上针10行后，右侧44针，左侧12，中间16针织花样C，花样的一侧加针，另一侧相应收针形成造型，织64行开挂，腋下平收4针，按图示减针，花样的顶端逐渐递减织上针，后领窝留1.5cm。

2.前片：整个前片织花样A；起48针分4个花样织64行后开挂肩，因为编织密度的不同，腋下收针不同后片；先平收6针，再按图示分别减针，领窝留6cm，中心平收12针，再依次减针至完成。

3.袖：从上往下织；起10针，按图示加针织出袖山，织30行开始在中心织花样D，花样完成后织上针12行平收。

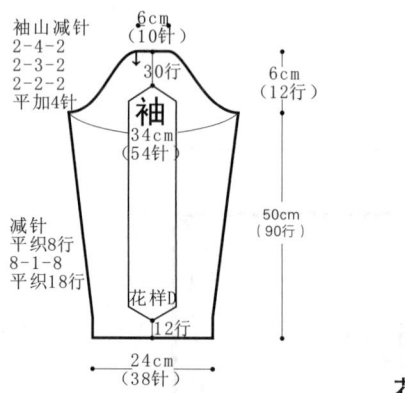

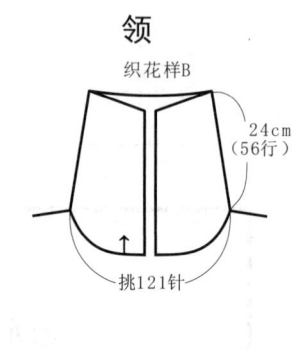

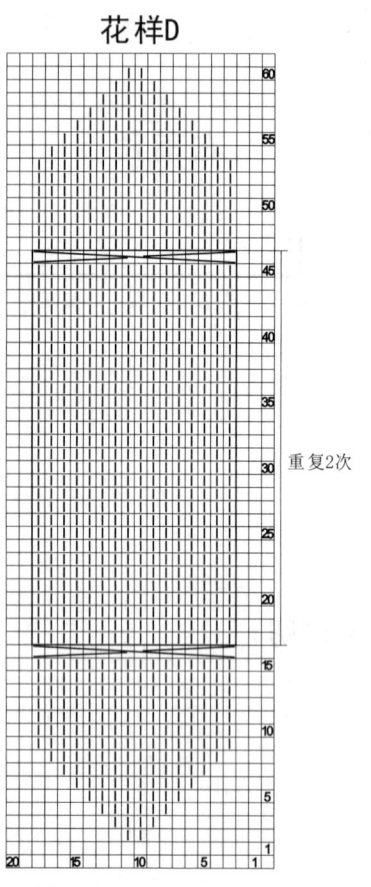

花样D

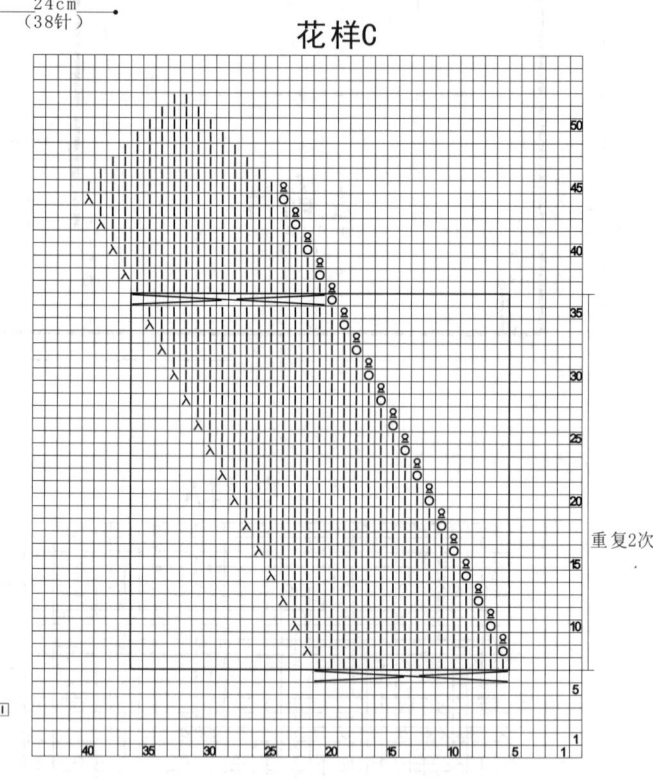

花样C

重复2次

□=ⅠⅠ

针法符号说明

O = 加针

λ = 右上2针并1针

Ω = 上针扭针

Ω = 扭针

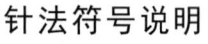 = 16针右上交叉

花样A

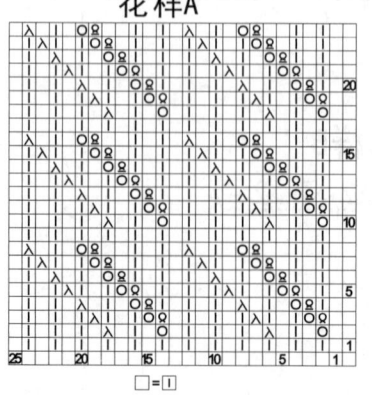

花样B

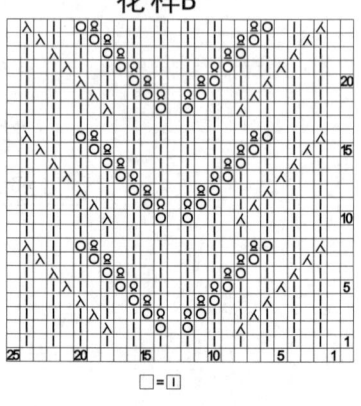

橘色高领长袖衫

【成品规格】 衣长58cm，胸围82cm，
袖长52cm

【工　　具】 13号棒针

【编织密度】 35针×44行=10cm²

【材　　料】 貉绒250g

编织要点：
1.叶子花衣，起头83针，排4个花，每花20针，按图解织。
2.织12行两边各加1针5次，织10行加1针9次，6行加1针7次，2行加1针2次，袖子约204行，再两边各加127针。
3.肩织46行，织肩的时候前后各加出1个花。
4.加出领子部分71针，前后片分开织，一边领子织到86行后留着，织另一边。
5.对换织另一个袖子，减针变加针，缝合腋下及前后身片。完成。

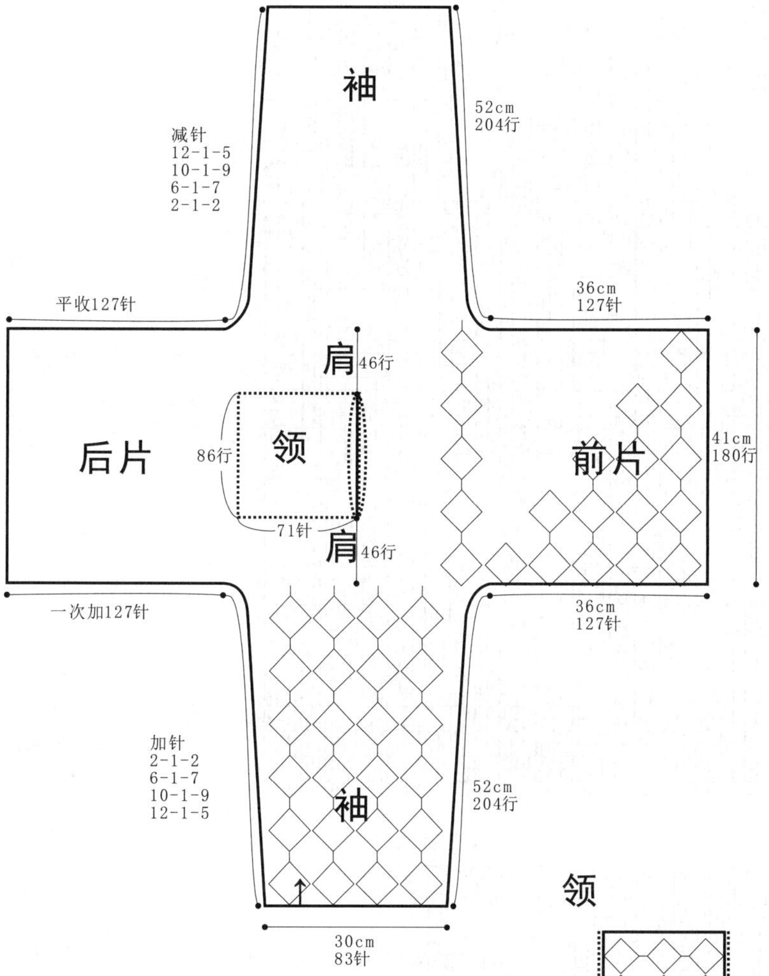

袖
52cm
204行

减针
12-1-5
10-1-9
6-1-7
2-1-2

平收127针

肩 46行

后片

领 86行

71针

肩 46行

一次加127针

加针
2-1-2
6-1-7
10-1-9
12-1-5

袖
52cm
204行

30cm
83针

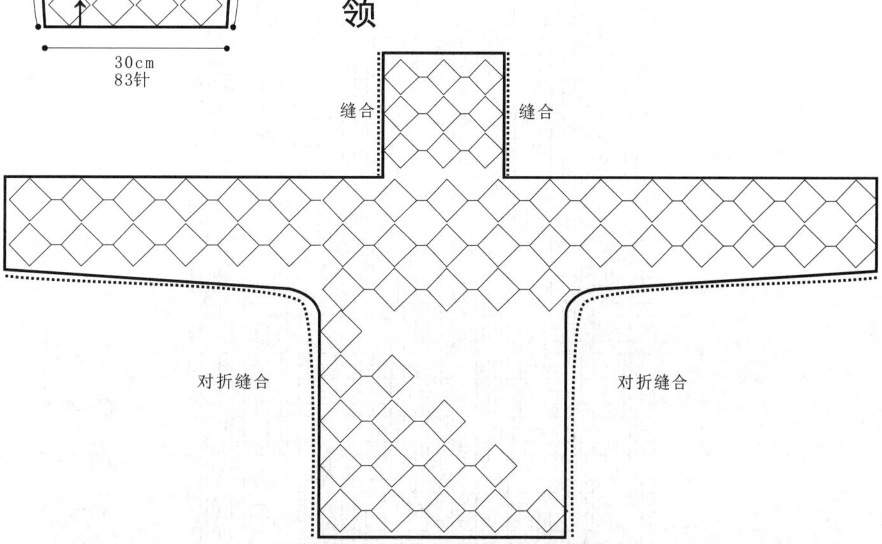

36cm
127针

前片
41cm
180行

36cm
127针

领

缝合　　缝合

对折缝合　　　　对折缝合

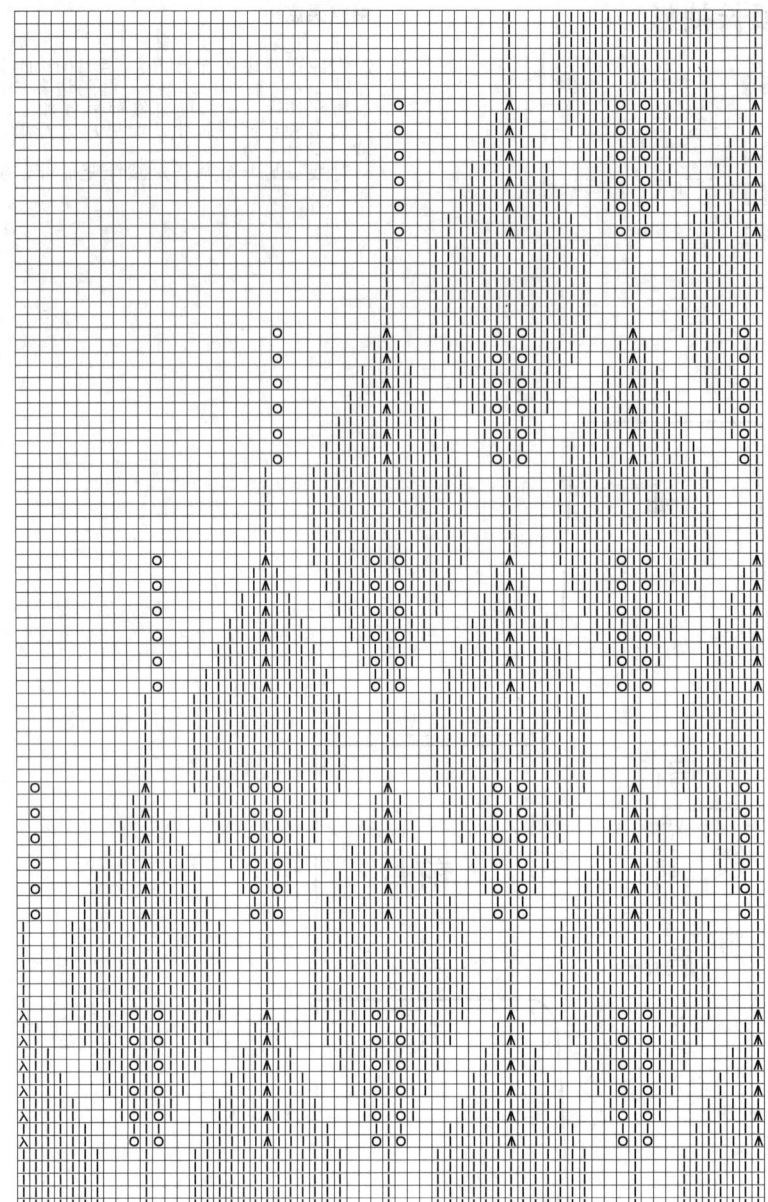

前片花样递减图

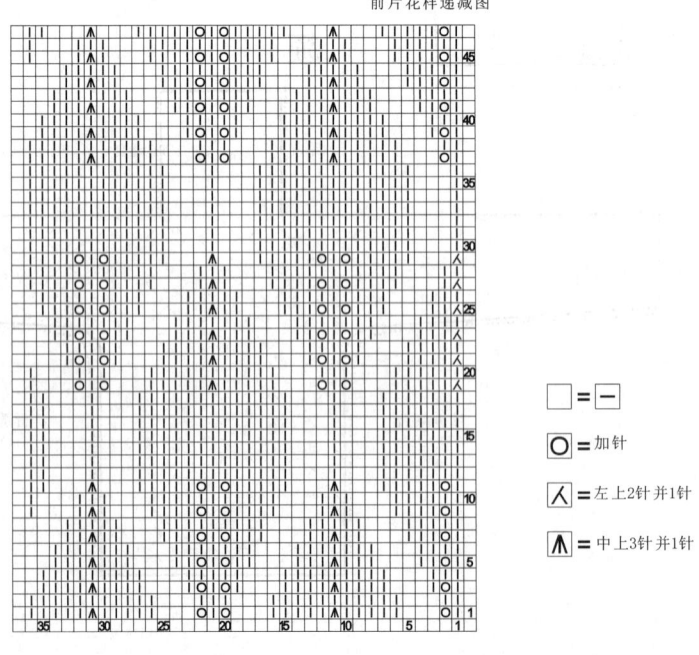

编织花样

□ = ―

〇 = 加针

人 = 左上2针并1针

Λ = 中上3针并1针

简约高领打底衫

【成品规格】 衣长59cm, 胸宽42cm,
肩宽32cm, 袖长58cm
袖宽16.75cm

【工　　具】 10号棒针

【编织密度】 24针×28行=10cm²

【材　　料】 段染羊毛线600g

编织要点：

1.棒针编织法，分为前后片、袖片编织，再进行缝合，最后编织领片。

2.前片的编织。单罗纹起针法，起102针，花样A起织，不加减针，织10行;下一行起，改织24针花样B+54针花样C+24针花样B排列，不加减针，织90行至袖窿;下一行起，两边同时减针，1-4-1，2-1-8，减12针，织17行;当自袖窿起织52行高度时，下一行进行衣领减针，从中间收针14针，两边相反方向减针，2-2-3，2-1-4，减10针，织14行，余下22针，收针断线。

3.后片的编织。单罗纹起针法，起102针，花样A起织，不加减针，织10行;下一行起，改织花样B，不加减针，织90行至袖窿;下一行起，两边同时减针，1-4-1，2-1-8，织17行;当自袖窿起织62行高度时，下一行进行衣领减针，2-1-2，减2针，织4行，余下22针，收针断线。

4.袖片的编织。单罗纹起针法，起58针，花样A起织，不加减针，织10行;下一行起，改织20针花样B+18针花样D+20针花样B排列，两边同时加针，8-1-12，加12针，织96行，不加减针编织2行高度，余下82针;下一行起，两边同时减针，1-4-1，2-1-28，减32针，织56行，余下18针，收针断线;用相同方法编织另一袖片。

5.拼接。将前后片与袖片对应缝合。

6.领片的编织。从前后片共挑74针，花样A起织，织42行，收针断线。衣服完成。

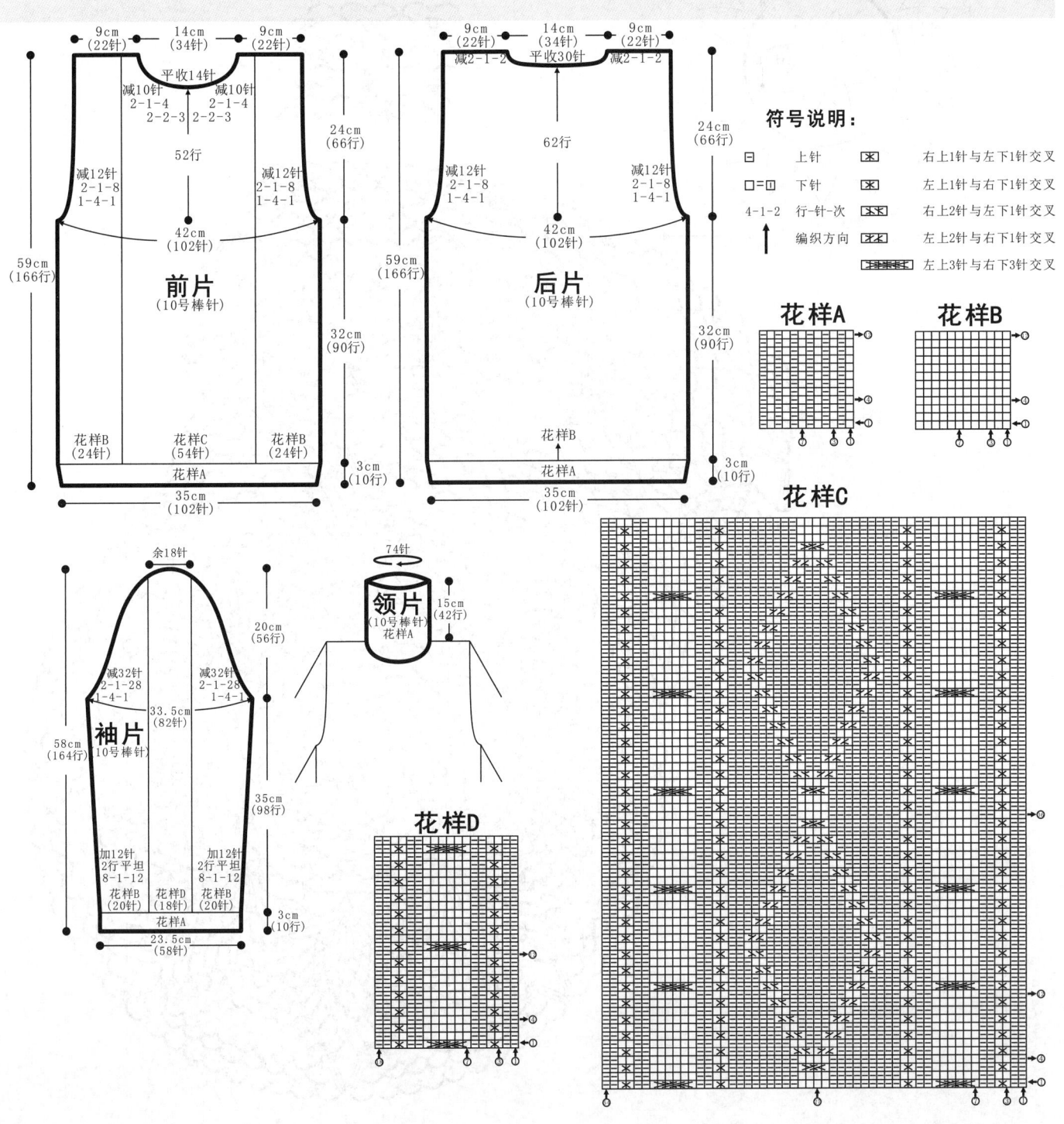

符号说明：

符号	说明	符号	说明
□	上针	⊠	右上1针与左下1针交叉
□=□	下针	⊠	左上1针与右下1针交叉
4-1-2	行-针-次	⊠	右上2针与左下1针交叉
↑	编织方向	⊠	左上2针与右下1针交叉
			左上3针与右下3针交叉

花样A
花样B
花样C
花样D

前片 (10号棒针)
后片 (10号棒针)
袖片 10号棒针
领片 (10号棒针 花样A)

米色钩花小外套

【成品规格】 衣长90cm，胸围90cm

【工　　具】 3.0mm钩针

【材　　料】 竹棉500g双股

编织要点：

1.参照结构图1，从后背中央起8针，圈状钩编，先排列8组菠萝花样。
2.再重新排列16组菠萝花样，参照图1图解。在黑粗线的位置留下袖口，分别是袖口各2组花样，上面留下4组花样，下面留下8组花样。
3.参照图2，钩最后1行花边。
4.参照袖子图解，在2边袖口各钩长8行、宽度为20厘米的袖子。

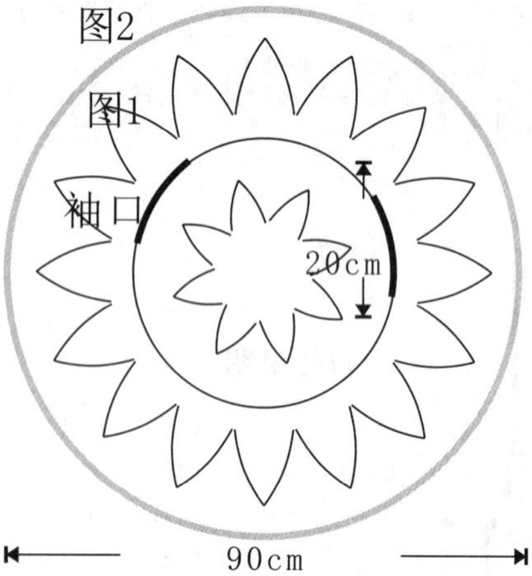

图2

图1

袖口

20cm

90cm

图2：

袖子图解

图1：

湖水蓝糖果外套

【成品规格】 衣长64cm，胸围100cm，袖长19cm

【工　　具】 12号棒针，1.2mm钩针

【编织密度】 22针×24行=10cm²

【材　　料】 蓝色棉线400g

编织要点：
1. 棒针编织法，衣服从右往左横向编织。
2. 起织，下针起针法，起121针织花样A，不加减针织208行后，收针断线。
3. 沿衣身的起织边钩织6组花样B，共钩14行，作为右袖片。沿衣身的收针边钩织6组花样B，共钩14行，作为左袖片。
4. 按结构图标记缝合左右袖底。
5. 沿衣身织片左右两侧分别钩织12组花样B，共钩14行，作为领片和衣摆片。完成后对应缝合。

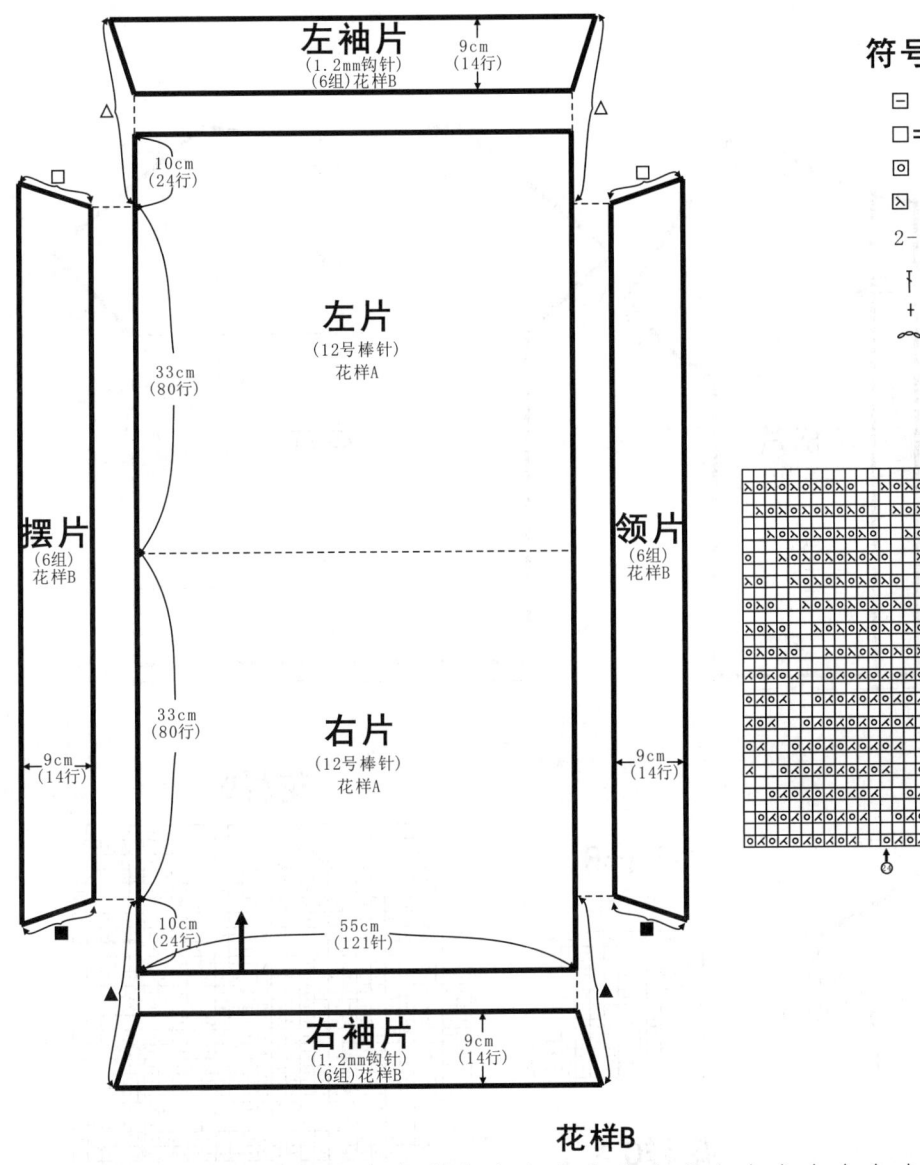

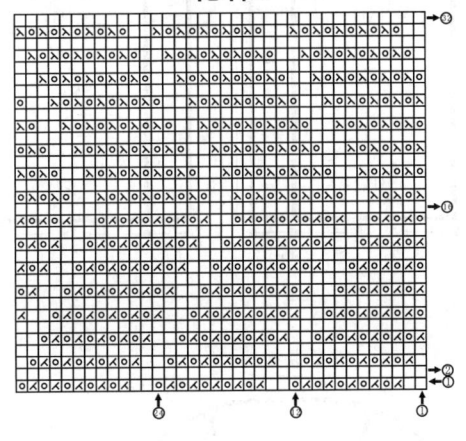

符号说明：

□　　　　上针

□=□　　下针

◙　　　　镂空针

⊠　　　　右上2针并1针

2-1-3　行-针-次

Ⅰ　　长针

┼　　短针

∽　　锁针

花样A

花样B

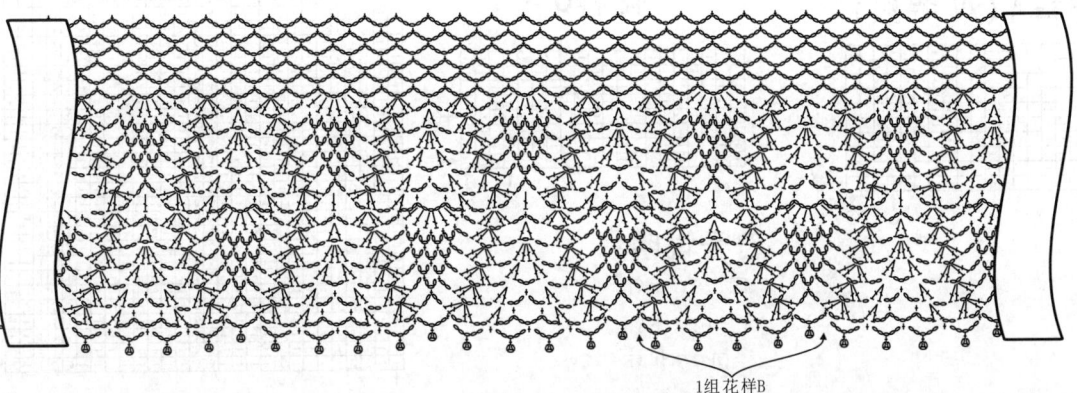

1组花样B

183

蓝色树叶花短袖

【成品规格】 衣长50cm，胸围66cm

【工　　具】 8号棒针

【编织密度】 18针×24行=10cm²

【材　　料】 蓝色棉线500g

编织要点：

1.棒针编织法，横向编织，从一侧衣襟织至另一侧衣襟。

2.起针，双罗纹起针法，起88针，起织花样A双罗纹针，不加减针，编织12行的高度；在织至第6行时，制作5个扣眼。第13行起，分配花样，从右至左，分别为10针花样B搓板针，28针花样D，38针花样C，12针花样B，不加减针，编织34行的高度后，花样C与12针花样B暂停不织，将花样B和花样D继续编织，再织64行作袖口；下一行继续编织，织80行后，同样留花样C与花样B不织，继续编织64行花样D与花样B，做出袖口，然后将所有的针数全部织起，再织34行后，全部改织花样A双罗纹针，再织12行后，收针断线。

3.沿着前后衣领边，挑出140针，起织花样A双罗纹针，不加减针，编织10行后，收针断线。再沿着袖口边，挑出80针，起织花样，织成10行后，收针断线。在一侧衣襟上钉上5个纽扣。衣服完成。

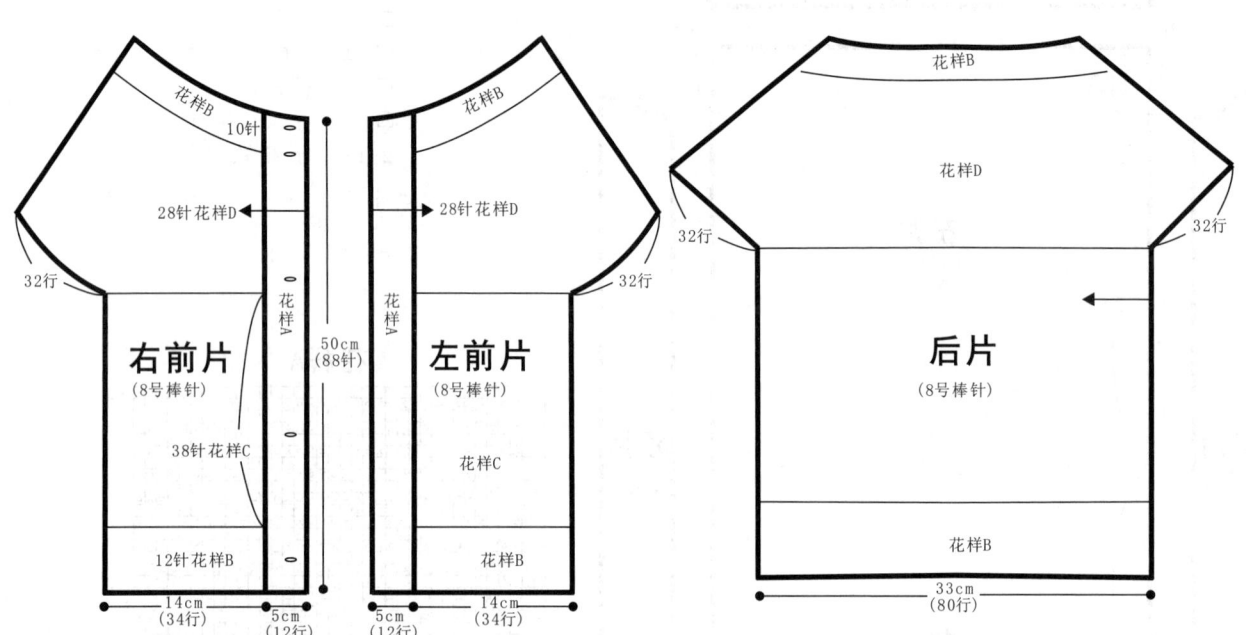

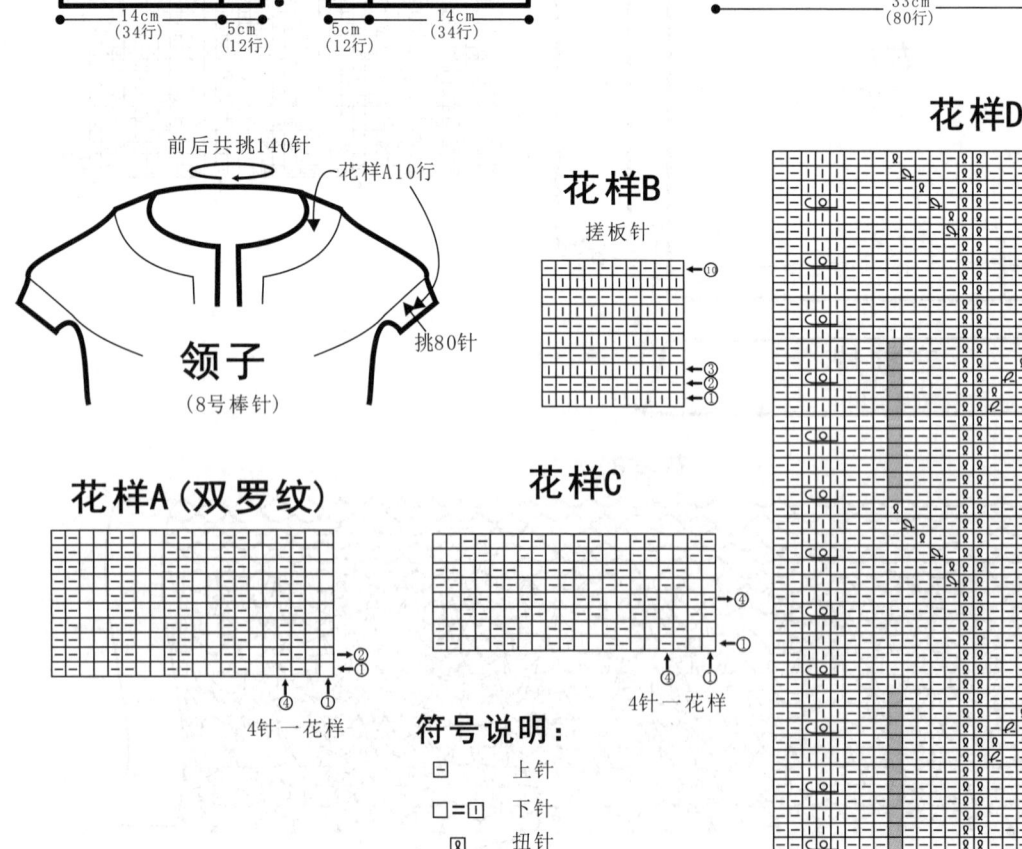

符号说明：

□　　上针

□=□　下针

回　　扭针

2-1-3　行-针-次

蓝色翻领桌布衣

【成品规格】 衣长44cm，宽30cm

【工　　具】 3.0mm钩针

【材　　料】 蓝色棉线400g

编织要点：
1.钩针编织法，先制作袖口的衣身部分，再环钩下摆片。
2.起针，钩织30cm长的锁针辫子，然后起钩花样A，不加减针，钩织16行花样，完成后，将首行的两个角与尾行的两个角连接，形成三个孔道，两侧小的作袖口，中间大的起钩下摆片，环形钩织，绕一圈钩织，依照花样B起钩每一组花样组，共钩织25行下摆片。完成后收针断线。藏好线尾。

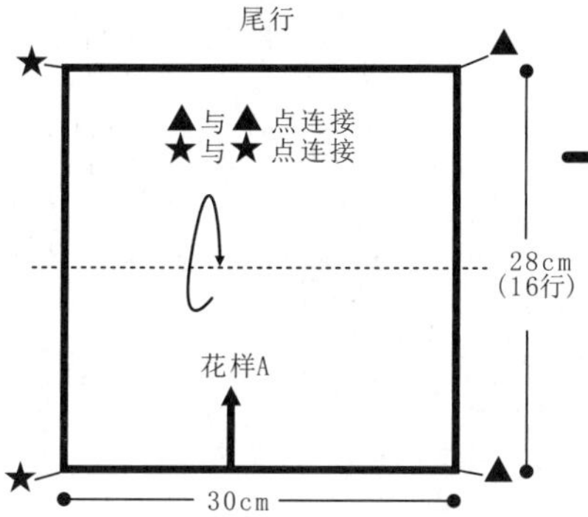

尾行

▲与▲点连接
★与★点连接

28cm
(16行)

花样A

30cm

披肩
(3.0mm钩针)

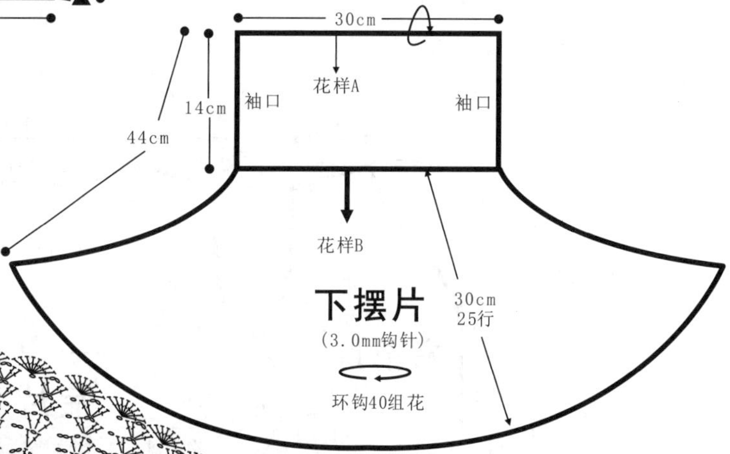

袖口　　　袖口

符号说明：

□	上针	＋	短针
□=□	下针		长针
2-1-3	行-针-次		锁针

↑ 编织方向

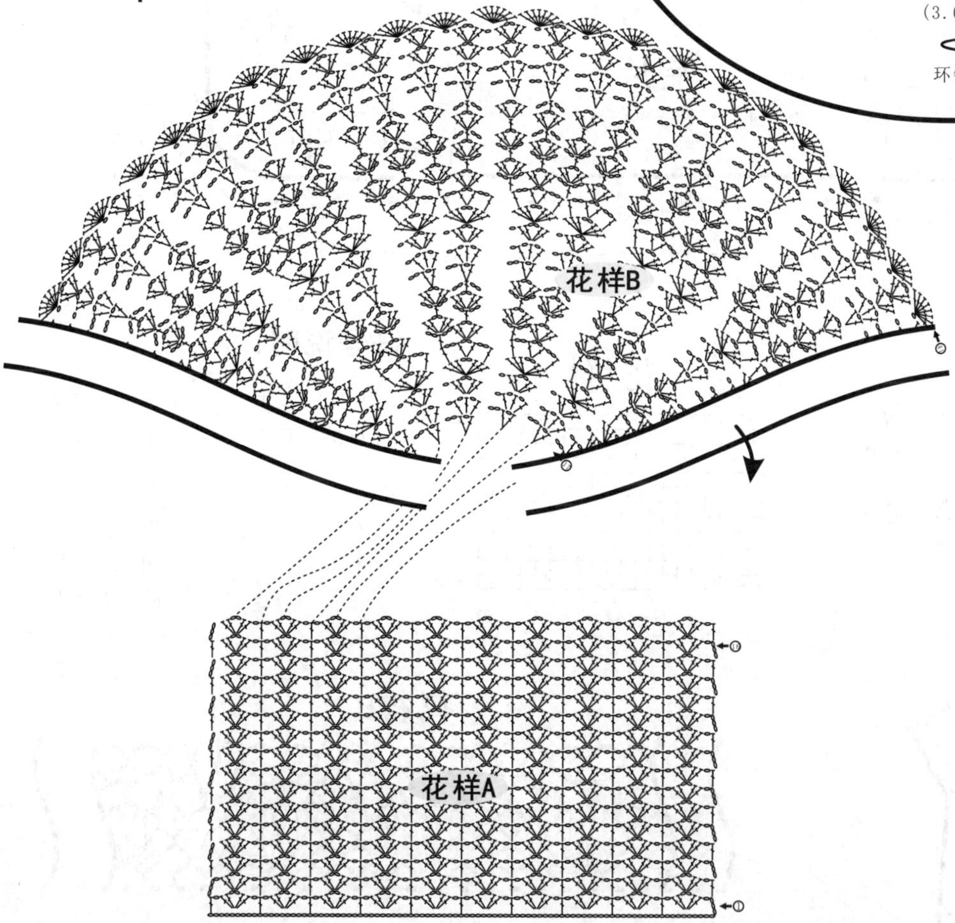

袖口　　花样A　　袖口

14cm

44cm

花样B

下摆片
(3.0mm钩针)

30cm
25行

环钩40组花

花样B

花样A

浅色钩边小外套

【成品规格】 衣长34cm，胸围90cm，袖长14cm

【工　　具】 12号棒针，2.5mm钩针

【编织密度】 29针×40行=10cm²

【材　　料】 编格尔棉线加丝毛线200g

编织要点：

1.整件衣服从下向上编织，袖窿以下一片编织。袖窿以上分成左前片、右前片和后片各自编织。

2.下摆起针，起234针，两侧要留20针的宽度。从最内侧第20针起，加针编织前衣襟的弧边，方法依次顺序是：2-5-1，2-3-2，2-2-1，2-1-5，4-1-2，而后片选122针，左右前片各选32针，在腋下中心加针，前后片同时减针，12-1-4，每侧腋下加出8针，这样，后片织60行高时，针数为130针，左右前片织成60针，60行高。下一步分片各自编织。

3.后片的编织。将后片130针挑出，两侧袖窿减针，两侧收针6针，然后2-1-8，两侧减少14针，然后不加减针，织成袖窿算起68行的高度时，下一行起，衣领中间收针42针，两侧减针，2-1-4，而袖窿这边肩部引退针编织，2-5-5，肩部26针，织成76行。收针断线。

4.前片的编织。袖窿减针，与后片相同，减少14针，减袖窿的同时开始减领边，方法依次是，2-1-3，不加减针织2行，这个方法重复织6次，织成48行高，然后2-1-2，进行一次，最后不加减针再织24行至肩部，而袖窿边织成68行后，同样进行肩部引退针编织，2-5-5，肩部26针，收针断线。相同的方法去编织另一前片。

5.袖片的编织。起84针，不加减针，织下针，织6行后，下一行起袖山减针，两侧收针6针，然后2-1-23，2-3-1，两侧各减少32针，余下20针，收针断线。相同的方法去编织另一只袖片。完成后，将袖片与衣身的袖窿线缝合。

6.最后，沿着左右衣襟边和下摆边，挑针钩织花样B花边。要注意排花，花型的对称性，还有袖口钩织一圈花样B花边。衣服完成。

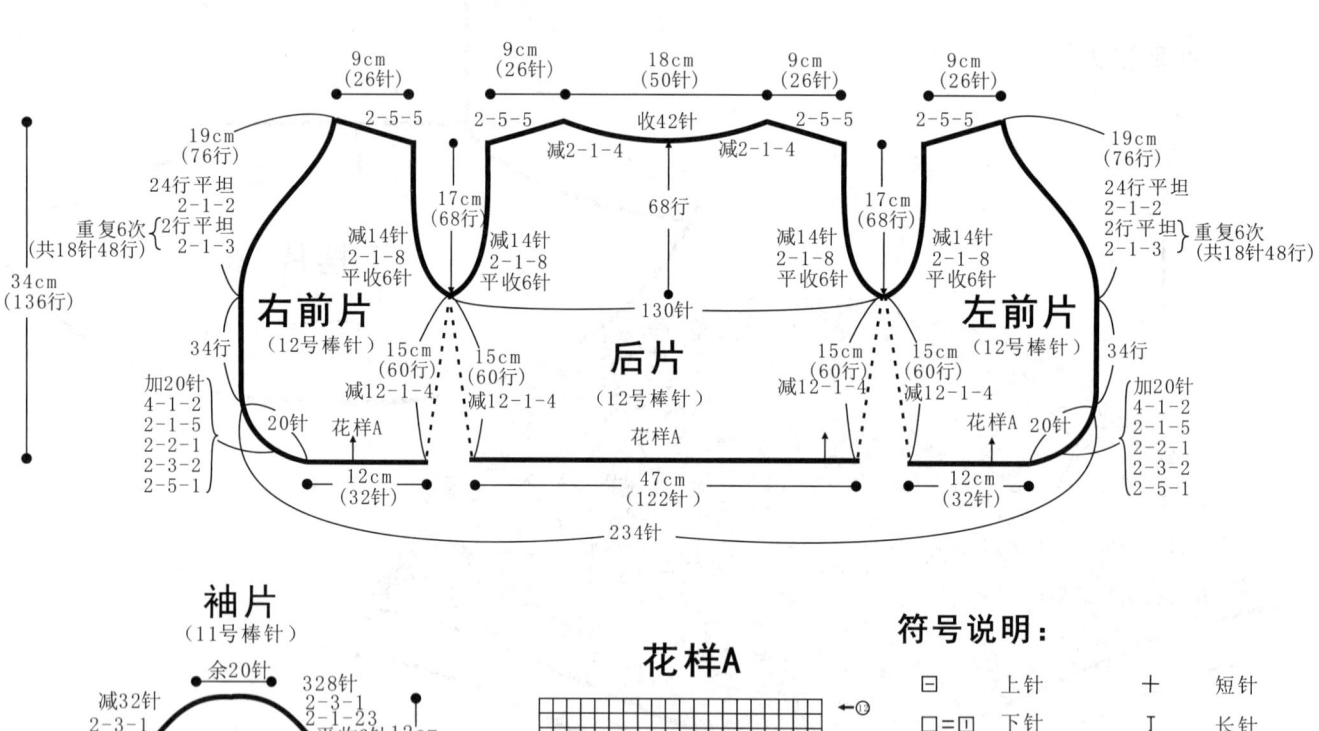

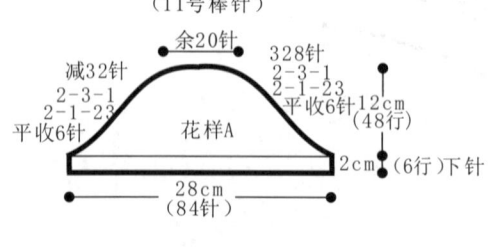

袖片
（11号棒针）

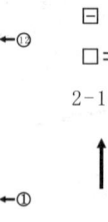

花样A

符号说明：

□	上针	＋	短针
□=回	下针	Ⅰ	长针
2-1-3	行-针-次	∞	锁针
↑	编织方向	⊠	左并针
		⊠	右并针
		□	镂空针

领襟
（2.5mm钩针）

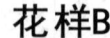

花样B

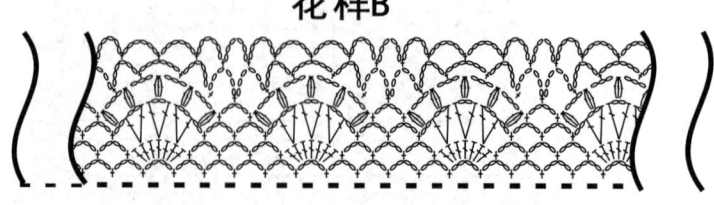

绿色荷叶边开衫

【成品规格】衣长60cm，胸围90cm，袖长49cm

【工　　具】12号棒针，1.75mm钩针

【编织密度】27针×36行=10cm²

【材　　料】竹棉线绿色500g，白色30g

编织要点：
1.整件衣服从下向上编织，袖窿以下一片编织而成。袖窿以上分成左前片、右前片、后片各自编织。领襟边另外挑针钩织。
2.下摆起针，先用白色线起织，起240针，织2行花样A中的第1和第2行花样，然后第3行起，织镂空花样，织成3层。共32行。再用另一根针，用相同的方法起针，织成第一层花样后，将两片的针并在一起，作一行编织。往上再织2层花样后，再用相同的方法起针，当织成第一层花样后，再将两片的针并为一行，继续往上编织。再织一层花样后，完成下摆的编织。下一行起，全织下针，并分片减针，后片选120针，左右前片各选60针，前片与后片的腋下侧缝的2针上进行加减针，先减针，10-1-4，一行共减少4针，减成40针，进入减针编织，8-1-4，加针行织成32行，至袖窿，袖窿起分片编织。进入下一行。
3.下一步分片编织。后片120针，前片与后片的袖窿部平收针11针，即后片两侧各收针5针，再减针，2-1-5，两侧各减少10针，不加减针再织44行后，下一行织衣领边，中间选30针收针，两侧减针，2-1-5，两肩部余下30针，收针断线。
4.前片的编织。以左前片为例，袖窿起减针，先收针6针，然后2-1-5，减少11针，减袖窿的同时，进行前衣领减针，2-1-2，不加减再织2行，这步骤重复织9次，共减少18针，织成54行，接着2-1-1，再减少1针，最后不加减针再织8行至肩部，余30针，收针断线。将前后片对应的肩部对应缝合。
5.袖片的编织。用白色线，起72针，分6个花型编织。织法与衣身的下摆织法相同，将袖口织成三层花型。完成后，往上全织下针，并在袖侧缝上加针，10-1-8，织成80行，至袖山减针，袖窿腋下收针11针，袖山减针2-1-22，织成44行，余下33针，缝合时将33针收皱缩缝合。相同的方法去制作另一个袖片。
6.最后用1.75mm的钩针，沿着前后衣襟边，钩织花样B。完成后。收针断线。

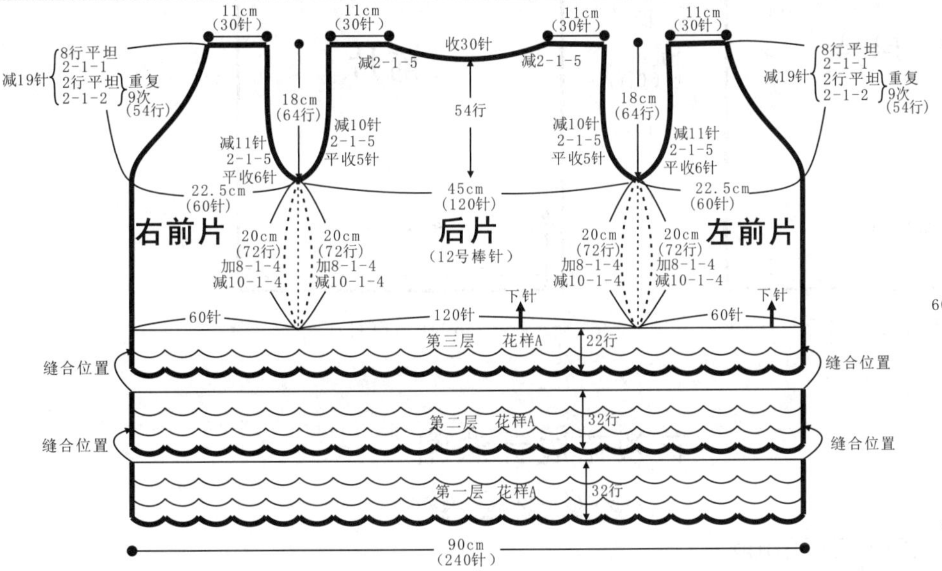

符号说明：

□ 上针

□=回 下针

2-1-3 行-针-次

↑ 编织方向

十 短针

▮ 长针

∞∞ 锁针

⊠ 左并针

⊡ 右并针

⊡ 镂空针

⊠ 中上3针并1针

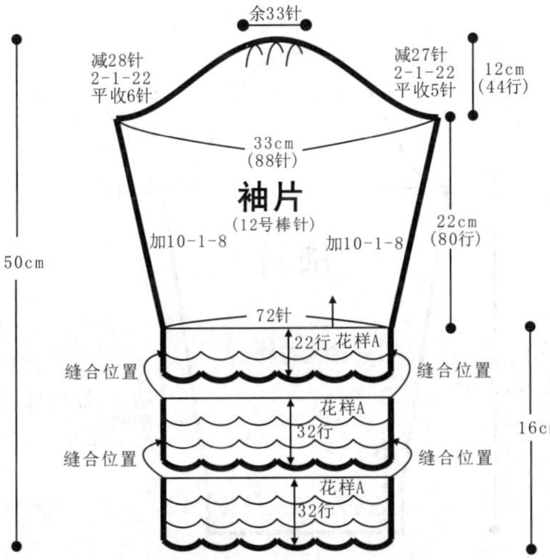

右前片・后片・左前片

11cm（30针）　11cm（30针）　　收30针　　11cm（30针）　11cm（30针）

减19针 2-1-1 2行平坦 重复9次（54行） 8行平坦

18cm（64行）　减2-1-5　　减2-1-5　　18cm（64行）

减11针 2-1-5 平收6针　减10针 2-1-5 平收5针　54行　减10针 2-1-5 平收5针　减11针 2-1-5 平收6针

22.5cm（60针）　　45cm（120针）　　22.5cm（60针）

右前片　**后片**（12号棒针）　**左前片**

20cm（72行）加8-1-4 减10-1-4　20cm（72行）加8-1-4 减10-1-4　20cm（72行）减10-1-4 加8-1-4　20cm（72行）减10-1-4 加8-1-4

60针　下针　　120针　　60针　下针

60cm

第三层 花样A　22行
缝合位置　　　缝合位置
第二层 花样A　32行
缝合位置　　　缝合位置
第一层 花样A　32行

90cm（240针）

袖片

余33针

减28针 2-1-22 平收6针　　减27针 2-1-22 平收5针　12cm（44行）

33cm（88针）

袖片（12号棒针）

加10-1-8　　加10-1-8　22cm（80行）

50cm　　72针　　16cm

22行 花样A
缝合位置　　缝合位置
花样A 32行
缝合位置　　缝合位置
花样A 32行

领襟（1.75mm钩针）

花样B

花样A

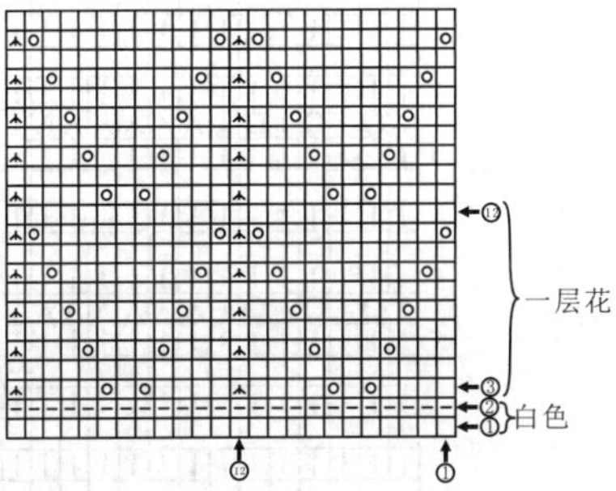

一层花
白色

花样B

→此行用白色线
→此行用白色线

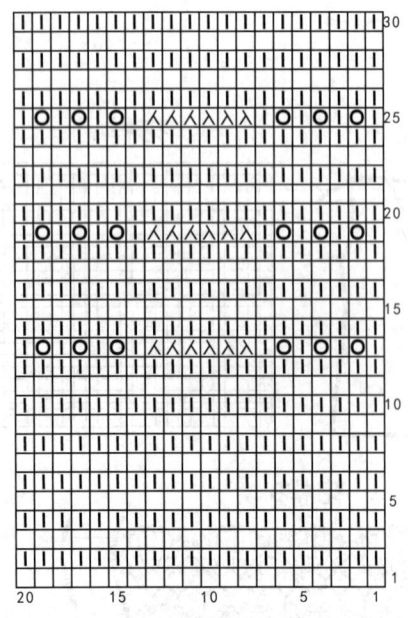

米色柔美长袖衫

【成品规格】 衣长60cm，胸围100cm，
袖长62cm，肩宽40cm
【工　　具】 2.75mm棒针
【编织密度】 32针×40行=10cm²
【材　　料】 米色毛线600g

编织要点：

1.由前后片及袖片组成。前、后、袖片均是按结构图从下往上编织。
2.前后片都要注意下摆底边及花样的变换位置。最后在及领处钩织一行短针和一行小花边，使作品更显得精致。

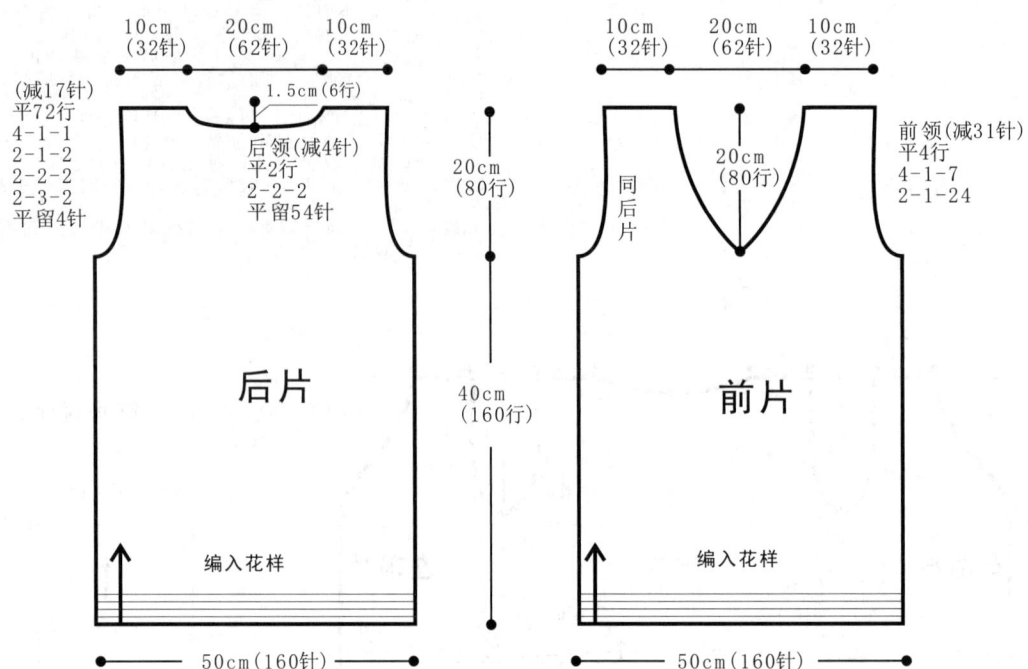

后片

10cm（32针）　20cm（62针）　10cm（32针）

（减17针）
平72行
4-1-1
2-1-2
2-2-2
2-3-2
平留4针

1.5cm（6行）

后领（减4针）
平2行
2-2-2
平留54针

20cm（80行）

40cm（160行）

编入花样

50cm（160针）

前片

10cm（32针）　20cm（62针）　10cm（32针）

20cm（80行）

前领（减31针）
平4行
4-1-7
2-1-24

同后片

编入花样

50cm（160针）

花样针法图

衣领花边针法图

袖片

12cm（50行）

袖山（减28针）
平2行
2-1-20
2-2-4
平留4针

42cm（134针）

50cm（120行）

编入花样

袖下（加19针）
平6行
6-1-19

30cm（96针）

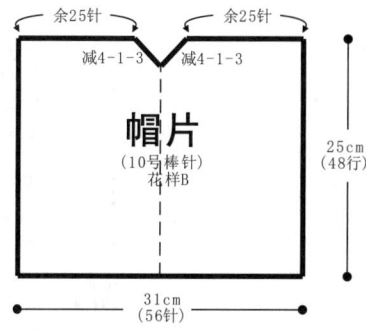

大气休闲开衫

【成品规格】 衣长69cm，胸围76cm，
肩宽31cm，袖长54cm

【工　　具】 10号棒针

【编织密度】 18针×19行=10cm²

【材　　料】 灰色棉线700g

编织要点：
1.棒针编织法，衣身分为左前片、右前片和后片分别编织。
2.起织后片，双罗纹针起针法，起72针织花样A，织12行后，改织花样B，一边织一边两侧减针，方法为10-1-5，织至76行，两侧加针，方法为4-1-3，织至94行，两侧减针织成袖隆，方法为1-2-1，2-1-4，织至129行，织片中间留24针不织，两侧减针编织后领，方法为2-1-2，织至132行，两侧肩部各余下14针，收针断线。
3.起织左前片，双罗纹针起针法，起34针织花样A，织12行后，改织花样C，一边织一边左侧减针，方法为10-1-5，织至76行，两侧加针，方法为4-1-3，织至94行，左侧袖隆减针，方法为1-2-1，2-1-4，织至114行，右侧减针织成前领，方法为1-4-1，2-1-8，织至132行，肩部余下14针，收针断线。
4.同样的方法，相反的方向编织右前片，完成后将左右前片与后片侧缝缝合，两肩部相应对应缝合。

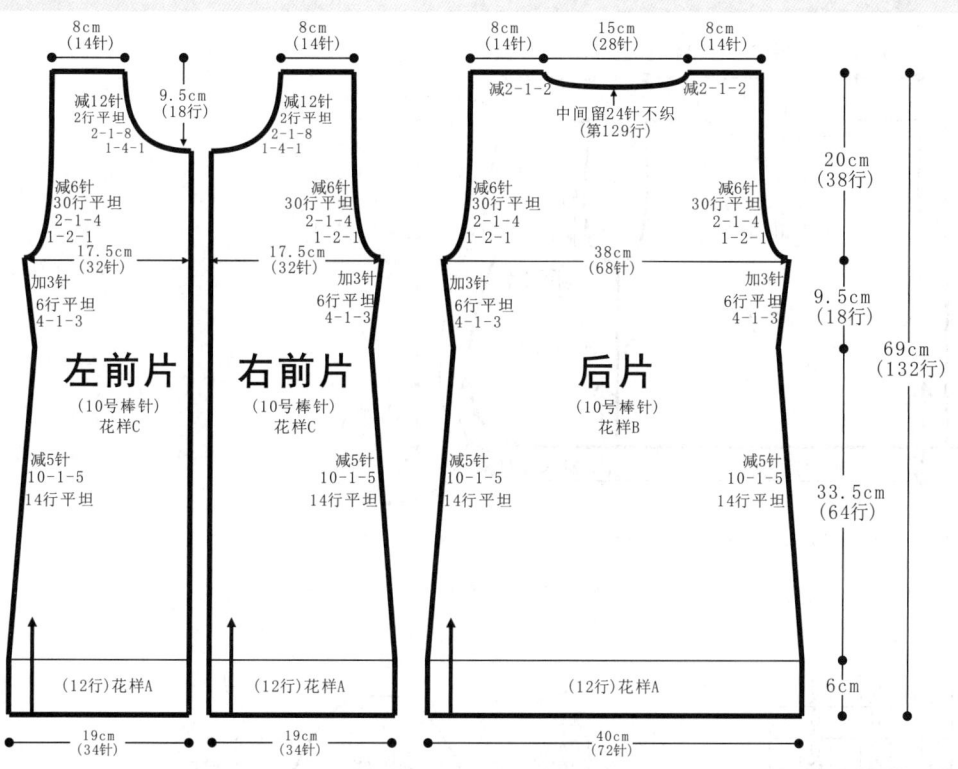

左前片 (10号棒针) 花样C

右前片 (10号棒针) 花样C

8cm(14针)
9.5cm(18行)
减12针 2行平坦 2-1-8 1-4-1
减6针 30行平坦 2-1-4 1-2-1
17.5cm(32针)
加3针 6行平坦 4-1-3
减5针 10-1-5 14行平坦
(12行)花样A
19cm(34针)

后片 (10号棒针) 花样B

8cm(14针) 15cm(28针) 8cm(14针)
减2-1-2   减2-1-2
中间留24针不织(第129行)
减6针 30行平坦 2-1-4 1-2-1
38cm(68针)
加3针 6行平坦 4-1-3
减5针 10-1-5 14行平坦
(12行)花样A
40cm(72针)

20cm(38行)
9.5cm(18行)
69cm(132行)
33.5cm(64行)
6cm

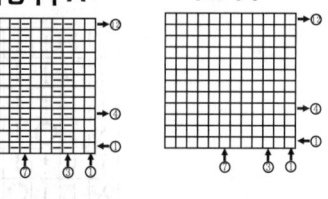

帽片 (10号棒针) 花样B

余25针   余25针
减4-1-3   减4-1-3
31cm(56针)
25cm(48行)

帽片制作说明
1.棒针编织法，沿领口编织。
2.沿前后领口挑起56针，织花样B，织至36行，将织片从中间分成左右两片分别编织，对称轴两侧减针，方法为4-1-3，织至48行，两侧各余下25针，收针，将帽顶缝合。

袖片制作说明
1.棒针编织法，编织两片袖片。从袖口起织。
2.双罗纹针起针法起32针，织花样A，织12行后，改织花样B，两侧一边织一边加针，方法为6-1-10，织至72行，两侧减针编织袖山。方法为1-2-1，2-1-15，织至102行，织片余下18针，收针断线。
3.同样的方法编织另一袖片。
4.缝合方法。将袖山对应前片与后片的袖隆线，用线缝合，再将两袖侧缝对应缝合。

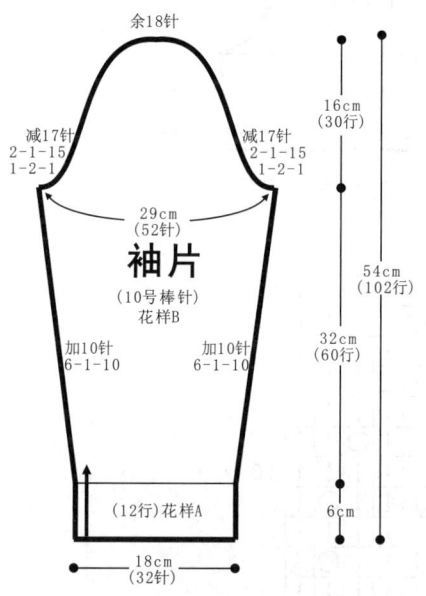

袖片 (10号棒针) 花样B

余18针
减17针 2-1-15 1-2-1
29cm(52针)
16cm(30行)
54cm(102行)
加10针 6-1-10
32cm(60行)
(12行)花样A
18cm(32针)
6cm

符号说明：
□ 上针
□=□ 下针
左上3针与右下3针交叉
右上3针与左下3针交叉
2-1-3 行-针-次

衣襟制作说明
棒针编织法，沿左右前片衣襟侧及帽侧共挑起360针织花样A，织8行后，双罗纹针收针法，收针断线。

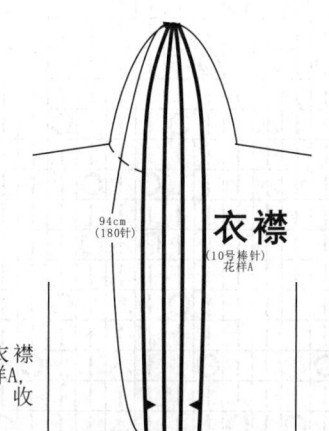

衣襟 (10号棒针) 花样A

94cm(180针)
4cm(8行) 4cm(8行)

花样A   花样B

花样C

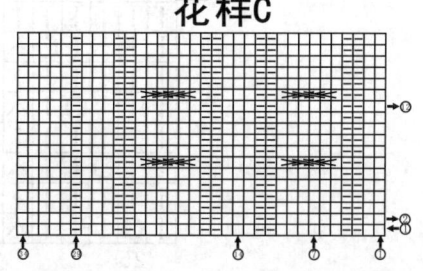

简约绿色小外套

【成品规格】 衣长40cm, 胸围88cm,
肩宽40cm, 袖长18cm

【工　　具】 4mm棒针

【编织密度】 24针×30行=10cm²

【材　　料】 孔雀蓝竹棉线300g

编织要点：
1.由前后片及袖片组成。前、后、袖片均是按结构图从下往上编织。
2.前片要注意下摆底边圆弧形的编织部分的加针。下摆及门襟从完成好的前、后片挑针往下编织。要注意门襟的圆弧处适当做调整，多加3～5针，并要注意花样针法的变化。

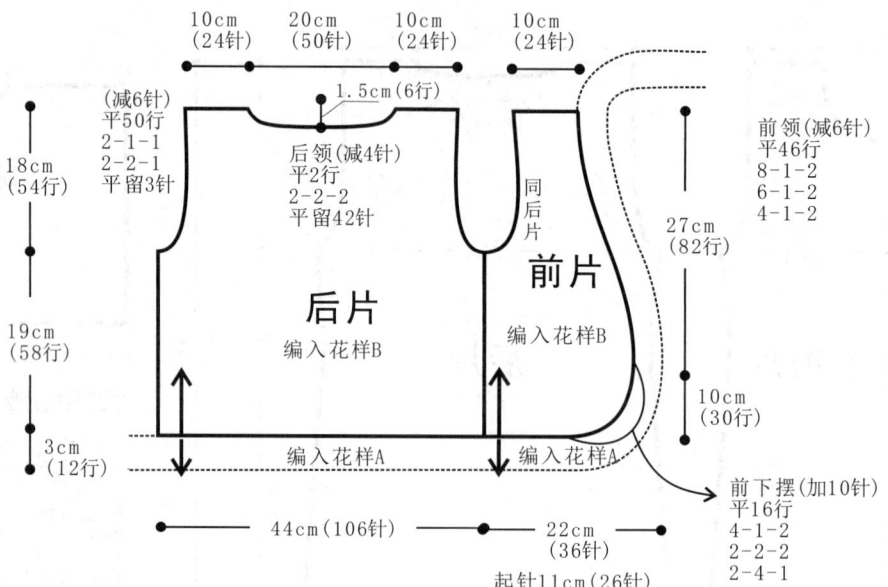

10cm (24针)　20cm (50针)　10cm (24针)　　10cm (24针)

1.5cm(6行)

18cm (54行)　　(减6针) 平50行 2-1-1 2-2-1 平留3针

后领(减4针) 平2行 2-2-2 平留42针

前领(减6针) 平46行 8-1-2 6-1-2 4-1-2

同后片

27cm (82行)

19cm (58行)

后片
编入花样B

前片
编入花样B

10cm (30行)

3cm (12行)

编入花样A　编入花样A

44cm(106针)　22cm (36针)

前下摆(加10针) 平16行 4-1-2 2-2-2 2-4-1

起针11cm(26针)

花样A

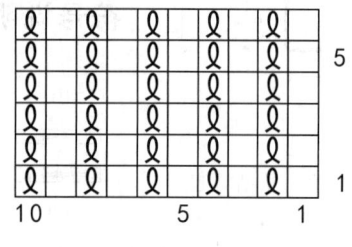

10　　5　　1

袖山(减26针) 平2行 2-1-16 2-2-3 平留4针

10cm (30行)

袖片

42cm(126针)
编入花样B

5cm (16行)

3cm (10行)

编入花样A

袖下(加3针) 平2行 6-1-1 4-1-2

40cm(120针)

花样B

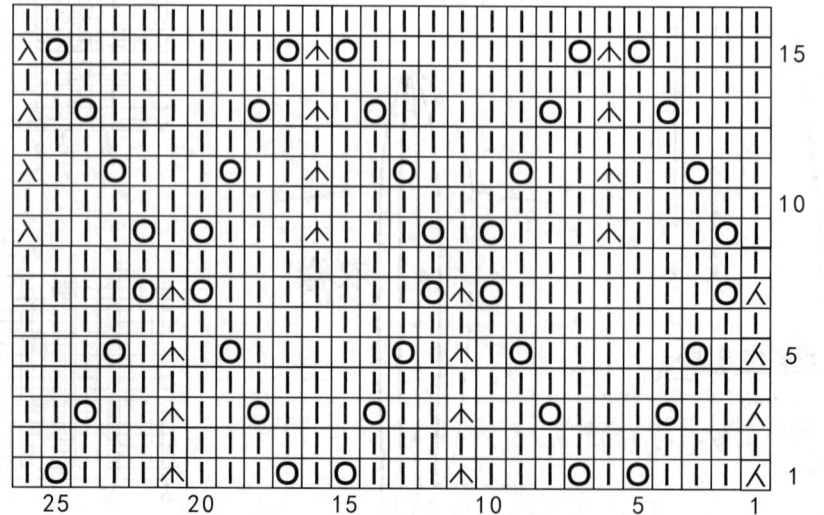

15

10

5

1

25　　20　　15　　10　　5　　1

配色休闲连帽外套

【成品规格】衣长90cm, 胸宽45cm, 袖长59cm

【工　　具】10号、8号棒针

【编织密度】20针×28行=10cm²

【材　　料】黛尔妃段染澳毛1100g

编织要点：

1. 棒针编织法，从上往下编织。织成肩片再分片编织前片与后片，袖片。

2. 从领口起织，下针起针法，起88针，分四个地方做插肩缝加针，每处选2针，左右前片各选15针，肩片选10针，后片选35针，前片依照花样A编织，后片依照花样C编织，肩部的中间织棒绞花样，两侧编织花样B，各片插肩缝加针都加针编织花样B，前片和后片的插肩缝加针方法是2-1-29，织成59行，两袖肩片的加针方法为，4-1-2，2-1-27，织成58行。进入下一步分片编织。前后片加起来的针数为188针，在腋下一次性加10针，衣身针数共200针，依照原来的花样分配继续编织，不加减针，织166行后，下一行，每织10针加1针，并改用10号针编织，起织花样D，针数共220针，不加减针，织花样D共24行，完成后收针断线。

3. 袖片的编织。袖片挑出66针，在前后片的腋下加出的针上挑出10针，环织，仍照花样编织，选腋下最中心的2针进行减针，不加减针，织8行后开始减针，8-1-10，织成88行的高度后，下一行起，编织花样D，织成16行后，收针断线。相同的方法去编织另一侧袖片。

4. 帽片的编织。沿着前后衣领边，每挑6针加1针，挑出102针，花样顺延衣身的花样，顺时针织正面。不加减针，织56行后，将中间菱形花两侧的针数收针，各38针，留下菱形花继续编织，再织56行后，收针断线，将两侧与收针的38针对应缝合。

5. 衣襟的编织。左右衣襟边挑出180针，帽子前沿挑出108针，起织花样D鱼骨针花样。不加减针，织12行的高度。右衣襟制作8个扣眼。左衣襟对应钉上8个牛角扣。衣服完成。

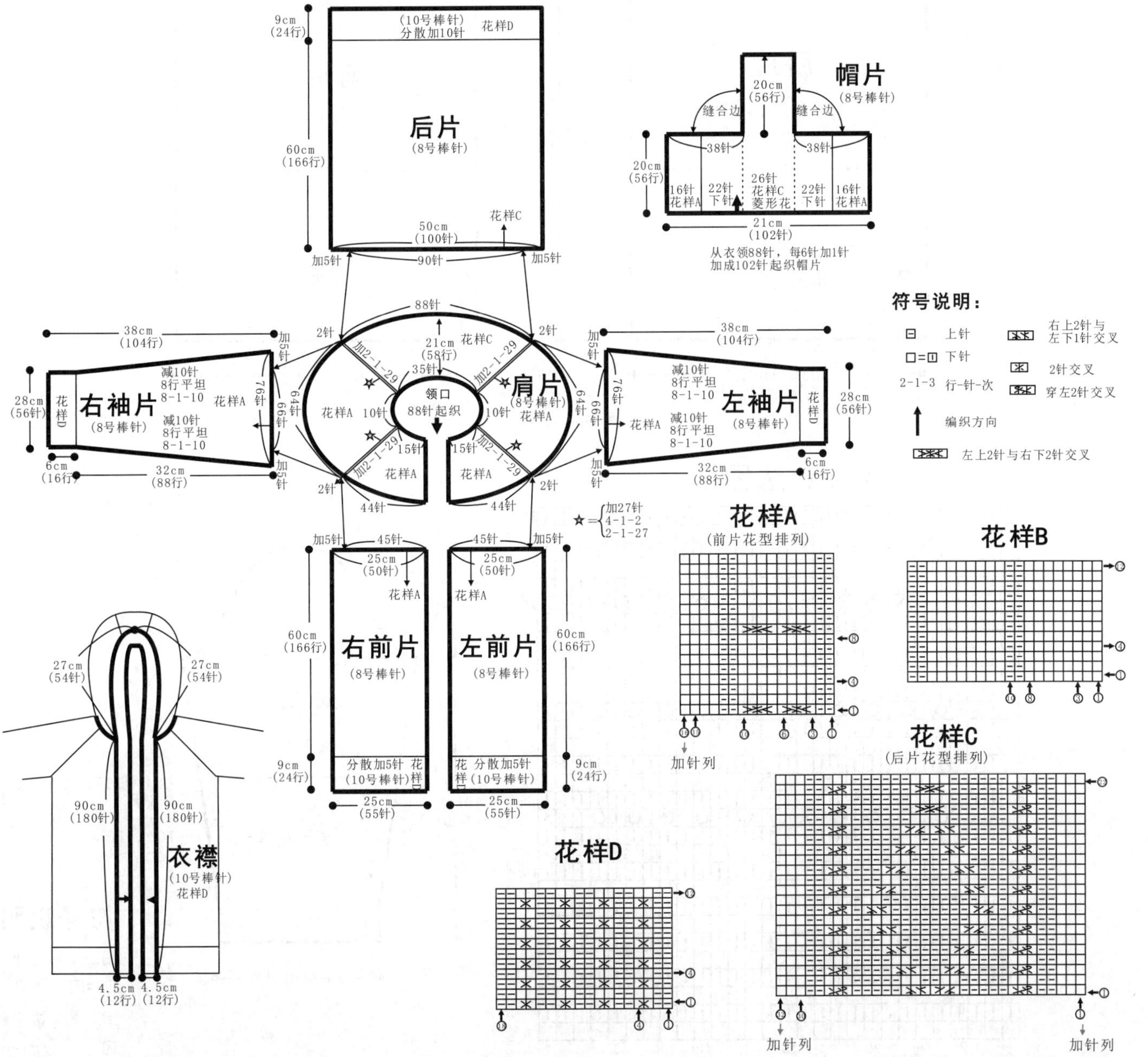

后片（8号棒针）

9cm（24行） （10号棒针）分散加10针 花样D

60cm（166行）

花样C

50cm（100针）

90针　加5针　加5针

帽片（8号棒针）

20cm（56行）　缝合边　缝合边

20cm（56行）　38针　38针

16针 花样A　22针 下针　26针 花样C 菱形花　22针 下针　16针 花样A

21cm（102针）

从衣领88针，每6针加1针 加成102针起织帽片

肩片（8号棒针）

88针

2针　21cm（58行）花样C　2针

加2-1-29　35针　加2-1-29

领口 88针起织

花样A　10针 10针　花样A

15针　15针

加2-1-29　加2-1-29

44针　44针

花样A　花样A

加5针　45针　45针　加5针

右袖片（8号棒针）

38cm（104行）

加5针

减10针 8行平坦　76行　花样A

28cm（56针）花样

减10针 8-1-10

6cm（16行）　32cm（88行）

2针　加5针

左袖片（8号棒针）

38cm（104行）

加5针

76行 花样A　减10针 8行平坦

64行 66行 花样A　减10针 8-1-10

28cm（56针）花样

6cm（16行）

32cm（88行）

2针　加5针

右前片（8号棒针）

25cm（50针）花样A

60cm（166行）

分散加5针 花样（10号棒针）

9cm（24行）

25cm（55针）

左前片（8号棒针）

25cm（50针）花样A

60cm（166行）

花样 分散加5针（10号棒针）

9cm（24行）

25cm（55针）

★ = 加27针 4-1-2 2-1-27

衣襟（10号棒针）花样D

27cm（54针）　27cm（54针）

90cm（180针）　90cm（180针）

4.5cm（12行）　4.5cm（12行）

符号说明：

□ 上针

□＝□ 下针

2-1-3 行-针-次

↑ 编织方向

右上2针与左下1针交叉

2针交叉

穿左2针交叉

左上2针与右下2针交叉

花样A（前片花型排列）

加针列

花样B

花样C（后片花型排列）

加针列

花样D

加针列

温暖兔绒打底衫

【成品规格】 衣长55cm，胸围100cm，
肩宽40cm，袖长50cm

【工　　具】 2.75mm棒针

【编织密度】 30针×40行=10cm²

【材　　料】 绿色马海毛线520g

编织要点：
1.由前后片及袖片组成。前、后、袖片均是按结构图从下往上
编织。
2.前后片及袖片都要注意下摆底边以及花样的变换位置。

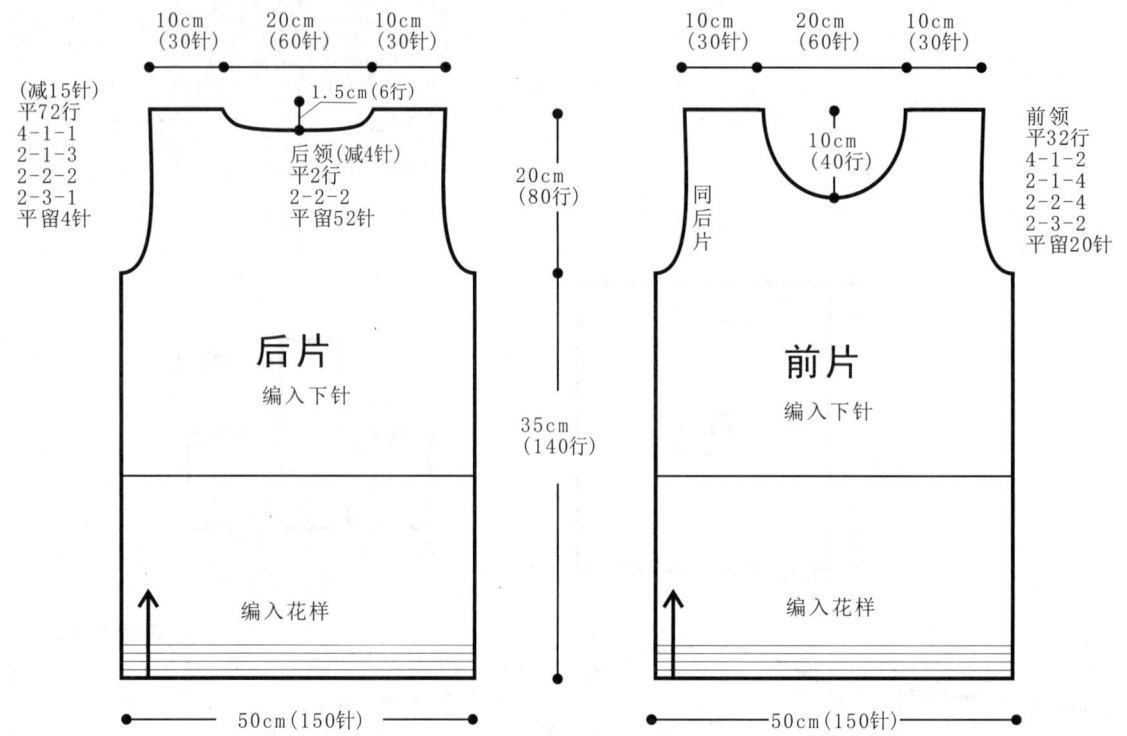

10cm（30针）　20cm（60针）　10cm（30针）

（减15针）
平72行
4-1-1
2-1-3
2-2-2
2-3-1
平留4针

1.5cm（6行）

后领（减4针）
平2行
2-2-2
平留52针

20cm（80行）

后片
编入下针

35cm（140行）

编入花样

50cm（150针）

10cm（30针）　20cm（60针）　10cm（30针）

10cm（40行）

前领
平32行
4-1-2
2-1-4
2-2-4
2-3-2
平留20针

同后片

前片
编入下针

编入花样

50cm（150针）

花样针法图

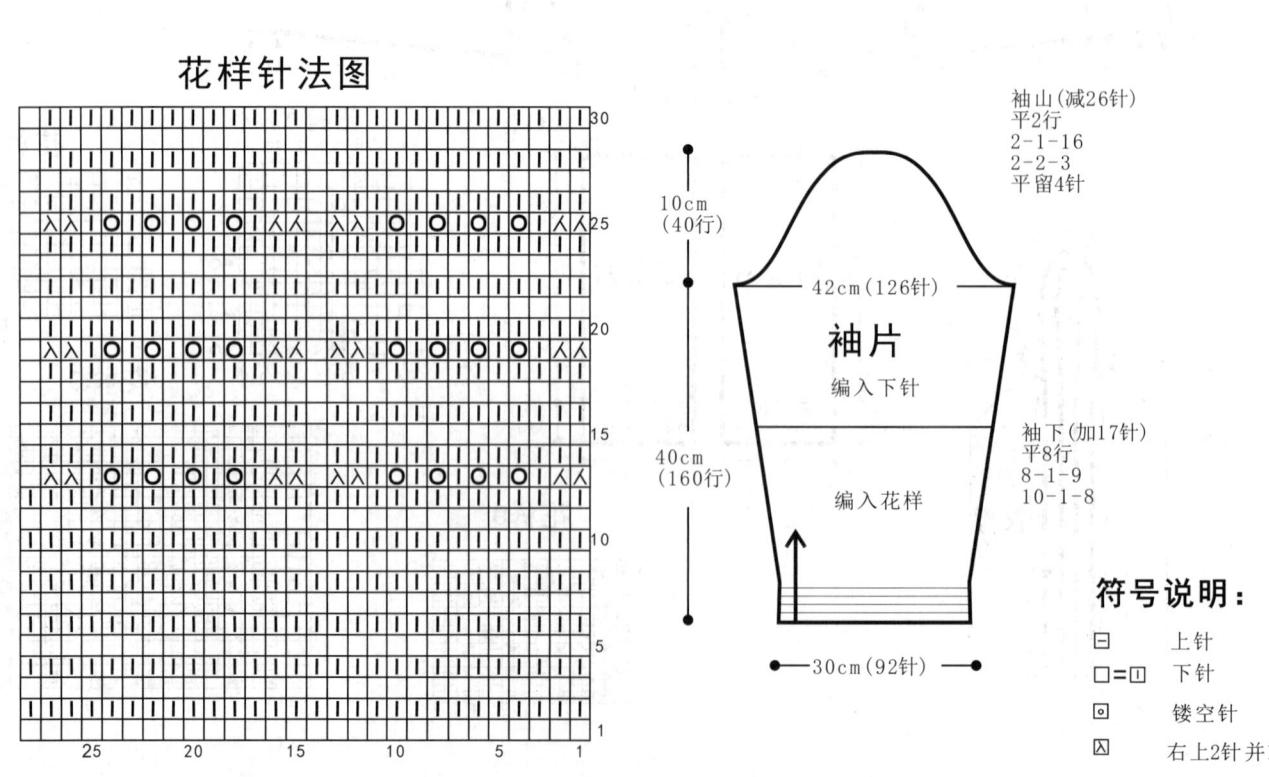

袖山（减26针）
平2行
2-1-16
2-2-3
平留4针

10cm（40行）

42cm（126针）

袖片
编入下针

袖下（加17针）
平8行
8-1-9
10-1-8

40cm（160行）

编入花样

30cm（92针）

符号说明：

□　　　上针
□=□　　下针
▣　　　镂空针
⋏　　　右上2针并1针

192